高职高专国家示范性院校机电类专业课改教材

电子技术与应用项目化教程

主　编　赵　媛
副主编　郭东平　陈　炜
参　编　闵卫锋　王兵利

U0379022

西安电子科技大学出版社

内容简介

本书共分为 15 个教学项目，主要内容包括二极管、二极管的应用、三极管、三极管的应用、小功率场效应管、负反馈放大器、集成运算放大器、信号发生器、功率放大电路、直流稳压电源与可控整流电路、数字电路基础、组合逻辑电路的性能分析与设计、触发器、时序逻辑电路的性能分析与设计、数/模(D/A)与模/数(A/D)转换器等。

本书以应用为目的，突出理论与实践相结合，加强基本概念的叙述，将课堂讲授内容、讨论思考题、技能训练与课外习题等优化组合，体现"淡化理论、培养技能、重在应用"的原则，以启发和引导学生自主思维的能力，激发学生学习的积极性。

本书适用于高职高专电气类、机电类、电子信息类、计算机应用类、机械类等非电子专业，也可以供电子技术应用人员学习参考。

图书在版编目(CIP)数据

电子技术与应用项目化教程/赵媛主编. —西安：西安电子科技大学出版社，2019.7
高职高专国家示范性院校机电类专业课改教材
ISBN 978 - 7 - 5606 - 5319 - 8

Ⅰ. ① 电⋯ Ⅱ. ① 赵⋯ Ⅲ. ① 电子技术—教材 Ⅳ. ① TN

中国版本图书馆 CIP 数据核字 (2019) 第 081938 号

策　　划	秦志峰	
责任编辑	买永莲	
出版发行	西安电子科技大学出版社(西安市太白南路 2 号)	
电　　话	(029)88242885　88201467	邮　编　710071
网　　址	www.xduph.com	电子邮箱　xdupfxb001@163.com
经　　销	新华书店	
印刷单位	陕西天意印务有限责任公司	
版　　次	2019 年 7 月第 1 版　2019 年 7 月第 1 次印刷	
开　　本	787 毫米×1092 毫米　1/16　印　张　20.5	
字　　数	487 千字	
印　　数	1～3000 册	
定　　价	47.00 元	

ISBN 978 - 7 - 5606 - 5319 - 8/TN

XDUP 5621001 - 1

＊＊＊如有印装问题可调换＊＊＊

前　　言

电子技术分为模拟电子技术和数字电子技术两大部分。本书根据高等职业教育培养目标、职业教育性质和任务以及电子技术课程教学的基本要求，结合现代电子技术系列课程的建设实际而编写。本书在编写时既考虑到要使学生获得必要的电子技术基础理论、基本知识和基本技能，也考虑到专科学生的实际情况，注重理论与实践相结合，加强应用，旨在提高学生分析和解决实际问题的能力。

本书基于工作任务组织教学内容，打破了传统教材的知识体系，以工作任务引领学习任务，以学习任务培养学生技能，在工作任务的解决中使学生学习并掌握技能。本书提供了主要知识点及工作任务、课堂训练、课后习题和实验实训等任务完成过程的教学视频 63 个，通过扫描书中的二维码便可观看。这些视频既为学生课前自学、课后复习并完成项目工作任务提供了更加直观的学习协助，也为授课教师采用翻转课堂、线上线下混合教学等创新教学手段提供了资源保证。

因此，本书在编写上除了保证基本概念、基本原理和基本分析及设计方法外，减少了理论分析部分，加强了实践应用部分，特别是新知识、新器件的介绍。本书具有以下特点：

（1）突出应用性、实用性和先进性，努力跟踪电子技术的新知识、新器件、新工艺和新技术的应用方向。

（2）注重理论与实践相结合，各章列举应用实例，以加深学生对各个单元电路功能的理解。

（3）在分立元器件的基础上重点讲解集成电路，各章相应介绍常用的最新模拟集成电路和新的常用电子器件，重在培养学生对电路的认知和应用能力。

（4）讲述内容与习题融为一体，项目习题中设置填空、选择、判断、思考及计算，以帮助学生总结内容，拓宽思路，提高分析问题及解决问题的能力。

（5）强调课程体系的针对性，根据高职高专的培养特点，加强实践技能和应用能力的培养。

本书共分为 15 个教学项目，内容涵盖了半导体器件、基本放大电路、负反馈放大电路、功率放大电路、集成运算放大电路、信号发生电路、直流稳压电源、数字电路基础、组合逻辑电路、触发器、时序逻辑电路、D/A 和 A/D 转换电路。

本书由杨凌职业技术学院的赵媛担任主编，郭东平和陈炜担任副主编，闵卫锋和王兵利参与了编写，具体分工如下：赵媛编写了项目一、二、三、四、七、九、十三及附录；杨凌职业技术学院的郭东平编写了项目六、十、十一、十二；杨凌职业技术学院的闵卫锋编写了项目八；杨凌职业技术学院的王兵利编写了项目十五；郑州轻工业学院民族职业学院的陈炜编写了项目五、十四。

本书在编写过程中，得到了编者学院领导和同行的极大关怀、帮助和鼓励，同时他们还提出了许多宝贵的意见和建议，在此表示衷心的感谢。

由于电子技术日新月异，编者见识和水平有限，书中难免有不妥之处，敬请广大读者批评指正。

编　者

2019 年 2 月

目 录

项目一 二 极 管

 学习目标

■ 了解半导体基础知识及 PN 结的单向导电特性。

■ 熟悉二极管的基本结构与符号。

■ 理解二极管的伏安特性及温度特性。

■ 掌握二极管的主要参数及性能。

 技能目标

■ 能够识别和检测二极管。

■ 能正确测试各种二极管的外特性。

■ 会查阅半导体器件手册，掌握二极管的主要参数，并能判断出二极管的型号及用途。

【任务 1】 了解半导体及其特性

 学习目标

◆ 了解半导体的结构及导电特性。

◆ 理解本征半导体和杂质半导体的特点。

◆ 理解 PN 结的形成，掌握 PN 结的单向导电特性。

相关知识

半导体器件是构成电子电路的重要器件，只有掌握半导体器件的结构、性能、工作原理，才能正确分析电子电路的工作原理，正确选择和合理使用半导体器件。

1.1.1 半导体的导电特性

自然界的物质，按其导电能力可分为导体、绝缘体和半导体。导体的导电性能很好，如金、银、铜、铁等。绝缘体的导电性能很差，如塑料、云母、陶瓷等。半导体的导电性能介于导体和绝缘体之间。常用的半导体材料有硅、锗、硒和砷化镓等。

半导体之所以得到广泛应用，并不是因为它具有一定的导电能力，而是因为它具有以下特性：

（1）热敏性。半导体对温度很敏感，电阻率随温度升高而减小，呈负温度系数特性。利用半导体的热敏特性，可制造热敏元件（如彩色电视机中的消磁电阻）。

（2）光敏性。半导体对光照很敏感，其电阻率随光照而变化。利用半导体的光敏性，可制造光敏元件。

（3）可掺杂性。半导体的电阻率随所掺入微量杂质的不同会发生显著变化。利用这一特性，通过工艺手段，可以制造出各种性能和用途的半导体器件。

除以上三个主要特性之外，压力、磁场、电场以及不同气体都对半导体的导电性能有影响。利用这些特性，可以制成各种半导体器件，如热敏、光敏、磁敏、压敏、气敏等器件，广泛应用于电子技术的各个领域。

1.1.2　本征半导体

纯净的半导体称为本征半导体。

常用的半导体材料有硅（Si）、锗（Ge）和砷化镓（GaAs）等。硅和锗是 4 价元素，在原子最外层轨道上的 4 个电子称为价电子。其原子结构示意图如图 1.1 所示。

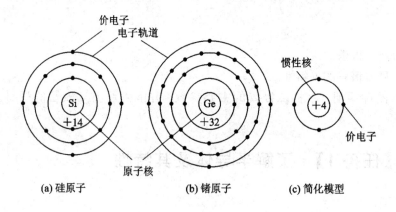

图 1.1　硅和锗原子结构示意图　　　　　　　　　　　　认识半导体

每个原子的 4 个价电子不仅受所属原子核的吸引，而且还受相邻 4 个原子核的吸引，每一个价电子都为相邻原子核所共用，形成了稳定的共价键结构。每个原子核最外层等效有 8 个价电子，由于价电子不易挣脱原子核束缚而成为自由电子，因此本征半导体的导电能力较差。

从外界获得一定的能量（如光照、温升等）后，部分价电子就会挣脱共价键的束缚而成为自由电子，在共价键中留下一个空位，称为"空穴"。空穴的出现使相邻原子的价电子离开它所在的共价键来填补这个空穴，同时又产生了一个新的空穴；这个空穴又会被相邻的价电子填补而产生新的空穴。这种电子填补空穴的运动相当于带正电荷的空穴在运动，因此把空穴视为一种带正电荷的载流子。

在本征半导体中，空穴与电子是成对出现的，称为电子—空穴对，其自由电子和空穴数目总是相等的，如图 1.2 所示。本征半导体在温度升高时产生电子—空穴对，这种现象称为本征激发。温度越高，产生的电子—空穴对数目就越多，这就是半导体的热敏性。

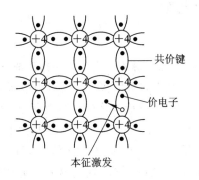

图 1.2 本征半导体结构

1.1.3 杂质半导体

常温下,本征半导体中载流子(带负电的自由电子和带正电的空穴)的浓度很低,故其导电能力很弱。但是如果有选择地加入某些其他元素(称为杂质),本征半导体的导电能力就会大大增强,这样的半导体称为杂质半导体。杂质半导体有 P 型和 N 型两类。

我们以硅半导体材料为例讲述杂质半导体的形成机理。P 型半导体是在本征半导体硅中掺入微量的 3 价元素(如硼)而形成的。因杂质原子只有 3 个价电子,它与周围硅原子组成共价键时,缺少 1 个价电子,因此在晶体中便产生了一个空穴,如图 1.3 所示。

N 型半导体是在本征半导体硅中掺入微量的 5 价元素(如磷)而形成的。杂质原子有 5 个价电子,与周围硅原子结合成共价键时,多出 1 个价电子,这个多余的价电子易成为自由电子,如图 1.4 所示。

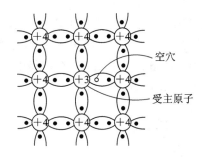

图 1.3 P 型半导体结构

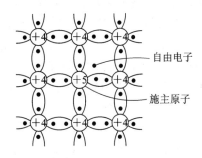

图 1.4 N 型半导体结构

P 型半导体中,原来的晶体仍会产生电子—空穴对,但由于杂质的掺入,空穴数目远大于自由电子数目,成为多数载流子(简称多子),而自由电子则为少数载流子(简称少子)。因此,P 型半导体以空穴导电为主。

N 型半导体中,原来的晶体仍会产生电子—空穴对,但由于杂质的掺入,自由电子数目远大于空穴数目,成为多子,而空穴则为少子。因此,N 型半导体以自由电子导电为主。

综上所述,在掺入杂质后,载流子的数目都有相当程度的增加,半导体的导电性能得以大大改善。多子主要是由掺杂产生的,少子是由本征激发产生的。

1.1.4 PN 结及其单向导电性

1. PN 结的形成

在一块本征半导体硅或锗上，采用掺杂工艺，使一边形成 N 型半导体，另一边形成 P 型半导体。由于 P 区空穴浓度比 N 区空穴浓度大，N 区自由电子浓度比 P 区自由电子浓度大，因此在 N 型半导体和 P 型半导体的交界面就产生了多数载流子的扩散运动。由于载流子的扩散运动，P 区一侧失去空穴，剩下负离子；N 区一侧失去自由电子，剩下正离子。其结果是在交界面附近形成了一个空间电荷区，这个空间电荷区就是 PN 结，如图 1.5 所示。在 PN 结内则产生了一个方向由 N 区指向 P 区的内电场，这个内电场使 PN 结的宽度保持不变。

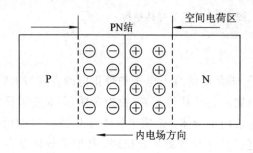

图 1.5　PN 结的形成　　　　　　　PN 结的形成

2. PN 结的单向导电性

所谓 PN 结的单向导电性，就是当 PN 结外加正向电压时，有较大电流通过 PN 结，而且通过的电流随外加电压的升高而迅速增大；而当 PN 结外加反向电压时，通过 PN 结的电流非常微小，且电流几乎不随外加电压的增加而变化。

（1）PN 结的正向导通特性。当 PN 结外加正向电压，即把电源正极接 P 区、电源负极接 N 区时，称 PN 结为正向偏置，简称正偏。这时外电场与内电场方向相反，PN 结变窄，N 区的多数载流子（自由电子）和 P 的多数载流子（空穴）进行扩散运动，在回路中形成较大的正向电流 I_F，PN 结正向导通，PN 结呈低阻状态，如图 1.6(a)所示。

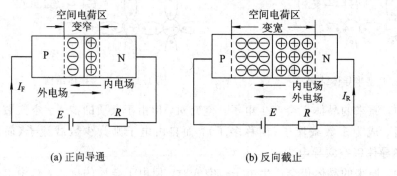

(a) 正向导通　　　　　　(b) 反向截止

图 1.6　PN 结的单向导电性　　　　　PN 结的导电性能

（2）PN 结的反向截止特性。当 PN 结外加反向电压，即把电源正极接 N 区、电源负极接 P 区时，称 PN 结为反向偏置，简称反偏。这时外电场与内电场方向相同，PN 结变宽，N 区的少数载流子（空穴）和 P 区的少数载流子（自由电子）在回路中形成非常小的反向电

流 I_R，PN 结反向截止，PN 结呈高阻状态，如图 1.6(b)所示。

综上所述，PN 结外加正向电压时，PN 结的正向电阻小，正向电流 I_F 较大；外加反向电压时，PN 结的反向电阻很大，反向电流 I_R 很小，即 PN 结具有单向导电性。

【任务 2】　认 识 二 极 管

学习目标

◆ 掌握二极管的结构、符号。
◆ 了解二极管的类型。

技能目标

◆ 能识别不同封装的二极管。
◆ 掌握二极管的型号含义。

相关知识

晶体二极管(简称二极管)是由一个 PN 结加上接触电极、引线和管壳构成的。它有两个电极，由 P 型半导体引出的是正极(又称阳极)，由 N 型半导体引出的是负极(又称阴极)。二极管的结构和符号如图 1.7 所示。

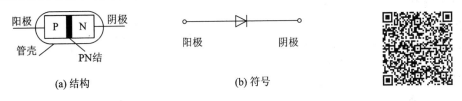

(a) 结构　　　　　　　　　　(b) 符号

图 1.7　二极管　　　　　　　　　　二极管内部结构及参数

二极管的类型较多，按制作二极管的半导体材料分为硅二极管和锗二极管；按结构分为点接触型和面接触型两类，如图 1.8 所示。

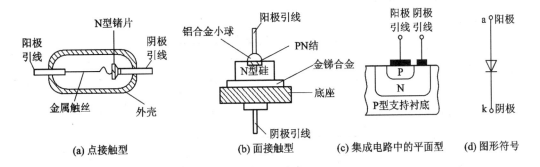

(a) 点接触型　　(b) 面接触型　　(c) 集成电路中的平面型　　(d) 图形符号

图 1.8　二极管的结构示意图

点接触型二极管的特点是，接触面小，不能通过大电流，但是结电容小，适用于高频电路，主要用于高频检波、脉冲和小电流整流电路等。

面接触型二极管则相反,接触面大,可以通过较大电流,但结电容大,不宜在高频电路中使用,主要用于低频大电流整流电路。

小功率二极管多采用玻璃或塑料封装,大功率二极管一般使用金属外壳,并制作成螺栓式或平板压接式。图1.9自左至右依次是小功率到大功率的各种二极管的封装形式。

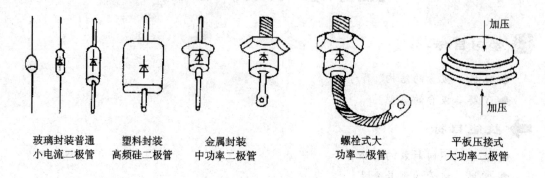

玻璃封装普通　　　塑料封装　　　金属封装　　　　螺栓式大　　　　平板压接式
小电流二极管　　　高频硅二极管　　中功率二极管　　　功率二极管　　　大功率二极管

图1.9　二极管的常见封装形式

【任务3】　二极管单向导电性的测试

技能目标

◆ 掌握二极管的单向导电性。
◆ 会对二极管单向导电性进行测试。

相关知识

二极管单向导电性的测试电路如图1.10所示,其中二极管 VD 为 IN4007,电阻 R 为 1 kΩ。

测试步骤如下:

(1) 按图1.10接好电路。

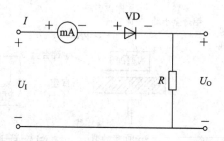

图1.10　二极管单向导电性测试电路

(2) 在输入端接入 10 V 的直流电压,即 $U_I = +10$ V(此时二极管两端所加的电压为正向电压),测量输出电压和电流的大小,并记录:$U_o =$ _____ V,$I =$ _____ mA,$U_{VD} =$ _____ V。

结论：当二极管两端所加电压为正向电压时，二极管将＿＿＿＿＿＿＿＿（导通/截止）。

（3）保持步骤（2），将二极管反接（此时二极管两端所加的电压为反向电压），测量输出电压和电流的大小，并记录：$U_o=$＿＿＿＿ V，$I=$＿＿＿＿ mA。

结论：当二极管两端所加电压为反向电压时，二极管将＿＿＿＿＿＿＿＿（导通/截止）。

（4）用万用表直接测量二极管的正、反向电阻，比较大小并记录：正向电阻＝＿＿＿＿ kΩ，反向电阻＝＿＿＿＿ kΩ。

结论：二极管＿＿＿＿＿（具有/不具有）单向导电性，且正向导通时管压降为＿＿＿＿ V。

【任务4】 二极管伏安特性的测试

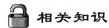 **学习目标**

◆ 掌握二极管的正向导通、反向截止性能。

◆ 掌握二极管的主要参数。

技能目标

◆ 会对二极管伏安特性进行测试。

◆ 会查阅半导体器件手册，掌握二极管的主要参数及使用方法。

相关知识

1.4.1 二极管的伏安特性

二极管的伏安特性是指通过二极管的电流与其两端电压之间的关系。二极管的伏安特性可以用图1.11所示电路测定。改变电位器 R_P，从电压表和电流表上可以读出二极管两端的电压和流过的电流值；每改变一次电位器，可以读出一组电压、电流值；把若干组数值绘制在 I-U 坐标系中，就得到了二极管的伏安特性曲线，如图1.12所示。

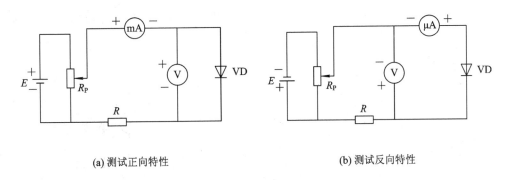

(a) 测试正向特性　　　　　　　　　　　　(b) 测试反向特性

图1.11　二极管伏安特性测试电路

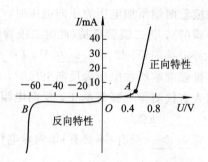

二极管的伏安特性

图 1.12　二极管的伏安特性曲线

1. 正向特性

在正向特性曲线的起始段（OA 段），正向电压较小，外电场不足以克服内电场的作用，正向电流很小，称为死区。通常将 A 点对应的电压称为死区电压或阈值电压，硅管死区电压约为 0.5 V，锗管约为 0.1 V。

当正向电压超过死区电压后，外电场抵消了内电场，正向电流迅速增大，二极管正向电阻变得很小，二极管导通。二极管导通后二极管两端的电压变化很小，基本上是个常数，通常硅管电压降约为 0.7 V，锗管约为 0.3 V。

2. 反向特性

在反向电压的作用下，反向电流极小，二极管反向截止。反向电流越小，二极管的反向电阻越大，反向截止性能越好。硅管的反向电流比锗管小得多（通常硅管约为几微安到几十微安，锗管可达几百微安）。

当外加反向电压增大到一定值时，反向电流突然增大，二极管被反向击穿（图 1.12 中 B 点）。这时所加的反向电压值称为反向击穿电压 U_B。

二极管对温度变化很敏感。当温度升高时，正、反向电流都随着增大。温度每升高 10℃，二极管的反向电流增大约 1 倍。另外，二极管的反向击穿电压会随温度升高而变化。

技能训练

二极管伏安特性的测试电路如图 1.13 所示，其中二极管 VD 为 IN4007，电阻 R 为 1 kΩ。

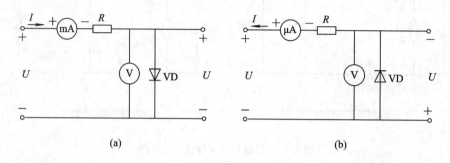

(a)　　　　　　　　　　　　　　　(b)

图 1.13　二极管伏安特性的测试电路

测试步骤如下：

（1）按图 1.13（a）接好电路（此时读出的电压和电流值应视为正值）。

（2）按表 1-1 的要求测量各点电压和电流值，并填入表中。

（3）按图 1.13（b）接好电路（此时读出的电压和电流值应视为负值）。

（4）按表 1-1 的要求测量各点电压和电流值，并填入表中。

（5）根据表 1-1 的结果，在坐标纸上大致绘出二极管的伏安特性曲线，即 I-U 关系曲线（U 为横坐标，I 为纵坐标）。

表 1-1　二极管伏安特性测量结果

U/V	0	0.5						-1	-10	-20
I/mA			0.5	1	2	3	5	10		

1.4.2　二极管的主要参数和型号

1. 二极管的主要参数

二极管的参数是其特性的定量表述，是合理选用二极管的依据。各类二极管的主要参数均可从晶体管手册中查到。二极管有以下主要参数：

（1）最大整流电流 I_{FM}。I_{FM} 是指在规定的环境温度下，二极管长期运行时允许通过的最大正向电流的平均值。使用时不能超过此值，否则会导致二极管过热烧坏。在选用二极管时，工作电流不允许超过 I_{FM}。

（2）最高反向工作电压 U_{RM}。U_{RM} 是指允许加在二极管上的最大反向电压。为了防止二极管因反向击穿而损坏，通常规定 U_{RM} 为反向击穿电压 U_B 的一半。

2. 二极管的型号

二极管的品种很多，各类二极管用不同型号来表示。国产二极管的名称由五部分组成，其符号意义见表 1-2。

表 1-2　二极管型号说明

第一部分 （数字）	第二部分 （汉语拼音字母）	第三部分 （汉语拼音字母）	第四部分 （数字）	第五部分 （汉语拼音字母）
电极数目： 2—二极管	材料与极性： A—N 型锗 B—P 型锗 C—N 型硅 D—P 型硅	二极管类型： P—普通管 W—稳压管 Z—整流管 K—开关管 E—发光管 U—光电管	二极管序号： 表示同一类型中某些性能与参数的差别	规格号： 表示同型号中的挡别

例如：2DP6 是 P 型硅普通二极管，2AK6 是 N 型锗开关二极管，2CZ14F 是 N 型硅整流二极管系列中的 F 挡。

【任务5】 二极管引脚极性的判别

技能目标

◆ 会用万用表判别二极管引脚极性。

相关知识

二极管引脚测量试验

在实际电路中，二极管损坏是常见的故障，在使用二极管时，必须注意极性不能接错。用万用表判别二极管的好坏和引脚极性是二极管应用中的一项基本技能。

1. 判别二极管的好坏

将万用表的电阻挡置为 $R \times 100$ 或 $R \times 1k$ 量程（一般不用 $R \times 1$ 或 $R \times 10k$ 量程），如果测得二极管的正向电阻为几百欧到几千欧，反向电阻在几百千欧以上，则可确定二极管是好的；如果测得正、反向电阻均很小，则管子内部短路；如果测得正、反向电阻差别不大，则管子质量不好；如果测得正、反向电阻均很大，则管子开路。

注意：使用万用表的不同量程测量同一只二极管时，测得的正向电阻是有一定差异的。这是因为二极管是一种非线性元件，其正向电阻值与流过它的电流有关，电流愈大，电阻愈小。万用表不同量程对应的电流不同，所以测出的电阻也就不同。另外，如果用 $R \times 1$ 或 $R \times 10k$ 挡测量小功率二极管，有可能损坏管子。

2. 判别二极管的引脚极性

用万用表 $R \times 100$ 或 $R \times 1k$ 挡测量二极管的正、反向电阻，当测得电阻较小时，黑表笔所接的是二极管正极，红表笔所接的是二极管负极；反之，当测得电阻很大时，红表笔所接的是二极管正极，而黑表笔所接的是二极管负极。

【任务6】 特殊二极管的特性及其用途

学习目标

◆ 了解稳压二极管、发光二极管、光电二极管以及变容二极管的结构及性能。
◆ 掌握稳压二极管的主要参数。

技能目标

◆ 能够识别各种特殊二极管。
◆ 会测试发光二极管的性能并进行正确分析。

相关知识

稳压二极管、发光二极管、光电二极管以及变容二极管等，都是具有某种特殊用途的二极管，因此将它们统称为特殊二极管。

1.6.1　稳压二极管

1. 稳压二极管的伏安特性曲线和符号

稳压二极管是采用特殊工艺制成的硅平面二极管。它的正向特性与普通二极管相似，但其反向击穿特性比一般的二极管陡直。稳压二极管通常工作在反向击穿状态，为了防止稳压二极管热击穿而损坏，电路中要串联限流电阻。由反向击穿特性可知，当流过稳压二极管的反向电流在一定范围内有较大变化时，管子两端的反向电压却变化很小，利用这一恒压特性可以实现稳压。稳压二极管的伏安特性曲线和符号如图 1.14 所示。常用的稳压二极管有 2CW 和 2DW 系列。

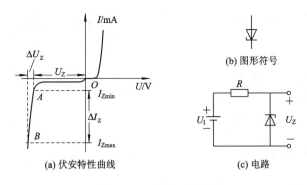

图 1.14　稳压二极管

2. 稳压二极管的主要参数

（1）稳定电压 U_Z。U_Z 是稳压二极管反向击穿时的稳定工作电压，U_Z 随工作电流的不同略有变化。管子型号不同，U_Z 也不同，即使是同一型号的管子，U_Z 值也会略有差异。

（2）稳定电流 I_Z。I_Z 是稳压二极管保持稳定电压 U_Z 值时的电流。工作电流若小于 I_Z，则表明稳压二极管性能较差。

（3）动态内阻 R_Z。R_Z 是稳压二极管两端电压的变化量 ΔU_Z 与相应电流变化量 ΔI_Z 之比，即

$$R_Z = \frac{\Delta U_Z}{\Delta I_Z}$$

R_Z 是稳压二极管的重要参数，R_Z 越小，稳压二极管的稳压性能越好。R_Z 与工作电流有关，在不超过最大允许电流的前提下，电流越大，R_Z 越小。

（4）最大耗散功率 P_{ZW}。P_{ZW} 是由稳压二极管允许温升决定的最大耗散功率。一般稳压二极管的最大耗散功率为几百毫瓦到几瓦。稳压二极管消耗的电功率超过 P_{ZW} 时，管子将过热损坏。

1.6.2　发光二极管

1. 普通发光二极管

发光二极管（Light-Emitting Diode，LED）由磷砷化镓等半导体材料制成，是一种将电能转换成光能的半导体器件，管芯仍是一个 PN 结，通常用透明塑料封装。其外形及符号如图 1.15 所示。

发光二极管承受正向电压，且电流达到一定值(几毫安至几十毫安)时就能正常发光，正向压降约为 2～3 V。发光二极管所发出光的颜色由其材料决定，通常有红色、绿色、蓝色、橙色等。一般引脚引线较长的为正极，较短的为负极。

发光二极管的用途很广，可作为电源指标，还可用多只发光二极管构成数码管，用于各种数显装置中。

图 1.16 为电源通、断指示电路，限流电阻 R 可由下式确定：

$$R = \frac{U - U_F}{I_F}$$

式中，U_F 为 LED 的正向压降，约为 2 V；I_F 为正向电流，从产品手册中可查得。

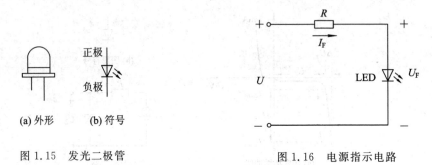

图 1.15　发光二极管　　　　　　图 1.16　电源指示电路

2. 红外发光二极管

红外发光二极管是一种能将电信号转换成红外光信号的半导体器件。其外形和发光二极管相似，电路符号相同。以红外发光二极管发射的红外线去控制相应的受控装置，即可实现遥控。比如电视机中的遥控电路，就是应用红外发光二极管发射的红外光脉冲信号来遥控电视机的各项操作的。

3. 激光二极管

激光二极管(Laser Diode，LD)是一种能将电能转换成激光的半导体器件。激光二极管类似于普通发光二极管，都是由 PN 结构成的，但由于两者材料以及工艺的不同，前者发出的是单一波长的激光束。如 VCD 和 DVD 等数字视听设备，就是应用光头中的激光二极管发射的激光束来读取光盘上记录的数字音视频信息的。

技能训练

发光二极管的特性测试电路如图 1.17 所示，其中的电阻 R 为 1 kΩ。

测试步骤如下：

(1) 直接用万用表测量发光二极管的正、反向电阻，并记录：$R_F = $ _____；$R_R = $ _____。

(2) 按图 1.17 接好电路，并串入电流表。

(3) 接入电源电压 U_S，并使 U_S 由 0 逐渐增大，直至发光二极管开始发光，记录此时发光二极管正向压降 $U_D = $ _____ V，正向电流 $I = $ _____ mA。

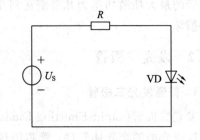

图 1.17　发光二极管的特性测试电路

（4）保持步骤（3），继续增大 U_S，观察发光二极管的发光强度随 U_S 增大而变化的情况，并记录：_____。

（5）将发光二极管反接，观察此时发光二极管有无发光，并记录：_____。

1.6.3 光电二极管和变容二极管

1. 光电二极管

光电二极管也称光敏二极管，顾名思义，它是一种将光信号转换成电信号的半导体器件，符号如图 1.18 所示。

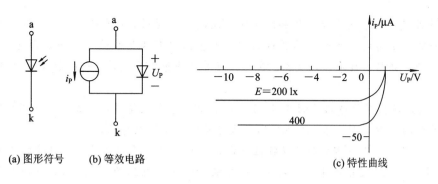

(a) 图形符号 　 (b) 等效电路 　 (c) 特性曲线

图 1.18 　光电二极管

光电二极管正常工作时，须加反向电压，无光照射管子时暗电流很小，有光照射时光电流较大，并且光照越强，电流越大。

图 1.19 是光电二极管的简单应用电路，无光照时 R 上无电压，有光照时光电流在 R 上产生电压，由于光电流随光的强弱变化，因此 R 上的电压 u_R 也随光的强弱变化，这就实现了光信号到电信号的转换。光电二极管主要用于光电控制系统中。

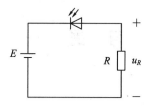

图 1.19 　光电二极管的简单应用电路

使用光电二极管时应注意以下几点：

（1）为了使光电流与光强度保持一定的线性关系，加在光电二极管上的反向电压一般不得小于 5 V。

（2）光电二极管的外壳或窗口应保持清洁，否则光电灵敏度会下降。

2. 变容二极管

由于 PN 结存在电容效应，类似于一个平行板电容器，因此利用 PN 结的这种电容效应，可制成变容二极管。当加在变容二极管两端的反向电压在 0～30 V 范围内变化时，变容二极管的电容量可在几百皮法到几十皮法之间改变，反向电压越大，电容量越小。变容二极管的符号如图 1.20 所示。电视中的高频调谐器，就是用 $0\sim30$ V 的调谐电压来调节变容二极管的电容，从而改变振荡电路的频率，达到选择电视信号的目的。

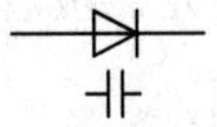

图 1.20　变容二极管的符号

小　结

半导体是导电能力介于导体和绝缘体之间的一种材料，具有热敏性、光敏性和可掺杂性，因而成为制造电子元器件的关键材料。半导体中有两种载流子——自由电子和空穴，但数目很少，并与温度有密切关系。在本征半导体中掺入杂质，可形成 P 型和 N 型杂质半导体。

PN 结是现代半导体器件的基础。PN 结具有单向导电特性，即正偏时导通，反偏时截止。半导体的核心是 PN 结，故半导体二极管具有单向导电特性。

二极管具有单向导电特性，该特性可由伏安特性曲线准确描述。二极管的伏安特性是非线性的，所以二极管是非线性器件。硅二极管的死区电压约为 0.5 V，导通时的正向压降约为 $0.6\sim0.8$ V，计算分析时一般取 0.7 V；锗二极管的死区电压约为 0.1 V，导通时的正向压降约为 $0.2\sim0.3$ V，计算分析时一般取 0.3 V。

选用或更换二极管必须考虑最大整流电流、最高反向工作电压、反向击穿电压、反向饱和电流和最高工作频率这几个主要参数。

特殊二极管主要有稳压二极管、发光二极管、光电二极和变容二极管等。稳压二极管利用它在反向击穿状态下的恒压特性来构成简单的稳压电路。发光二极管起着将电信号转换为光信号的作用，而光电二极管用于将光信号转换为电信号。

习　题　一

1.1　什么是 N 型半导体和 P 型半导体？其多数载流子和少数载流子各是什么？能否说 N 型半导体带负电，P 型半导体带正电？

1.2　杂质半导体中，多数载流子和少数载流子的浓度由什么决定？和温度有什么关系？

1.3　如需将 PN 结处于正向偏置状态，应如何确定外接电压的极性？

1.4　画出二极管的符号，并说明二极管的主要特性。

1.5　选用二极管时应主要考虑哪些参数？并说明参数的含义。

1.6　有一只二极管，测得正向电阻为 1.2 kΩ，反向电阻为 520 kΩ，该管子能使用吗？

1.7　有 A 和 B 两个小功率二极管，它们的反向饱和电流分别为 0.5 μA 和 0.01 μA，在外加相同的正向电压时，电流分别为 20 mA 和 8 mA，你认为哪一个管子的综合性能较好？

1.8　在使用二极管时，为什么要特别注意不要超过最大整流电流和最高反向工作电压?

1.9 设二极管为理想二极管,其反向击穿电压为 25 V,试求图 1.21 所示各电路中的电流 I。

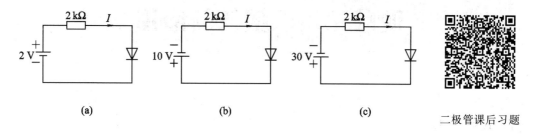

(a)   (b)   (c)

二极管课后习题

图 1.21 题 1.9 图

1.10 解释下列型号二极管的意义。

2CK80A   2AP9

1.11 为什么不宜用万用表的 $R\times 1$ 或 $R\times 10k$ 挡测量小功率二极管的极性?

1.12 图 1.22 所示各电路中的稳压管 VD_{Z1} 和 VD_{Z2} 的稳定电压分别为 6 V 和 6.3 V,稳定电流均为 10 mA,最大稳定电流均为 40 mA,正向压降均为 0.7 V,试求各电路的输出电压 U_O 的大小。

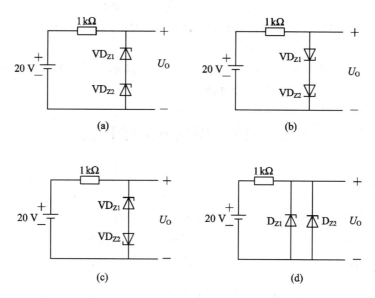

(a)   (b)

(c)   (d)

图 1.22 题 1.12 图

项目二　二极管的应用

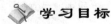 学习目标

■ 熟悉整流电路、滤波电路、限幅电路的组成及结构。
■ 理解整流电路、滤波电路、限幅电路的工作原理。
■ 掌握整流电路、滤波电路、限幅电路的工作性能及在实际中的应用。
■ 了解其他滤波电路的结构、工作原理及应用。

技能目标

■ 能够运用二极管的单向导电特性设计出简单的电路，并能正确分析。
■ 能够根据电路的分析结果，查阅半导体器件手册，为电路选择合适的二极管。

二极管是电子电路中最常见的半导体元件，利用其单向导电性和正向压降很小的特点，可组成整流、限幅、滤波、箝位等电路。

【任务1】　整流电路的设计

学习目标

◆ 了解单相和三相整流电路的结构，理解其工作原理。
◆ 掌握单相和三相整流电路的工作性能，并能够分析及应用。

技能目标

◆ 能够运用二极管的单向导电特性设计整流电路，并进行正确分析。
◆ 会为电路选择合适的二极管。

相关知识

整流是利用二极管的单向导电特性将交流电变换成脉动直流电。下面重点分析单相整流和三相整流电路的基本工作原理和主要性能指标。

2.1.1　单相整流电路

在分析整流电路时，由于电路的工作电压、电流较大，而二极管的正向压降及反向电

流对电路的影响很小,为使分析简化,可将二极管视为理想开关器件,即二极管正向导通时,正向压降为零,看成短路;反向截止时,反向电流为零,看成开路。

1. 单相半波整流电路

1) 工作原理

单相半波整流电路如图 2.1(a)所示。u_1 为电源变压器初级电压,u_2 为次级电压,R_L 为负载电阻。设 $u_2 = \sqrt{2} U_2 \sin\omega t(\text{V})$。在图示的 u_2 参考方向下,u_2 为正半周时,二极管 VD 受正向电压导通,$u_L = u_2$;u_2 为负半周时,VD 受反向电压截止,$u_L = 0$。其波形如图 2.1(b)所示。这种整流只利用了 u_2 的半个周期,所以称为半波整流。

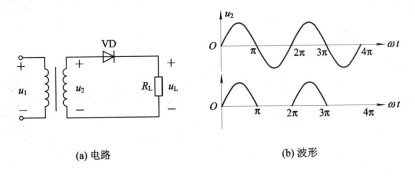

(a) 电路   (b) 波形

图 2.1 单相半波整流电路及波形

2) 电路计算

输出直流电压 U_L 是指半波脉动电压在一个周期内的平均值,即

$$U_L = 0.45 U_2$$

流过负载的电流 I_L 和流过二极管的电流 I_D 相等,即

$$I_L = I_D = \frac{U_L}{R_L} = \frac{0.45 U_2}{R_L}$$

二极管承受的最大反向电压 U_{DRM} 为

$$U_{DRM} = \sqrt{2} U_2$$

为保证电路可靠、安全工作,选择二极管时要求:

$$I_{FM} = (1.5 \sim 2) I_D$$
$$U_{RM} = (1.5 \sim 2) U_{DRM}$$

半波整流电路的线路简单,但输出电压脉动大,利用率低。

2. 单相桥式整流电路

单相桥式整流电路如图 2.2 所示,图 2.2(a)和(b)都是常用画法,图 2.2(c)是简化画法。电路中 $VD_1 \sim VD_4$ 四只二极管接成电桥形式,其中二极管极性相同的一对角接负载电阻 R_L,二极管极性不同的一对角接交流电压。

1) 工作原理

设 $u_2 = \sqrt{2} U_2 \sin\omega t(\text{V})$。当 u_2 为正半周时,电路中 a 点电位大于 b 点电位,二极管 VD_1、VD_3 导通,VD_2、VD_4 截止,电流流经的路径为 a→VD_1→R_L→VD_3→b,$u_L = u_2$。当 u_2 为负半周时,b 点电位高于 a 点电位,二极管 VD_2、VD_4 导通,VD_1、VD_3 截止,电流流

经的路径为 b→VD_2→R_L→VD_4→a，$u_L = -u_2$。

由以上分析可知，随着 u_2 正、负半周的交替变化，VD_1、VD_3 与 VD_2、VD_4 轮流导通，在负载 R_L 上得到单向全波脉动电压和电流。其波形如图 2.2(d)所示。

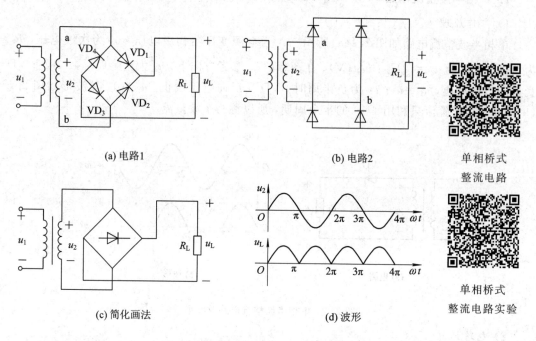

(a) 电路1

(b) 电路2

单相桥式
整流电路

(c) 简化画法

(d) 波形

单相桥式
整流电路实验

图 2.2 单相桥式整流电路及波形

2）电路计算

由于桥式整流电路一个周期输出两个半波脉动电压和电流，在 U_2 相等的条件下，桥式整流电路输出的直流电压和直流电流是半波整流（$U_L = 0.45U_2$）的两倍，即

$$U_L = 0.9U_2$$

$$I_L = 0.9 \frac{U_2}{R_L}$$

由于每只二极管在一个周期内，只导通半个周期，所以流过二极管的电流为负载电流的一半，即

$$I_D = \frac{1}{2}I_L = 0.45 \frac{U_2}{R_L}$$

每只二极管承受的最大反向电压 U_{DRM} 为

$$U_{DRM} = \sqrt{2}U_2$$

单相桥式整流电路以其输出电压较高、脉动较小、电源利用率高等优点，在电源电路中得到了广泛应用。

2.1.2 三相整流电路

1. 三相半波整流电路

三相整流是将三相交流电转换成脉动直流电，其电路具有输出电压脉动小、输出功率大、使电网三相负载平衡等优点。

三相半波整流电路结构简单，如图 2.3(a)所示。三只二极管 VD$_1$、VD$_2$、VD$_3$ 的负极连在一起，习惯上称为共阴极接法，负载 R_L 接在二极管的阴极与中性点 N 之间。

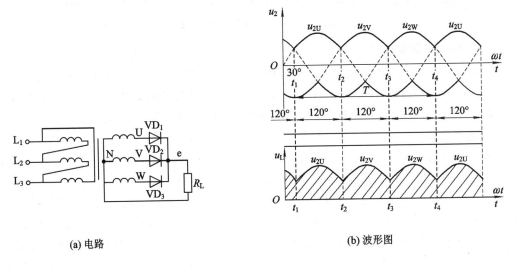

(a) 电路　　　　　　　　　　　　　　　　　　　　**(b) 波形图**

图 2.3　三相半波整流电路及波形

1）工作原理

因为二极管 VD$_1$、VD$_2$、VD$_3$ 为共阴极连接，其阴极电位相等，当某只二极管的正极电压最大时，该二极管就会优先导通，另外两只二极管因受反向电压被迫截止。下面就根据这一原则，分析电路的工作原理。

根据图 2.3(b)的波形图，U、V、W 为三相变压器的次级相电压。在 $0 \sim t_1$ 期间，W 相电压最高，所以 VD$_3$ 优先导通，由于 VD$_3$ 的箝位作用，电路中 e 点和 W 点电位相等，VD$_1$、VD$_2$ 受反向电压截止，电流流经 W→VD$_3$→R_L→N，负载电压 u_L 等于相电压 u_{2W}。

同理，在 $t_1 \sim t_2$ 期间，U 相电压最高，VD$_1$ 优先导通，VD$_2$、VD$_3$ 截止，电流流经 U→VD$_1$→R_L→N，$u_L = u_{2U}$；在 $t_2 \sim t_3$ 期间，V 相电压最高，VD$_2$ 优先导通，VD$_1$、VD$_3$ 截止，电流流经 V→VD$_2$→R_L→N，$u_L = u_{2V}$；在 $t_3 \sim t_4$ 期间，W 相电压最高，VD$_3$ 优先导通，VD$_1$、VD$_2$ 截止，电流流经 W→VD$_3$→R_L→N，$u_L = u_{2W}$。

由以上分析可知，在一个周期 $T(t_1 \sim t_4)$ 内，VD$_1$、VD$_2$、VD$_3$ 轮流导通，每只二极管导通时间均为 $T/3$，导通角均为 120°。输出电压为变压器次级相电压的上包络线，每个周期有三个波头，其脉动比单相整流小得多。

2）电路计算

由数学知识可以证明，三相半波整流电路的输出电压的平均值为

$$U_L = 1.17 U_2$$

其中，U_2 为变压器次级相电压的有效值。

流过负载电流的平均值为

$$I_L = \frac{U_L}{R_L} = 1.17 \frac{U_2}{R_L}$$

由于 VD$_1$、VD$_2$、VD$_3$ 三只二极管轮流导通，且导通时间相同，所以流过每只二极管的电流平均值是负载电流 I_L 的 1/3，即

$$I_D = \frac{1}{3} I_L$$

每只二极管在截止时承受的反向电压为变压器次级的线电压，其最大值是

$$U_{DRM} = \sqrt{2} \times \sqrt{3} U_2 \approx 2.45 U_2$$

2. 三相桥式整流电路

在大功率整流电路中，得到广泛应用的是三相桥式整流电路，如图 2.4(a) 所示。图中 VD_1、VD_3、VD_5 为共阴极连接，VD_2、VD_4、VD_6 为共阳极连接，共阳极组二极管的导电原则是：哪只管子的阴极电位最低，哪只管子导通，而另两只管子反向截止。

1）工作原理

由波形图 2.4(b) 所示，将一个周期时间分成六等份。在 $t_1 \sim t_2$ 期间，U、V、W 三相电压中 U 相电压最高，V 相电压最低，所以二极管 VD_1、VD_4 优先导通。由于 VD_1、VD_4 导通后的箝位作用，使 VD_3、VD_5 和 VD_2、VD_6 反向截止，电路的电流通路为 U→VD_1→R_L→VD_4→V，输出电压 u_L 等于变压器次级的线电压 u_{UV}。在 $t_2 \sim t_3$ 期间，U 相电压仍然最高，而 W 相电压变成最低，所以电路中的 VD_1、VD_6 导通，另外四只二极管反向截止，电流通路为 U→VD_1→R_L→VD_6→W，输出电压 $u_L = u_{UW}$。同理，在 $t_3 \sim t_4$ 期间，VD_3、VD_6 导通，其余管子截止，$u_L = u_{VW}$。在 $t_4 \sim t_5$ 期间，VD_3、VD_2 导通，$u_L = u_{VU}$。在 $t_5 \sim t_6$ 期间，VD_5、VD_2 导通，$u_L = u_{WU}$。在 $t_6 \sim t_7$ 期间，VD_5、VD_4 导通，$u_L = u_{WV}$。

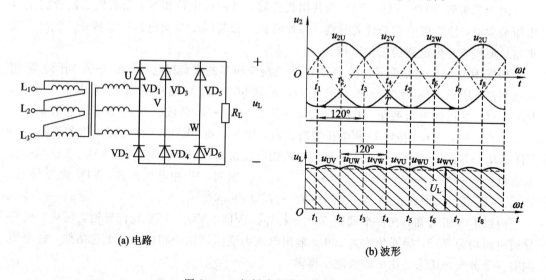

(a) 电路   (b) 波形

图 2.4 三相桥式整流电路及波形

根据以上分析可知，任何时刻电路内共阴极和共阳极二极管中，各有一只二极管导通，每只二极管的导通角为 120°。在一个周期内输出电压有六个波峰，显然输出电压的脉动比三相半波要小得多。

2）电路计算

输出直流电压的平均值 U_L，由数学知识可证明：

$$U_L = 2.34 U_2 \qquad (U_2 \text{ 为变压器次级相电压有效值})$$

负载电流的平均值 I_L 为

$$I_{\mathrm{L}} = 2.34 \frac{U_2}{R_{\mathrm{L}}}$$

因为每只二极管在一个周期内的导通时间只有 1/3 周期，所以

$$I_{\mathrm{D}} = \frac{1}{3} I_{\mathrm{L}}$$

二极管截止时承受的反向电压应为变压器次级线电压的最大值，即

$$U_{\mathrm{DRM}} = \sqrt{2} \times \sqrt{3} U_2$$

【任务 2】　滤波电路的设计

学习目标

◆ 了解电容、电感和复式滤波电路的结构，理解电容和电感滤波电路的工作原理。
◆ 掌握电容和电感滤波电路的工作性能，并能够进行分析及应用。

技能目标

◆ 能够设计简单的滤波电路，并能正确分析。
◆ 会为电路选择合适的二极管及其他元器件。

相关知识

整流电路输出的是脉动直流电，脉动直流电中含有一定的交流分量，将脉动直流电的交流分量滤除称为滤波。滤波电路又称为滤波器。滤波器通常由电容器、电感线圈及电阻组成。

2.2.1　电容滤波电路

1）工作原理

图 2.5 是单相桥式整流电容滤波电路。电容器 C 称为滤波电容，通常选用容量较大的电解电容，电容器与负载并联。电解电容有极性，其正极应接高电位，负极接低电位，注意不能接错。

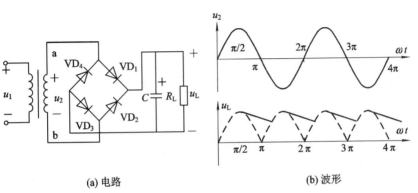

(a) 电路　　　　　　　　　　(b) 波形

图 2.5　单相桥式整流电容滤波电路

电容滤波电路

单相桥式整流电容
滤波电路实验

假设电容初始电压为零，电源接通后，u_2 由零开始升高，整流二极管 VD_1、VD_3 正向导通，电源对 R_L 供电，并同时向电容 C 充电。因充电回路时间常数很小，所以电容充电速度很快，可以认为 $u_C = u_2$。当 u_2 达到幅值 $\sqrt{2}U_2$ 后，u_2 又下降，由于电容电压不突变，u_2 的下降使 $u_C > u_2$，VD_1、VD_3 受反向电压截止。因此电容充电在 $u_2 = \sqrt{2}U_2$ 时结束，充电结束后，电容开始向 R_L 放电，由于放电时间常数较大，u_C 下降速度慢，当 u_2 的负半周电压绝对值 $|u_2| = u_C$ 时，电容放电结束，随后 $|u_2| > u_C$，二极管 VD_2、VD_4 正向导通，电源又对电容充电，这样周而复始地充、放电，使输出电压的起伏明显减小了，即平滑多了。

2）滤波电容和二极管的选择

放电回路的时间常数 $R_L C$ 对 u_L 的波形影响很大，$R_L C$ 越大，输出电压脉动越小，电压越高。为了获得比较平滑的电压，一般取

$$C = (3 \sim 5)\frac{T}{2R_L}$$

式中，T 为交流电压 u_2 的周期。

输出直流电压 U_L 按下面公式估算：

$$U_L \approx 1.2U_2$$

流过二极管的平均电流仍为负载电流的一半：

$$I_D = 0.5I_L = 0.5\frac{U_L}{R_L}$$

由于滤波电容的作用，使二极管导通的时间变短，电流增大，所以二极管的最大整流电流应按下式估算确定：

$$I_{FM} = (2 \sim 3)I_D$$

二极管承受的最高反向电压仍为 u_2 的最大值：

$$U_{DRM} = \sqrt{2}U_2$$

【例 2.1】 一桥式整流电容滤波电路，已知 $U_2 = 20$ V，$R_L = 30$ Ω，要求输出电压脉动要小。试选择滤波电容的标称值、二极管的型号，并计算输出电压。

解 （1）选择滤波电容。

电源周期为

$$T = \frac{1}{f} = \frac{1}{50} = 0.02 \text{ s}$$

由公式可得

$$C = \frac{5 \times T}{2R_L} = \frac{5 \times 0.02}{2 \times 30} \approx 1670 \ \mu\text{F}$$

电容器的耐压值可按 $2U_2 = 2 \times 20$ V $= 40$ V 确定。最后选定 $2200 \ \mu\text{F}/50$ V 的电解电容。

估算输出电压为

$$U_L = 1.2U_2 = 1.2 \times 20 = 24 \text{ V}$$

（2）确定二极管的参数。

流过二极管的电流为

$$I_D = \frac{1}{2}I_L = \frac{U_L}{2R_L} = \frac{24}{2 \times 30} = 0.4 \text{ A}$$

二极管承受的最高反向电压为

$$U_{\mathrm{DRM}} = \sqrt{2}U_2 = 1.41 \times 20 \approx 28 \text{ V}$$

根据计算数据,考虑留有一定余量,查手册,选择四只型号为 2CZ55B 的整流二极管($I_{\mathrm{FM}}=1$ A,$U_{\mathrm{RM}}=50$ V)。

2.2.2 其他滤波电路

1. 电感滤波

电感线圈是一种储能元件,其电流不能突变。它与负载串联,负载电流变得比较平滑,起到了滤波的作用。电感越大,滤波效果越好,但也不宜太大,否则会使输出电流、电压下降。滤波电感常用几亨到几十亨的铁心电感。

电感滤波电路如图 2.6 所示。其中,电感 L 与负载 R_L 相串联。由于电感具有阻止其本身电流变化的特点,即当流过电感的电流发生变化时,电感线圈 L 将感应出一个反电动势阻碍电流的变化。若电流增加,则反电动势的方向与电流方向相反,反电动势产生的电流与电路中电流相反,阻碍了电路中电流的增加,与此同时,电感将能量存储起来,使电流缓慢增加,波形较为平滑,从而使输出电压的波形也比较平滑。反之,若电流减小,则反电动势的方向与电流方向相同,阻止了电流的进一步减小,同时,电感将能量释放出来,使电流缓慢减小,这样,就使负载的输出电压较为平滑,从而起到滤波的效果。

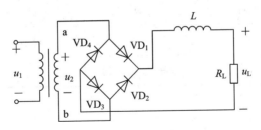

图 2.6 电感滤波电路

电感滤波也可以这样理解:因为电感线圈等效阻抗 $X_L = 2\pi fL$,所以,对于整流电流的交流分量阻抗较大,且谐波频率越高,阻抗越大;而对于整流电流中的直流分量,则阻抗几乎为 0,故此,负载 R_L 上输出的只有直流成分。下面简要分析图 2.6 电路的工作原理。

当 u_2 为正半周且从 0 开始上升至正的最大值时,二极管 VD_1、VD_3 导通,VD_2、VD_4 截止,此时,电感 L 储能,整流电流缓慢上升;当 u_2 从最大值开始下降至 0 时,电感 L 释放能量,整流电流缓慢下降,从而使输出电压较为平滑。

当 u_2 为负半周且从 0 开始下降至负的最大值时,二极管 VD_2、VD_4 导通,VD_1、VD_3 截止,电路的工作情况与 u_2 正半周时类似,电路也就达到了滤波的目的。

由于电感滤波电路中电感反电动势的作用,使得二极管导通的时间比电容滤波长,每个二极管均导通半个周期,而且电流比较平滑,因此,流过二极管的峰值电流减小,输出电压的外特性较好,带负载能力较强。L 值、R_L 愈小,则电流越平滑,滤波效果越好。所以,电感滤波常用于负载电流较大的场合。但是,若 L 值大,则线圈的匝数较多,体积大,比较笨重,直流电流也较大,因而,电感上也有一定的电压降,会造成输出电压下降。

电感滤波电路的输出电压平均值一般均取为

$$U_O = 0.9U_2$$

2. 复式滤波

为了提高滤波效果，可用电容、电感或电阻组成 $LC\,\Gamma$ 型、$LC\,\pi$ 型和 $RC\,\pi$ 型复式滤波电路，这三种滤波器如图 2.7 所示。表 2.1 为几种滤波器的性能比较。

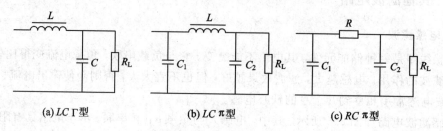

(a) $LC\,\Gamma$ 型   (b) $LC\,\pi$ 型   (c) $RC\,\pi$ 型

图 2.7 复式滤波电路

表 2-1 几种滤波器的性能比较

滤波形式	电容滤波	$LC\,\Gamma$ 型滤波	$LC\,\pi$ 型滤波	$RC\,\pi$ 型滤波
滤波效果	较好（小电流时）	较好	好	较好
输出电压	高	低	高	较高
输出电流	较小	大	较小	小
外特性	差	较好（大电流时）	差	差

【任务 3】 限幅电路的设计

学习目标

◆ 了解限幅电路的结构，理解电路的工作原理。

◆ 掌握限幅电路的工作性能，并能够进行分析及应用。

技能目标

◆ 能够设计简单的限幅电路，并能正确分析。

◆ 会为电路选择合适的二极管。

相关知识

限幅电路的作用是使输出电压限定在某一电压值以内。利用二极管正向压降基本不变的特性，可实现这一目的。图 2.8(a) 所示为正向限幅电路。设 $u_i = 10\,\sin\omega t(\text{V})$，当 $u_i < 5$ V 时，二极管截止，$u_o = u_i$；当 $u_i \geqslant 5$ V 时，二极管导通，$u_o = 5$ V。其波形如图 2.8(b) 所示。

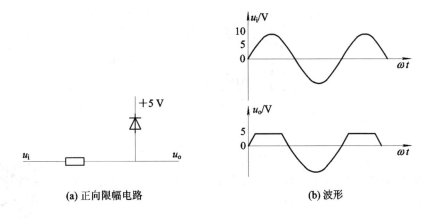

(a) 正向限幅电路　　　　　　　　**(b) 波形**

图 2.8　二极管限幅电路

小　　结

　　整流电路是利用二极管的单向导电特性，将交流电转变为脉动的直流电，最常用的是桥式整流电路。单相半波整流电路具有结构简单、元件少的优点，但其输出电压脉动较大，输出电压较低，因此，只适用于要求不高的场合，其输出电压 $U_O = 0.45U_2$。单相桥式整流电路具有输出电压高、输出电压脉动较小，整流元件承受的反向电压不高等优点，因此获得了极为广泛的应用，其输出电压 $U_O = 0.90U_2$。

　　为了减小整流输出电压的脉动程度，通常在整流之后再接入滤波电路。常用的滤波电路有电容滤波、电感滤波、$LC\ \Gamma$ 型滤波、$LC\ \pi$ 型滤波、$RC\ \pi$ 型滤波等电路。

习　题　二

　　2.1　在电路板上，二极管的排列如图 2.9 所示，试问(a)、(b)两图中，如何在各端点上接入交流电压和负载电阻 R_L 来实现桥式整流？

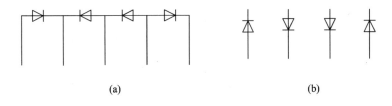

(a)　　　　　　　　　　　　　　　　(b)

图 2.9　题 2.1 图

　　2.2　某单相桥式整流电路，已知交流电网电压为 220 V，负载电阻 $R_L = 50\ \Omega$，负载电压 $U_L = 100$ V，试求变压器的变比和容量，并选择二极管。

　　2.3　试分析图 2.10 所示桥式整流电路中的二极管 VD_2 或 VD_4 断开时负载电压的波形。如果 VD_2 或 VD_4 接反，后果如何？如果 VD_2 或 VD_4 因击穿或烧坏而短路，后果又如何？

　　2.4　单相桥式整流电路中，如果四只二极管的极性全部反接，对输出有何影响？若

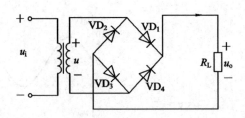

图 2.10 题 2.3 图

其中一只二极管断路、短路或接反，对输出有何影响？

2.5 电路如图 2.11 所示，输入交流电压有效值 $U_2 = 20$ V，且各元件的参数均满足要求，若测得输出电压 U_L 为下列四种情况，试分别说明电路会出现什么故障。

单相桥式整流
电路习题

(1) $U_L = 18$ V；(2) $U_L = 9$ V；(3) $U_L = 28$ V；(4) $U_L = 20$ V。

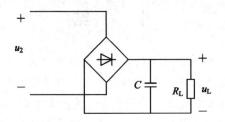

图 2.11 题 2.5 图

2.6 在三相半波整流电路中，负载 $R_L = 10$ Ω，如果要求负载电流为 40 A。试求：(1) 变压器次级电压有效值；(2) 每只二极管承受的最大反向电压和流过二极管的平均电流。

2.7 三相桥式整流电路中，若变压器次级相电压的有效值 $U_2 = 220$ V，要求输出直流电流为 50 A，试求：(1) 输出的直流电压平均值 U_L；(2) 负载电阻 R_L；(3) 整流二极管的平均电流和最大反向电压。

2.8 什么是滤波？常用的滤波电路有哪几种？

项目三 三 极 管

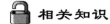 **学习目标**

- 熟悉三极管的基本结构与符号。
- 了解三极管的电流放大特性。
- 理解三极管的输入、输出伏安特性及温度特性。
- 判断放大电路中三极管的三种工作状态。
- 掌握三极管的主要参数、分类及其选择方法和性能。

技能目标

- 能够识别和检测三极管管型和引脚极性。
- 能正确测试各种三极管的外特性。
- 会查阅半导体器件手册，掌握三极管的主要参数，并能判断出三极管管型、引脚及用途。

【任务1】 认 识 三 极 管

学习目标

◆ 掌握三极管的结构、符号。
◆ 了解三极管的类型。

技能目标

◆ 能识别不同封装的三极管。
◆ 掌握三极管的型号含义。

相关知识

1. 三极管的结构、符号

晶体三极管简称三极管，它是构成放大电路的关键元器件，它的主要作用是放大电流。三极管有 NPN 型和 PNP 型两种结构，其结构和符号如图 3.1 所示。NPN 型和 PNP

型三极管符号的区别是发射极箭头的方向不同，箭头方向代表发射结正偏时发射极的电流方向。

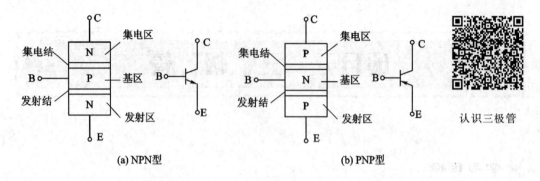

(a) NPN型　　　　　　　　　　　　　(b) PNP型　　　　　认识三极管

图 3.1　三极管的结构及符号

三极管有三个区：集电区、基区和发射区。分别从这三个区引出三个电极，即集电极 C、基极 B 和发射极 E。它还有两个 PN 结，即集电区与基区之间的 PN 结称为集电结，基区与发射区之间的 PN 结称为发射结。

三极管的结构特点是：基区很薄，发射区掺杂浓度高，集电结面积较大。在使用三极管时，发射极和集电极不能互换，否则三极管的放大能力会下降。

2．三极管的分类和型号

1）分类

按制造材料的不同，三极管分为硅管和锗管两类，硅管的热稳定性比锗管好，所以在电子电路中多用硅管。我国生产的硅管除了少量为 PNP 型外，大多数是 NPN 型结构的。

根据功率大小差异，三极管分为小功率管、中功率管和大功率管三类。依据工作频率的高低，三极管又可以分成低频管和高频管。常见三极管的外形如图 3.2 所示。

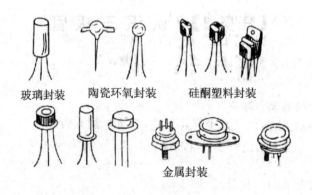

玻璃封装　　陶瓷环氧封装　　硅酮塑料封装

金属封装

图 3.2　常见三极管的外形

2）三极管的型号

按照国家标准 GB/T 249—2017 的规定，三极管的型号由五个部分组成，各部分的含义见表 3-1 和表 3-2。

半导体分立式器件型号五个组成部分的基本含义如下：

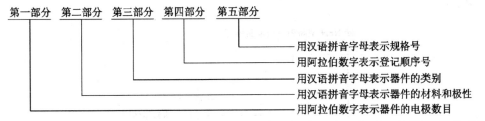

第一部分　第二部分　第三部分　第四部分　第五部分

用汉语拼音字母表示规格号
用阿拉伯数字表示登记顺序号
用汉语拼音字母表示器件的类别
用汉语拼音字母表示器件的材料和极性
用阿拉伯数字表示器件的电极数目

半导体分立式器件的型号一般由第一部分到第五部分组成，也可以由第三部分到第五部分组成。

由第一部分到第五部分组成器件型号的符号及其意义见表 3-1。

表 3-1　由第一部分到第五部分组成器件型号的符号及其意义

第一部分		第二部分		第三部分		第四部分	第五部分
用阿拉伯数字表示器件的电极数目		用汉语拼音字母表示器件的材料和极性		用汉语拼音字母表示器件的类别		用阿拉伯数字表示登记顺序号	用汉语拼音字母表示规格号
符号	意义	符号	意义	符号	意义		
2	二极管	A B C D E	N 型，锗材料 P 型，锗材料 N 型，硅材料 P 型，硅材料 化合物或合金材料	P H V W C Z	小信号管 混频管 检波管 电压调整管和电压基准管 变容管 整流管		
3	三极管	A B C D E	PNP 型，锗材料 NPN 型，锗材料 PNP 型，硅材料 NPN 型，硅材料 化合物或合金材料	L S K N F X G D A T Y B J	整流堆 隧道管 开关管 噪声管 限幅管 低频小功率晶体管 ($f_T < 3$ MHz, $P_C < 1$ W) 高频小功率晶体管 ($f_T \geqslant 3$ MHz, $P_C < 1$ W) 低频大功率晶体管 ($f_T < 3$ MHz, $P_C \geqslant 1$ W) 高频大功率晶体管 ($f_T \geqslant 3$ MHz, $P_C \geqslant 1$ W) 闸流管 体效应管 雪崩管 阶跃恢复管		

例如：

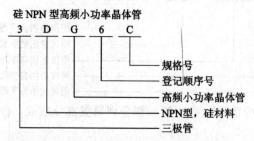

由第三部分到第五部分组成器件型号的符号及其意义见表 3-2。

表 3-2　由第三部分到第五部分组成器件型号的符号及其意义

第三部分		第四部分	第五部分
用汉语拼音字母表示器件的类别		用阿拉伯数字表示登记顺序号	用汉语拼音字母表示规格号
符号	意义		
CS	场效应晶体管		
BT	特殊晶体管		
FH	复合管		
JL	晶体管阵列		
PIN	PIN 二极管		
ZL	二极管阵列		
QL	硅桥式整流器		
SX	双向三极管		
XT	肖特基二极管		
CF	触发二极管		
DH	电流调整二极管		
SY	瞬态抑制二极管		
GS	光电子显示器		
GF	发光二极管		
GR	红外发射二极管		
GJ	激光二极管		
GD	光电二极管		
GT	光电晶体管		
GH	光电耦合器		
GK	光电开关管		
GL	成像线阵器件		
GM	成像面阵器件		

例如：

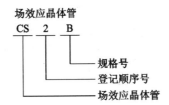

【任务 2】 三极管各电极电流分配关系和放大作用

学习目标

◆ 掌握三极管放大电路的基本连接形式。
◆ 掌握三极管各电极电流的分配关系。
◆ 理解三极管电流的放大原理。

技能目标

◆ 会对三极管各电极电流的分配关系进行测试，并能正确分析。
◆ 能够对三极管放大电路进行测试，并能正确分析。

相关知识

3.2.1 三极管各电极电流分配关系

1. 三极管的工作电压

三极管实现放大作用必须满足的外部条件是：发射结加正向电压，集电结加反向电压，即发射结正偏，集电结反偏。图 3.3 中，VT 为三极管，U_{CC} 为集电极电源电压，U_{BB} 为基极电源电压，两类管子外部电路所接电源极性正好相反，R_B 为基极电阻，R_C 为集电极电阻。若以发射极电压为参考电压，则三极管发射结正偏、集电结反偏这个外部条件也可用电压关系来表示：对于 NPN 型，$U_C > U_B > U_E$；对于 PNP 型，$U_E > U_B > U_C$。

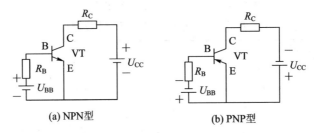

(a) NPN型 (b) PNP型

图 3.3 放大状态时三极管的偏置

2. 三极管放大电路的基本连接方式

基本放大电路一般是指由一个三极管与相应元件组成的三种基本组态放大电路。三极管有三个电极，其中两个可以作为输入，两个可以作为输出，这样必然有一个电极是公共电极，因此，构成放大器时可以有三种连接方式，也称三种组态，如图 3.4 所示。

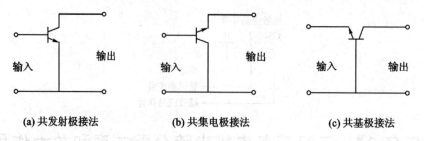

(a) 共发射极接法　　　　(b) 共集电极接法　　　　(c) 共基极接法

图 3.4　放大电路的基本连接方式

以发射极作为公共电极的电路称为共发射极放大电路，如图 3.4(a)所示；以集电极作为公共电极的电路称为共集电极放大电路，如图 3.4(b)所示；以基极作为公共电极的电路称为共基极放大电路，如图 3.4(c)所示。

无论采用哪种接法，都必须满足发射结正偏、集电结反偏的条件，才能保证三极管工作在放大区。

3. 三极管的电流分配关系

三极管要具有一定的放大作用，必须使其发射结正向偏置，集电结反向偏置。只要满足这个条件，三极管内部载流子就会按一定的规则运动，载流子的运动就形成集电极电流 I_C、基极电流 I_B 和发射极电流 I_E。图 3.5 为测量三极管电流的实验电路。

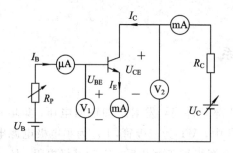

图 3.5　测量三极管电流关系的电路　　　三极管电流分配及放大作用

U_B、R_P 使三极管发射结正偏，U_C、R_C 使集电结反偏，三极管处于放大状态。电位器 R_P 可以调节基极电流 I_B。三只电流表分别测量三个电极的电流。实验数据如表 3-3 所示。

表 3-3　三极管电流测量数据

测量次数 电流/mA	1	2	3	4	5
I_B	0	0.01	0.02	0.04	0.06
I_C	0.3	0.99	1.97	3.96	5.95
I_E	0.3	1.00	1.99	4.00	6.01

由表 3-3 可知，每一组数据都满足以下关系式：

$$I_E = I_B + I_C$$

上式说明流入三极管的电流等于流出三极管的电流,满足基尔霍夫电流定律。

从表 3-3 的数据知,当基极电流 I_B 由 0.02 mA 上升到 0.04 mA 时,集电极电流 I_C 由 1.97 mA 变化到 3.96 mA,则集电极电流的变化量与基极电流变化量之比为

$$\frac{\Delta I_C}{\Delta I_B} = \frac{3.96 - 1.97}{0.04 - 0.02} = 99.5$$

这说明 I_C 的变化量为 I_B 变化量的 99.5 倍;也就是说,I_B 的微小变化可以控制 I_C 的较大变化,这就是三极管的电流放大作用。三极管是一种电流控制器件。

显然,$\Delta I_C/\Delta I_B$ 反映了三极管放大能力的强弱,该比值越大,放大能力越强;反之就弱。所以我们定义三极管的共发射极交流电流放大系数 β 为

$$\beta = \frac{\Delta I_C}{\Delta I_B}$$

β 是三极管的主要参数之一。β 的大小与管子的结构、工艺和工作电流有关。对于功率三极管,β 值通常为几十至几百。β 是表征三极管放大交流电流的能力,而三极管放大直流电流的能力,则用共发射极直流电流放大系数 $\bar{\beta}$ 来表示,即

$$\bar{\beta} = \frac{I_C}{I_B}$$

一般情况下,β 与 $\bar{\beta}$ 差异很小,可以认为 $\beta \approx \bar{\beta}$。

技能训练

NPN 型三极管各电极电流分配关系的测试电路如图 3.6 所示,其中,R_B 为 100 kΩ,R_C 为 1 kΩ,VT 为三极管 S9013。

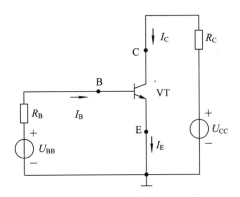

图 3.6 NPN 型三极管各电极电流分配关系的测试电路

测试步骤如下:

(1) 按图 3.6 接好电路,并在基极回路中串接 μA 表,在集电极回路中串接 mA 表。

(2) 接入电源电压 $U_{BB}=0$ V,$U_{CC}=20$ V,观察三极管中有无集电极电流,并记录于表 3-4 中。

(3) 改变电源电压 U_{BB},使 I_B 为表 3-4 中所给的各数值,并测出此时相应的 I_C 值,求出相应的 $I_E(=I_B+I_C)$ 值、I_C/I_E 值和 I_C/I_B 值。

表 3 - 4　三极管电流分配关系的测量结果

$I_B/\mu A$	0	10	20	50
I_C/mA				
$I_E/mA\ (=I_B+I_C)$				
I_C/I_E	—			
I_C/I_B	—			

结论：三极管的电流＿＿＿＿＿＿＿＿（I_B、I_C、I_E）对电流＿＿＿＿＿＿＿＿（I_B、I_C、I_E）有明显的控制作用；I_C/I_E＿＿＿＿＿＿＿＿（≫1，≥1，≤1，≪1），I_C/I_B＿＿＿＿＿＿＿＿（≫1，≥1，≤1，≪1），且I_C/I_E值和 I_C/I_B 值在 I_B 变化时＿＿＿＿＿＿＿＿（会/不会）发生明显变化。

3.2.2　三极管的电流放大作用

三极管的电流放大作用是指三极管基极电流的微小变化将引起其集电极电流较大的变化；换句话讲，就是集电极电流的变化量 ΔI_C 比引起它变化的基极电流的变化量 ΔI_B 要大许多倍。

为使三极管具有电流放大作用，在制造过程中必须满足实现放大的内部结构条件，即：

（1）发射区掺杂浓度远大于基区的掺杂浓度，以便于有足够的载流子供"发射"。

（2）基区很薄，掺杂浓度很低，以减少载流子在基区的复合机会，这是三极管具有放大作用的关键所在。

（3）集电区比发射区体积大且掺杂少，以利于收集载流子。

由此可见，三极管并非两个 PN 结的简单组合，不能用两个二极管来代替，在放大电路中也不可将发射极和集电极对调使用，三极管的放大原理如图 3.7 所示。

在正向电压的作用下，发射区的多子（电子）不断向基区扩散，并不断地由电源得到补充，形成发射极电流 I_E。基区多子（空穴）也要向发射区扩散（由于其数量很小，可忽略）。到达基区的电子继续向集电结方向扩散，在扩散过程中，少部

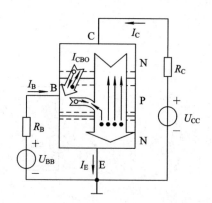

图 3.7　三极管放大原理图

分电子与基区的空穴复合，形成基极电流 I_B。由于基区很薄且掺杂浓度低，因而绝大多数电子都能扩散到集电结边缘。由于集电结反偏，因此这些电子全部漂移过集电结，形成集电极电流 I_C。

技能训练

三极管放大作用的测试电路如图 3.8 所示，其中，R_B 为 100 kΩ，R_C 为 1 kΩ，VT 为三极管 S9013。

测试步骤如下：

（1）按图 3.8 接好电路，并在基极回路中串接 μA 表，在集电极回路中串接 mA 表。

（2）接入电源电压 $U_{CC}=20$ V。

（3）不接 u_i，以 u_{BE} 的变化量 Δu_{BE}（可通过改变 U_{BB} 而得到）代替输入电压。

（4）接入并调节电源电压 U_{BB}，使 i_B 为表 3-4 中所给的两数值，并测出此时相应的 i_C、u_{BE} 和 u_o 值，求出相应的 Δi_B、Δi_C、$\Delta i_C/\Delta i_B$、Δu_{BE}、Δu_o、$\Delta i_C/\Delta i_B$ 和 $\Delta u_o/\Delta u_{BE}$ 值，并记入表 3-5 中。

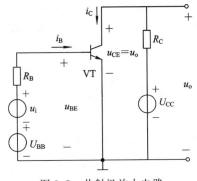

图 3.8 共射极放大电路

表 3-5 放大电路中三极管放大作用的测量结果

$i_B/\mu A$	15	20	$\Delta i_B/\mu A$		$\Delta i_C/\Delta i_B$	
i_C/mA			$\Delta i_C/mA$			
u_{BE}/V			$\Delta u_{BE}/V$		$\Delta u_o/\Delta u_{BE}$	
u_o/V			$\Delta u_o/V$			

结论：共射电路_____（有/没有）电流放大作用，_____（有/没有）电压放大作用，_____（有/没有）功率放大作用。

【任务3】 三极管共射输入、输出特性曲线的测试

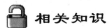 学习目标

◆ 理解三极管输入、输出特性曲线的基本概念。

◆ 理解并掌握三极管输入、输出特性曲线的特性。

◆ 掌握三极管的主要参数及特性。

三极管输入、输出特性

➡ 技能目标

◆ 能够通过简单的电路对三极管输入、输出特性曲线进行测试，并能正确分析。

◆ 会查阅半导体器件手册，掌握三极管的主要参数及使用方法。

🔒 相关知识

3.3.1 三极管特性曲线的测试

三极管的特性曲线有输入特性曲线和输出特性曲线，这两种曲线都能用晶体管特性图示仪直接观察。

1. 输入特性曲线

输入特性曲线是指当集电极与发射极间的电压 U_{CE} 为常量时，基极电流 I_B 与基极和发

射极的电压 U_{BE} 之间的关系。图 3.9 是用晶体管特性图示仪观察到的三极管（3DG141A）的输入特性曲线。由图 3.9 可知，输入特性与二极管的正向特性相似。当电压 U_{BE} 小于三极管的死区电压（硅管约为 0.5 V，锗管约为 0.1 V）时，基极电流 I_B 几乎为零。当 U_{BE} 大于死区电压后，基极电流 I_B 才随 U_{BE} 迅速增大，三极管导通。管子导通后，硅管的发射结电压 U_{BE} 约为 0.7 V，锗管的 U_{BE} 约为 0.3 V。

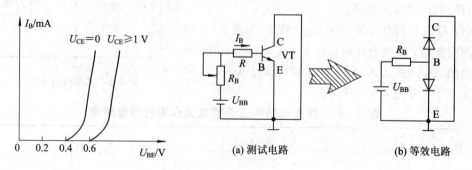

(a) 测试电路　　　　　　(b) 等效电路

图 3.9　三极管的输入特性曲线

2. 输出特性曲线

输出特性曲线是指当基极电流 I_B 为常量时，集电极电流 I_C 与输出电压 U_{CE} 之间的关系。用晶体管特性图示仪观察到 3DG141A 的输出特性曲线如图 3.10 所示。

三极管输出特性曲线可以分为三个工作区：

（1）截止区。当 $I_B=0$ 时，$I_C=I_{CEO}\approx 0$，I_{CEO} 称为三极管的穿透电流。三极管工作于截止状态，管子的集电极与发射极之间接近开路，等效于开关断开状态，三极管无放大作用。所以将 $I_B=0$ 对应曲线以下的区域称为截止区。三极管工作在截止状态的外部条件是：发射结反偏（或零偏），集电结反偏。

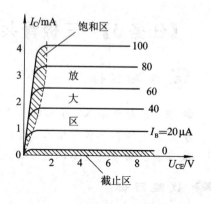

图 3.10　三极管的输出特性曲线

（2）放大区。当 $I_B>0$，$U_{CE}>1$ V 后，每条曲线几乎与横轴平行。I_C 不受 U_{CE} 的影响，I_C 只受 I_B 的控制，并且 I_B 微小的变化就能控制 I_C 较大的变化，三极管工作在放大状态，具有电流放大能力。三极管工作于放大状态的外部条件是：发射结正偏，集电结反偏。

（3）饱和区。当 $I_B>0$ 且 $U_{CE}<1$ V 时，特性曲线的起始上升部分，I_C 不受 I_B 控制，但随 U_{CE} 的增大而迅速增大，三极管工作在饱和状态，无放大作用。因为 U_{CE} 值很小，三极管的集电极和发射极电位近似相等，C、E 电极之间接近短路，等效于开关闭合状态。三极管工作于饱和状态的外部条件是：发射结正偏，集电结正偏。

综上所述，三极管工作在放大区时，才有电流放大作用。对于 NPN 型三极管，工作于放大区时，$U_C>U_B>U_E$；工作于截止区时，$U_C>U_E>U_B$；工作于饱和区时，$U_B>U_C>U_E$。

![技能训练] **技能训练**

三极管输入、输出特性曲线可以直接通过晶体管特性图示仪进行测试，也可以采用图 3.11 所示的特性曲线测试电路，测出共射极放大电路的输入、输出特性曲线。

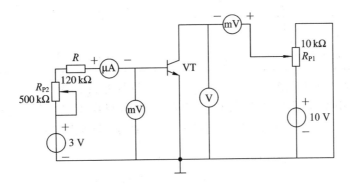

图 3.11 逐点测试特性曲线的电路

1）输入特性曲线测试

取一个 NPN 型三极管，先通过测试判定各引脚的极性（即确定 B、C、E 极），然后连接图 3.11 所示的电路，调节 R_{P1}，使 $U_{CE}=0$ V；调节 R_{P2}，分别使 $I_B=0$ μA、10 μA、20 μA、…，测量对应的 U_{BE} 值，记录于表 3-6 中。

表 3-6 输入特性曲线的测试

条件	$I_B/\mu A$	0	10	20	30	40	50	60	…
$U_{CE}=0$ V	U_{BE}/V								
$U_{CE}=5$ V	U_{BE}/V								

调节 R_{P1}，使 $U_{CE}=5$ V，重复上述步骤。

按表 3-6 中测得的数据在图 3.12 所示的坐标中画出相应点，然后用光滑曲线连接起来，即可得到三极管的输入特性曲线。

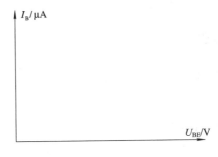

图 3.12 输入特性曲线的绘制

2）输出特性曲线测试

保持电路不变，调节 R_{P2}，使 $I_B=0$ μA。调节 R_{P1}，分别使 $U_{CE}=0$ V、0.3 V、0.5 V、1 V、2 V、3 V、…，测量对应的 I_C 值，记录于表 3-7 中。

表 3 – 7　输出特性曲线的测试

条　件	U_{CE}/V	0	0.3	0.5	1	2	3	…
$I_B = 0\ \mu A$	I_C/mA							
$I_B = 20\ \mu A$	I_C/mA							
$I_B = 40\ \mu A$	I_C/mA							
$I_B = 60\ \mu A$	I_C/mA							

调节 R_{P2}，使 $I_B = 20\ \mu A$、$40\ \mu A$、$60\ \mu A$、…，重复上述步骤。

按表 3 – 7 中测得的数据在图 3.13 所示的坐标中画出相应的点，每一行的数据可以画出一条输出特性曲线，有几行就可以画出几条输出特性曲线，即可得到三极管的输出特性曲线。

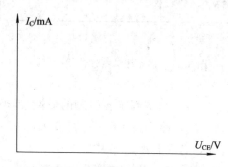

图 3.13　输出特性曲线的绘制

通过对三极管特性参数进行测试分析，可以得到以下结论：

（1）输入特性曲线与二极管特性曲线相似。

（2）从输出特性曲线可知，当输入电流 I_B 保持不变，U_{CE} 从 0 开始增大时，集电极电流 I_C 增加很快，但随着 U_{CE} 的继续增加，集电极电流 I_C 几乎保持不变。

（3）在一定的条件下，当 U_{CE} 一定时，基极电流 I_B 的增大会引起集电极电流 I_C 成正比例增加，其比值的大小即为三极管的交流电流放大倍数 β（$\beta = \Delta I_C / \Delta I_B$，一般与直流电流放大倍数不作区别）。可见，三极管具有基极小电流控制集电极较大电流变化的能力。

根据对测试结果的分析，写出测试报告。

3.3.2　三极管的主要参数

1. 共发射极电流放大系数

（1）交流电流放大系数 β：

$$\beta = \frac{\Delta I_C}{\Delta I_B}$$

三极管参数

（2）直流电流放大系数 $\bar{\beta}$：

$$\bar{\beta} = \frac{I_C - I_{CEO}}{I_B} \approx \frac{I_C}{I_B}$$

虽然 β 与 $\bar{\beta}$ 在概念上不同，但一般情况下 $\beta \approx \bar{\beta}$。需要指出的是，$\beta$ 的大小并不是一个不变的常数，它受 I_C 的影响，I_C 过大或过小都会使 β 值减小。在选择三极管时，β 值不宜太大，以免影响电路的稳定性。

2. 极间反向电流

（1）集电极—基极间的反向饱和电流 I_{CBO}。I_{CBO} 是在发射极开路的情况下，集电极与基极之间的反向电流。I_{CBO} 可由图 3.14 测得。I_{CBO} 受温度影响较大，硅管的 I_{CBO} 比锗管小得多，所以在环境温度变化较大时，尽可能选用硅管，以保证电路稳定工作。

（2）集电极—发射极间的反向电流 I_{CEO}。I_{CEO} 是基极开路时 C、E 极间的反向电流（也称穿透电流），测试电路如图 3.15 所示。通常情况下，I_{CEO} 的计算式为

$$I_{CEO} = (1 + \bar{\beta}) I_{CBO}$$

I_{CEO} 大的管子热稳定性差。

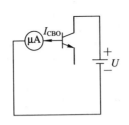

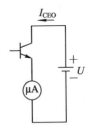

图 3.14 I_{CBO} 测试电路　　　　　图 3.15 I_{CEO} 测试电路

3. 极限参数

（1）集电极最大允许电流 I_{CM}。当 I_C 过大时，β 将下降，使 β 下降至正常值的 2/3 时所对应的 I_C 定义为 I_{CM}。实际应用时，不允许工作电流超过 I_{CM}，以免使放大能力显著下降，甚至造成三极管损坏。

（2）反向击穿电压 $U_{(BR)CEO}$。$U_{(BR)CEO}$ 是指当基极开路时，集电极与发射极之间能承受的最大电压。当电压 $U_{CE} > U_{(BR)CEO}$ 时，三极管将被击穿。

（3）集电极最大允许耗散功率 P_{CM}。P_{CM} 是指集电结上允许耗散的最大功率。因此使用中加在三极管的电压 U_{CE} 和通过集电极的电流 I_C 的乘积（$U_{CE} I_C$）不能大于 P_{CM}，否则，三极管会过耗而烧坏。

由于半导体材料对温度比较敏感，因此三极管的参数要随温度发生变化，而其中 I_{CBO}、I_{CEO}、β 及 U_{BE} 受温度的影响最大。

由于 I_{CBO} 是集电区中的少数载流子形成的，而少数载流子的浓度与温度有直接关系，因此当温度升高时 I_{CBO} 会增大。通常温度每升高 10℃，三极管的 I_{CBO} 将增大一倍。需要指出的是，温度对锗管 I_{CBO} 的影响比对硅管的更严重，因此高温环境下应尽可能选用硅管。

由于 $I_{CEO} = (1+\bar{\beta}) I_{CBO}$，因此温度对 I_{CEO} 的影响会更大。温度升高，电流放大系数 β 会增大，β 值随温度变化过大，就会影响电路的正常工作。

温度升高会使发射结正向压降 U_{BE} 下降，一般来说，温度每升高 1℃，U_{BE} 会下降大约 2.5 mV。

总而言之，温度对 I_{CBO}、I_{CEO}、β、U_{BE} 的影响会使三极管的集电极电流 I_C 发生变化；当温度升高时，I_C 就会增大，这样会导致电路工作不稳定。

【任务4】 三极管管型及引脚极性的判别

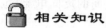 **技能目标**

◆ 会用万用表判别三极管管型及引脚极性。

相关知识

三极管引脚测量实验

1. 三极管引脚的判别

1）基极的判别

用万用表的电阻挡测试三极管的基极，就是测 PN 结的单向导电性。由三极管的结构知道，NPN 型三极管的基极接在内部 P 区，而发射极和集电极则接在内部的 N 区；PNP 型三极管的基极接在 N 区，发射极和集电极接在 P 区。对于 1 W 以下的小功率管，选用万用表的 $R \times 100$ 或 $R \times 1k$ 挡测量；对于 1 W 以上的大功率管，则选用 $R \times 1$ 或 $R \times 10$ 挡测量。

首先，任选一引脚并假设其为基极，将万用表的黑表笔接此脚，再将红表笔分别接另外两引脚；若两次测得电阻值都较小，则再交换表笔，即用红表笔接假设的基极，黑表笔分别接其余两引脚；若两次测得电阻值都较大，则所假设的基极是真正的基极；若两次测试中有一次阻值是一大一小，则所假设电极就不是基极，需再另选一电极设为基极继续进行测试，直至判出基极为止。

测出基极的同时，还能判别出管型，即先用万用表的黑表笔接基极，再用万用表的红表笔分别接另外两引脚，若两次测得的电阻值同时为小（或红表笔接基极，黑表笔分别接其余两引脚，两次测得的电阻值同时为大），则三极管是 NPN 型的；用万用表的黑表笔接基极，而用万用表的红表笔分别接另外两引脚，若两次测得的电阻值同时为大（或红表笔接基极，黑表笔分别接其余两引脚，两次测得的电阻值同时为小），则三极管是 PNP 型的。

2）集电极和发射极的判别

常用测量三极管放大倍数的方法判别集电极和发射极。以 NPN 型三极管为例，在已确定基极和管型的情况下，假设余下两引脚中一引脚为集电极，将万用表的黑表笔接假设的集电极，红表笔接另一引脚，然后在假设的集电极和基极之间加上一人体电阻（不能让 C、B 直接接触），注意观察表针的偏转情况，记住表针偏转的位置。交换表笔，设引脚中另一引脚为集电极，仍在所设的集电极和基极之间加上一人体电阻，观察表针的偏转位置。两次假设中，指针偏转大的一次，黑表笔所接电极是集电极，另一引脚是发射极。

对于 PNP 型三极管，黑表笔接假设的发射极，仍在基极和集电极之间加上一人体电阻，观察表针的偏转大小，表针偏转大的一次，黑表笔接的是发射极。

在三极管检测过程中，在集电极和基极之间加上人体电阻时，指针偏转角度越大，（可以粗略地说明）三极管的电流放大倍数越大；指针偏转角度越小，则电流放大倍数也就越小。

2. 硅管和锗管的判别

硅管和锗管的判别与二极管的判别方法相似，一是测 PN 结正向电压，二是测 PN 结正向电阻，这里不再赘述。

取两只不同型号的三极管（PNP 型和 NPN 型），通过指针式万用表来检测和确定三极管的类型、材料及引脚的排列,并把检测结果记录于表 3-8 中。

表 3-8 三极管类型、引脚的判别

三极管类型	三极管材料	β 值大小	引脚排列

3. 三极管质量的判别

以 NPN 型管为例,将万用表的黑表笔接在三极管的基极(选用 $R\times1$ 挡)上,红表笔分别接在三极管的发射极和集电极上,测得两次的电阻值应在 10 kΩ 左右;然后将红表笔接在基极,黑表笔分别接在三极管的 E 极和 C 极,测得的电阻应该为无穷大;再将红表笔接在三极管的 E 极,黑表笔接在 C 极,然后调换表笔,测得的电阻应该为无穷大。最后用万用表测量三极管 E 极和 C 极之间的电阻,其阻值也是无穷大。若测量结果符合上述结论,则三极管基本完好。

小　　结

半导体三极管是放大电路的核心元件,分 PNP 型和 NPN 型两大类型。管外有基极、集电极和发射极三个电极;管内有发射结和集电结两个 PN 结。使用时有截止状态、饱和状态和放大状态三种工作状态,以及开关功能和放大功能两种功能。在实际电路中,三极管的放大功能和开关功能都得到了广泛的应用。表 3-9 列出了 NPN 型三极管的三种工作状态的比较。

表 3-9 NPN 型三极管三种工作状态的比较

比较项目＼状态	外加偏置	电压	电流	电压
放大状态	发射结正偏 集电结反偏	硅管:$0.6\sim0.7$ V 锗管:$0.2\sim0.3$ V	$\Delta i_C\approx\beta\Delta i_B$(受控) i_B 一定时,i_C 恒流	$u_{CE}>u_{BE}$ $u_{CE}>1$ V
饱和状态	发射结正偏 集电结正偏	硅管:$u_{BE}\geqslant0.7$ V 锗管:$u_{BE}\geqslant0.3$ V	$\Delta i_C\neq\beta\Delta i_B$(不受控) i_C 随 u_{CE} 的增加而增大	$u_{CE}\leqslant u_{BE}$ 硅管:$u_{CES}\approx0.3$ V 锗管:$u_{CES}\approx0.1$ V
截止状态	发射结零偏或反偏 集电结反偏	$u_{BE}\leqslant0$ V (或 $u_{BE}<U_T$)	$i_B\approx0$ $\beta\Delta i_B\approx0$ $i_C\approx I_{CEO}$	$u_{CE}\approx U_{EC}$

半导体三极管是一种电流控制器件,具有电流放大作用。电流放大作用实质上是一种能量控制作用,是以较小的基极电流控制较大的集电极电流、较小的基极电流变化控制较大的集电极电流变化。放大作用的内因是三极管生产工艺制造时在结构、生产工艺上保证了 $\beta\gg1$,外因是必须合理设置静态工作点,满足发射结正向偏置和集电结反向偏置的条件。放大过程中能量是守恒的,只是把集电极电源提供的直流电能转换为输出的交流电能。

半导体三极管也是一种非线性器件。半导体三极管的特性曲线和参数是正确选用和合理代换三极管的依据，根据它们可以判断管子的质量以及正确使用范围。其主要参数中，β 表示电流放大能力，I_{CBO}、I_{CEO} 的大小用以表明三极管的温度稳定性，I_{CM}、P_{CM}、$U_{(BR)CEO}$ 规定了三极管的安全使用范围。

习 题 三

3.1 三极管的主要功能是什么？放大的实质是什么？放大的能力用什么来衡量？

3.2 解释下列三极管型号的意义：

    3AG56C 3DA150B 3BX31B 3DD62D 3CD5E

3.3 某三极管引脚①流进 2 mA 电流，引脚②流出 1.95 mA 电流，引脚③流出 0.05 mA 电流，判断各引脚名称并指出是 PNP 型还是 NPN 型三极管。

3.4 某三极管的 $P_{CM}=100$ mW，$I_{CM}=20$ mA，$U_{(BR)CEO}=15$ V，试问：下列几种情况下三极管能否正常工作？为什么？

(1) $U_{CE}=3$ V，$I_C=10$ mA；

(2) $U_{CE}=2$ V，$I_C=40$ mA；

(3) $U_{CE}=6$ V，$I_C=20$ mA。

3.5 在电路中测出各三极管的三个电极对地电位，如图 3.16 所示，试判断各三极管处于何种工作状态（设图中 PNP 型均为锗管，NPN 型为硅管）。

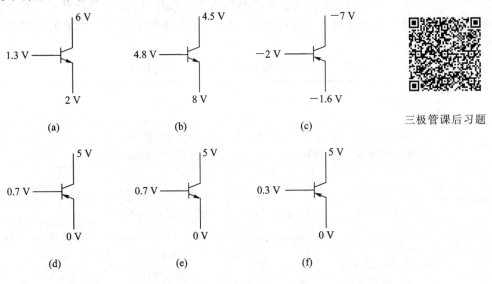

三极管课后习题

图 3.16 题 3.5 图

3.6 两个同型号的三极管，一个三极管的 $\beta=200$，$I_{CEO}=200$ μA，另一个三极管的 $\beta=50$，$I_{CEO}=10$ μA，其他参数相同，你认为哪个三极管工作可靠？为什么？

3.7 某三极管的极限参数为 $P_{CM}=250$ mW，$I_{CM}=60$ mA，$U_{(BR)CEO}=100$ V。试问：

(1) 如果 $U_{CE}=12$ V，集电极电流为 25 mA，管子能否正常工作？为什么？

(2) 如果 $U_{CE}=3$ V，集电极电流为 80 mA，管子能否正常工作？为什么？

项目四　三极管的应用

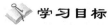 学习目标

■ 了解基本放大电路的概念、组成和类型。
■ 掌握固定式和分压式放大电路的静态和动态分析方法。
■ 理解分压式偏置放大电路稳定静态工作点的工作原理。
■ 掌握共射极放大电路三极管的微变等效电路法。
■ 了解共集电极放大电路和共基极放大电路性能指标的估算。
■ 熟悉多级放大电路的耦合方式，并能对多级放大电路的性能进行分析。

技 能 目 标

■ 会对分压式偏置放大电路稳定静态工作点的工作性能进行分析。
■ 会运用三极管的微变等效电路法分析各种放大电路。
■ 会对多级放大电路的性能进行分析与应用。

【任务1】　三极管放大电路与应用

学习目标

◆ 了解基本放大电路的概念、组成和类型。
◆ 掌握固定式和分压式放大电路的静态和动态分析方法。
◆ 理解分压式偏置放大电路稳定静态工作点的工作原理。
◆ 掌握共射极放大电路三极管的微变等效电路法。

技 能 目 标

◆ 会对分压式偏置放大电路稳定静态工作点的工作性能进行分析。
◆ 会运用三极管的微变等效电路法分析各种放大电路。

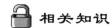 相 关 知 识

4.1.1　基本放大电路概述

1. 放大的基本概念

放大电路(又称放大器)广泛应用于各种电子设备中，如音响设备、视听设备、精密测

量仪器、自动控制系统等。放大电路的功能，是把微弱的电信号（电流、电压）进行放大，得到所需要的信号。

例如，生活中最常见到的扩音机，当人们对着话筒讲话时，话筒把声音的音波变化转换成微弱的电信号，经扩音机内部的放大器，信号被放大后，从输出端送出较强的电信号，驱动喇叭发出足够的声音，这就是放大器的放大作用。

日常生活中所用的收音机和电视机，需要将天线接收的微弱电信号处理、放大到一定程度，使扬声器发出声音，或使电视机显示出图像；在自动控制系统中，许多检测仪表利用传感器将温度、压力、流量、液位、转速等非电信号转变成微弱的电信号，再通过放大电路驱动显示仪表显示被测量的大小，或者继续放大到一定的输出功率来驱动电磁铁、电动机、液压机构等执行部件，以实现自动控制。可见，放大电路应用十分广泛。

严格地说，放大器并不是把原来的小信号变大，而是以小信号控制放大器的工作，使它能输出一个幅度较大的、与小信号变化规律完全相同的信号。放大电路需要另外提供一个能源，即直流电源，由能量较小的输入信号控制这个直流电源，将直流电能转换成交流电能，输出给负载推动负载作功。放大电路的结构示意图如图 4.1 所示。

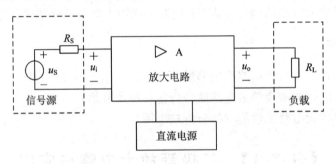

图 4.1　放大电路的结构示意图

2. 放大电路的分类

放大电路的形式和种类很多，按器件可分为三极管放大器、场效应管放大器、电子管放大器和集成运算放大器等；按用途可分为电压放大器、电流放大器和功率放大器等；按输入电信号的强弱可分为小信号放大器和大信号放大器等；按放大电路中三极管的连接方式可分为共发射极放大器、共基极放大器和共集电极放大器等；按放大电路的级数可分为单级放大器和多级放大器；按工作频率可分为低频放大器、中频放大器和高频放大器等，而低频放大器又可分为音频放大器（电压放大器和功率放大器）、宽带放大器（视频放大器、脉冲放大器）、直流放大器（含集成运算放大器）等；按工作状态分可分为甲类（A 类）放大器、乙类（B 类）放大器、甲乙类（AB 类）放大器、丙类（C 类）放大器和丁（D 类）放大器等。

3. 放大电路的主要性能指标

为了描述和鉴别放大器性能的优劣，人们根据放大电路的用途制定了若干性能指标。对于低频放大电路，通常以输入端加不同频率的正弦电压来对电路进行分析。本书中，当不考虑放大电路和负载中电抗元件的影响时，正弦交流量用有效值表示。图 4.2 是放大电路的等效结构示意图，其中 U_S 是欲放大的输入信号源，R_S 是信号源内阻，U_o 是 R_L 开路时的输出电压。下面介绍放大电路的几个主要性能指标。

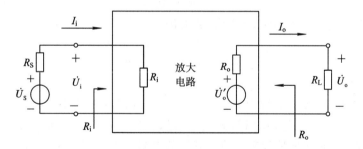

图 4.2　放大电路的等效结构示意图

1）放大倍数

放大器输出信号与输入信号之比叫做放大器的放大倍数，或叫放大器的增益，它表示放大器的放大能力。放大器的增益有电压放大倍数、电流放大倍数和功率放大倍数三种形式，它们通常都是按正弦量定义的。

电压放大倍数定义为

$$A_u = \frac{\dot{U}_o}{\dot{U}_i}$$

电流放大倍数定义为

$$A_i = \frac{\dot{I}_o}{\dot{I}_i}$$

功率放大倍数定义为

$$A_P = \frac{P_o}{P_i} = \frac{\dot{U}_o \dot{I}_o}{\dot{U}_i \dot{I}_i}$$

常用的是电压放大倍数 A_u。工程上为方便使用，常将电压放大倍数用对数表示，称为电压增益 G_u，单位是分贝（dB），即

$$G_u = 20 \lg A_u (\text{dB})$$

表 4-1 是简单的分贝换算表，它列出了电压放大倍数 A_u 与增益分贝数的关系。

表 4-1　电压放大倍数 A_u 和增益分贝数的关系

A_u/倍	0.001	0.01	0.1	0.2	0.707	1	2	3	10	100	1000	10000
G_u/dB	−60	−40	−20	−14	−3	0	6.0	9.5	20	40	60	80

2）输入电阻 R_i

放大电路输入端接信号源时，放大器对信号源来说，相当于信号源的负载，从信号源索取电流。索取电流的大小，表明了放大电路对信号源的影响程度。输入电阻定义为输入电压与输入电流之比，即

$$R_i = \frac{\dot{U}_i}{\dot{I}_i}$$

由图 4.2 可见，R_i 就是从放大电路输入端看进去的等效电阻。R_i 越大，表明它从信号源 U_s 索取的电流越小，信号源 U_s 在其内阻 R_s 上的损失就越小，加到放大电路上的输入电压 U_i 就大一些，即 R_i 对信号源的影响就越小。

从输入回路可以求出

$$\dot{U}_i = \frac{R_i}{R_i + R_S}\dot{U}_S$$

当考虑信号源内阻的影响时，源电压放大倍数为

$$\dot{A}_{uS} = \frac{\dot{U}_o}{\dot{U}_S} = \frac{\dot{U}_o \dot{U}_i}{\dot{U}_i \dot{U}_S} = \dot{A}_u \frac{R_i}{R_i + R_S}$$

3）输出电阻 R_o

当放大电路将信号放大后输出给负载时，对负载而言，放大器可视为具有内阻的信号源，这个信号源的电压值就是输出端开路时的输出电压，其内阻称为放大电路的输出电阻，相当于从放大电路输出端看进去的交流等效电阻，如图 4.2 所示。输出电阻的求解有两种方法。

（1）等效电路法。如图 4.3 所示，移去信号源（电压源短路，电流源开路，但保留其内阻），并使负载开路，在放大电路输出端加上电压源 U_o 从而产生输出端的电流 I_o，则输出电阻为

$$R_o = \frac{\dot{U}_o}{\dot{I}_o}\bigg|_{R_L=\infty, \dot{U}_S=0}$$

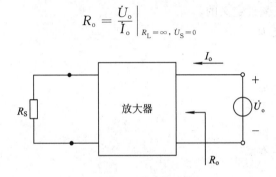

图 4.3 等效法求 R_o

（2）实验测定法。从图 4.3 可看出，在保持输入信号不变的前提下，分别测出放大电路输出端开路电压 U_o' 和加载（接 R_L）时的电压 U_o，则输出电阻 R_o 可由下式来确定：

$$R_o = \left(\frac{\dot{U}_o'}{\dot{U}_o} - 1\right)R_L$$

R_o 值越小，则当 R_L 变化（即 I_o 变化）时，输出电压 U_o 变化越小，即放大电路带负载的能力越强，或者说，输出电压在放大器内阻上的损失就小。反之，R_o 越大，表明放大电路带负载的能力越差。

注意：放大倍数、输入电阻、输出电阻通常都是在正弦信号下的交流参数，只有在放大电路处于放大状态且输出不失真的条件下才有意义。

4）通频带

通频带用来衡量放大电路对不同频率信号的放大能力。由于放大电路存在电抗元件或等效电抗元件，信号频率过高或过低，放大倍数都会明显下降，把放大倍数下降到中频段放大倍数的 $1/\sqrt{2}$（0.707）倍时所对应的频率，称为下限频率 f_L 和上限频率 f_H。从下限频率到上限频率的频带宽度 BW 称为通频带。通频带 BW $= f_H - f_L$。

通频带宽表明放大电路对不同频率信号的适应能力强。在选用中要根据实际需要，如收音机中放大电路的通频带就要把音频范围的信号包括在内；如果是放大单一频率的信号，则通频带要尽量窄，以避免干扰和噪声的影响。

5）最大不失真输出幅值 U_{om}、I_{om}

最大不失真输出幅值是指输出波形在没有明显失真的情况下，放大电路能够提供给负载的最大输出电压或最大输出电流。在估算中，常用输出信号不进入三极管输出特性中的饱和区和截止区的可能最大值来表示，通常用正弦波的幅值 U_{om}、I_{om} 表示。

6）最大输出功率 P_{om} 和效率 η

最大输出功率 P_{om} 是指输出信号基本不失真的情况下能输出的最大功率。所谓功率放大作用的实质是功率控制，能量来自电源，电源提供的功率 P_{CC} 一部分给负载，一部分被电路自身所消耗。电路的效率 η 是负载得到的功率 P_o 与相应电源提供的功率 P_{CC} 之比，即

$$\eta = \frac{P_o}{P_{CC}} \times 100\%$$

功率 P_{om} 和效率 η 指标对不同用途的放大电路其侧重点也是不同的。对电压放大电路来说，功率和效率就不太重要；对于功率放大电路来说，功率和效率就是很重要的指标了。

此外，放大电路的性能指标还有非线性失真系数、信号噪声比等，读者可参看有关书籍。

4.1.2　固定偏置放大电路

1. 固定偏置放大电路的组成

固定偏置放大电路，是最基本的放大电路，也是放大电路的基础，很多复杂的电子电路就是由它组合或演变而成的。所以，必须对这种基本放大电路进行比较深入的分析。

图 4.4 是由 NPN 型管组成的固定偏置放大电路，是最基本的放大电路。u_S 是信号源，R_S 是信号源内阻，交流信号 u_i 是从基极回路中输入的，输出信号 u_o 取自集电极，三极管的发射极接地（图中"⊥"表示公共端，也称接"地"，但不一定真的与大地相连接，只是一个电位参考点），作为输入、输出的公共端，所以这种电路称为共发射极电路（简称共射电路）。顺便指出，根据不同要求，也可分别把三极管的集电极或基极作为输入和输出回路的公共端，从而组成共集电极放大电路和共基极放大电路，因此放大电路有三种不同组态。

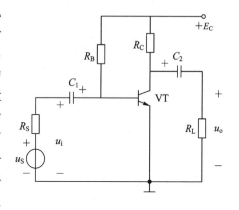

图 4.4　固定偏置放大电路

图 4.4 中各元器件的作用如下：

（1）三极管 VT。VT 是放大电路的核心器件，具有放大电流的作用。

（2）基极偏流电阻 R_B。其作用是向三极管的基极提供合适的偏置电流，并使发射结正向偏置。选择合理的 R_B 值，就可使三极管有恰当的静态工作点。通常 R_B 的取值范围为几十千欧到几百千欧。

（3）集电极负载电阻 R_C。R_C 的作用是把三极管的电流放大转换为电压放大，如果 $R_C = 0$，则集电极电压等于电源电压，即使由输入信号 u_i 引起集电极电流变化，集电极电压也保持不变，因此负载上将不会有交流电压 u_o，一般 R_C 的值为几百欧到几千欧。

（4）直流电源 E_C。E_C 的正极经 R_C 接三极管集电极，负极接发射极。E_C 有两个作用，一

是通过 R_B 和 R_C 使三极管发射结正偏、集电结反偏，使三极管工作在放大区；二是给放大电路提供能源。放大电路放大作用的实质是用能量较小的输入信号去控制能量较大的输出信号，但三极管自身并不创造能量，因此输出信号的能量来源于电源 E_C。E_C 是整个放大电路的能源，E_C 的电压一般为几伏到几十伏。

（5）电容 C_1 和 C_2。C_1 和 C_2 起"隔直通交"的作用，避免放大电路的输入端与信号源之间、输出端与负载之间直流分量的互相影响。一般 C_1 和 C_2 选用电解电容器，取值范围为几微法到几十微法。

用 PNP 型三极管组成放大电路时，电源的极性和电解电容极性正好与 NPN 型电路相反。

2. 放大电路的直流工作状态

当输入电压 u_i 等于零时，放大电路中的电流和电压均为不变的直流量，放大电路处于直流工作状态（又称静态）。

1）解析法确定静态工作点

放大电路的直流通路，是指静态时放大电路中直流电流流经的路径。直流通路的画法是：将放大电路中的电容器视为开路，其他不变。图 4.5 所示为放大电路（见图 4.4）的直流通路。

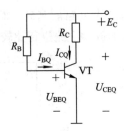

静态工作点的分析

图 4.5　固定偏置放大电路的直流通路

计算静态工作点（I_{BQ}、I_{CQ}、U_{CEQ}）时用直流通路。由图 4.5 可得

$$E_C = R_B I_{BQ} + U_{BEQ}$$

$$I_{BQ} = \frac{E_C - U_{BEQ}}{R_B} \quad (U_{BEQ} \text{ 很小，硅管约为 } 0.7 \text{ V，锗管约为 } 0.3 \text{ V})$$

$$I_{CQ} = \beta I_{BQ}$$

$$E_C = R_C I_{CQ} + U_{CEQ}$$

$$U_{CEQ} = E_C - R_C I_{CQ}$$

【例 4.1】　固定偏置放大电路中，若 $R_B = 200 \text{ k}\Omega$，$R_C = 1.5 \text{ k}\Omega$，$\beta = 60$，$E_C = 9 \text{ V}$，三极管 VT 为 3DG114。试求电路的静态工作点。

解
$$I_{BQ} = \frac{E_C - U_{BEQ}}{R_B} = \frac{9 - 0.7}{200} \approx 0.042 \text{ mA}$$

$$I_{CQ} = \beta I_{BQ} = 60 \times 0.042 \approx 2.5 \text{ mA}$$

$$U_{CEQ} = E_C - R_C I_{CQ} = 9 - 1.5 \times 2.5 \approx 5.3 \text{ V}$$

故电路的静态工作点为：$I_{BQ} = 0.042 \text{ mA}$，$I_{CQ} = 2.5 \text{ mA}$，$U_{CEQ} = 5.3 \text{ V}$。

2）图解法确定静态工作点

运用三极管的特性曲线，通过作图的方法，直观地分析放大电路的工作情况，称为图解法。应用图解法分析放大电路的静态工作点，叫静态分析。

（1）应用输入特性曲线确定 I_{BQ}。

由图 4.5 的电路可列出回路电压方程：

$$E_C = R_B I_B + U_{BE}$$

U_{BE}、I_B 既满足以上直线方程，又符合三极管的输入特性曲线，所以用作图的方法在输入特性曲线所在 I_B—U_{BE} 直角坐标系上作出 $E_C = R_B I_B + U_{BE}$ 对应的直线，则该直线与曲线的交点 Q 就是输入回路的静态工作点 Q。Q 点的纵坐标即 I_{BQ}。

$E_C = R_B I_B + U_{BE}$ 对应的直线可以应用下面的方法作出：令 $U_{BE} = 0$，则 $I_B = E_C/R_B$，在纵轴上找到点 $M(0, E_C/R_B)$；又令 $I_B = 0$，则 $U_{BE} = E_C$，在横轴上找到点 $N(E_C, 0)$。连接 M、N 两点，得直线 MN，MN 与输入特性曲线的交点 Q 就是输入回路静态工作点，如图 4.6(a) 所示。

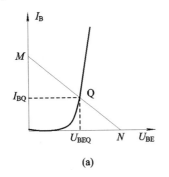 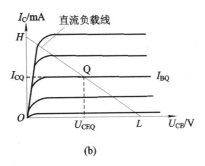

(a)   **(b)**

图 4.6 图解法求静态工作点

（2）应用输出特性曲线确定 I_{CQ} 及 U_{CEQ}。

根据图 4.5，可列出回路电压方程：

$$E_C = R_C I_C + U_{CE}$$

I_C 和 U_{CE} 既要满足以上直线方程，又要满足 $I_B = I_{BQ}$ 的那一条输出特性曲线，所以直线与曲线的交点就是输出回路静态工作点 Q。Q 的横坐标、纵坐标分别是 U_{CEQ} 和 I_{CQ}。用作图法，令 $U_{CE} = 0$，$I_C = E_C/R_C$，得 $H(0, E_C/R_C)$ 点，又令 $I_C = 0$，$U_{CE} = E_C$，再得 $L(E_C, 0)$ 点。连接 H、L 两点得直流负载线，直线 HL 与 $I_B = I_{BQ}$ 的输出特性曲线的交点就是输出回路静态工作点 Q，如图 4.6(b) 所示。

3）电路参数对静态工作点的影响

由以上作图法分析静态工作点可知，电路参数 R_B、R_C 和 E_C 的改变，都会影响静态工作点 Q 的变化。不过，直流电源一旦确定，一般不会改变，所以下面只讨论 R_B 和 R_C 对静态工作点的影响。

（1）R_C 不变化，R_B 改变。如果 R_B 增大，图 4.6(a) 中的 M 点将沿纵轴下移，I_{BQ} 减小，图 4.6(b) 中的静态工作点 Q 将沿直流负载线 HL 下移，I_{CQ} 减小，U_{CEQ} 增大。反之，R_B 减小，则 I_{BQ} 增大，静态工作点 Q 将沿 HL 上移，I_{CQ} 增大，U_{CEQ} 减小。

（2）R_B 不变化，若 R_C 增大，图 4.6(b) 中的 H 点将沿纵轴下移，由于 R_B 未变，I_{BQ} 不

会变化，所以 Q 点左移，U_{CEQ} 减小，I_{CQ} 基本不变。反之，R_C 减小，Q 点右移，U_{CEQ} 增大，I_{CQ} 几乎不变。

3. 放大电路的动态分析

放大电路外加输入交流信号后，电路中的电流和电压就会随着 u_i 变化。电路中既有不变的直流分量，又有变化的交流分量。动态分析，就是分析这些交流分量的变化规律及相互关系。在静态分析的基础上也可用图解法来进行分析。

动态分析

1）图解法分析动态情况

在图 4.4 所示电路的输入端，输入 $u_i = U_{im}\sin\omega t$ 的交流电压，u_i 波形如图 4.7(a) 中①所示，为三极管输入端外加交流电压。电路中电流、电压变化规律分析如下：

（1）从输入特性曲线求基极电流的波形关系。

三极管发射结电压的瞬时值 $u_{BE} = U_{BEQ} + u_i$（U_{BEQ} 是发射结的静态偏压）。在 u_i 的正半周，工作点从 Q 点往上移，使基极电流的瞬时值 i_B 增大，当 u_i 到达正向最大值时，i_B 增大到最大值 $I_{BQ} + I_{bm}$；在 u_i 的负半周，工作点从 Q 点往下移，i_B 减小，当 u_i 到达负向最大值时，i_B 减小到最小值 $I_{BQ} - I_{bm}$。此时在三极管输入端基极上产生一个交变电流 i_b，如图 4.7(a) 中②所示。只要输入信号 u_i 幅度比较小，工作点移动范围不大，可以认为电流和电压成线性关系。所以，在正弦电压 u_i 作用下，基极电流 i_B 是静态电流 I_{BQ} 与一个正弦交流分量 i_b 的叠加，即

$$i_B = I_{BQ} + i_b$$

$$i_b = I_{bm}\sin\omega t$$

u_{BE} 和 i_B 之间的波形关系如图 4.7(a) 所示。

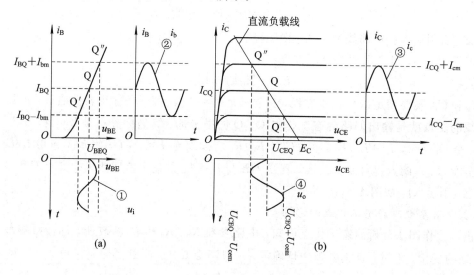

图 4.7 图解法分析放大电路波形

（2）从输出特性曲线求集电极电流和电压的波形关系。

在空载（$R_L = \infty$）的条件下，如图 4.7(b) 所示，在 u_i 的正半周，i_B 由 I_{BQ} 增大到 $I_{BQ} + I_{bm}$，工作点沿直线负载线从 Q 点上移到 Q'' 点，集电极电流的瞬时值 i_C 由 I_{CQ} 增大到 $I_{CQ} + I_{cm}$，集电极与发射极之间的电压瞬时值 u_{CE} 由 U_{CEQ} 减小到 $U_{CEQ} - U_{cem}$；在 u_i 的负半周，i_B 由 I_{BQ} 减小

到 $I_{BQ}-I_{bm}$，工作点从 Q 点下移到 Q' 点，i_C 由 I_{CQ} 减小到 $I_{CQ}-I_{cm}$，u_{CE} 由 U_{CEQ} 增大到 $U_{CEQ}+U_{cem}$。此时在三极管极电极上也会产生一个交变电流 i_c 和交变输出电压 u_o，如图 4.7(b)中③、④所示。所以，集电极电流和集电极电压也是由直流分量和交流分量叠加而成的，即

$$i_c = I_{CQ} + I_{cm}\sin\omega t$$

$$u_{CE} = U_{CEQ} - U_{cem}\sin\omega t$$

由于电容器 C_2 的隔直作用，电路输出电压 $u_o=-U_{cem}\sin\omega t$，电路的电压放大倍数为

$$A_u = -\frac{U_{cem}}{U_{im}}$$

其中的负号表示输出电压 u_o 与输入电压 u_i 的相位相反。

2) 放大电路的非线性失真

放大电路输出电压的波形与输入电压的波形不一致，称为失真。非线性失真是由于电路动态工作点进入三极管的饱和或截止区造成的。下面讨论两种主要的非线性失真。

非线性失真

(1) 截止失真。如果电路中 R_B 的阻值太大，则 I_{BQ} 过小，造成电路静态工作点 Q 靠近截止区。在输入信号 u_i 的负半周，基极电流 i_B 的波形出现"削顶"失真，对应的 i_C、u_{CE} 的波形也出现"削顶"失真，如图 4.8 所示。这种失真是由于工作点进入截止区引起的，所以称为截止失真。

(2) 饱和失真。如果偏置电阻 R_B 太小，则 I_{BQ} 过大，会使电路的工作点 Q 上移而靠近饱和区。在输入信号 u_i 的正半周，工作点进入饱和区，三极管失去放大能力，引起 i_C 和 u_{CE} 的波形出现"削顶"失真。这种失真是因为工作点进入饱和区造成的，所以称为饱和失真，如图 4.9 所示。

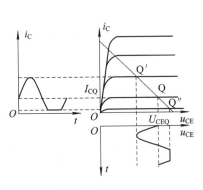

图 4.8 截止失真

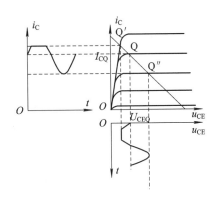

图 4.9 饱和失真

在放大电路输出电压不发生饱和失真和截止失真的前提下，由以上分析可知，当工作点 Q 在负载线中点时，输出端可得到最大不失真的输出电压。

4.1.3 分压式偏置放大电路

1. 分压式偏置放大电路的组成

固定偏置放大电路，由于三极管参数的温度稳定性较差，当温度变化时，会引起电路静态工作点的变化，严重时会造成输出电压失真。

为了稳定放大电路的性能，必须在电路的结构上加以改进，使静态工作点保持稳定。分压式偏置放大电路就是一种静态工作点比较稳定的放大电路，如图 4.10 所示。

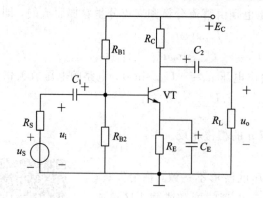

分压式偏置放大电路

图 4.10　分压式偏置放大电路

从电路的组成来看，三极管的基极连接有两个偏置电阻：上偏电阻 R_{B1} 和下偏电阻 R_{B2}，发射极支路串接了电阻 R_E（称为射极电阻）和旁路电容 C_E（称为射极旁路电容）。

2. 分压式偏置放大电路稳定静态工作点的原理

分压式偏置放大电路的直流通路如图 4.11 所示，基极偏置电阻 R_{B1} 和 R_{B2} 的分压，使三极管的基极电位固定。由于基极电流 I_{BQ} 远远小于 R_{B1} 和 R_{B2} 的电流 I_1 和 I_2，因此 $I_1 \approx I_2$。三极管的基极电位 U_B 完全由 E_C 及 R_{B1}、R_{B2} 决定，即

$$U_{BQ} = \frac{R_{B2}}{R_{B1} + R_{B2}} \times E_C$$

由上式可知，U_{BQ} 与三极管的参数无关，几乎不受温度的影响。

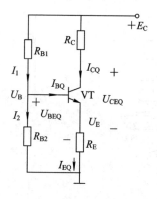

图 4.11　分压式偏置放大电路的直流通路

发射极电位 U_{EQ} 等于发射极电阻 R_E 与电流 I_{EQ} 的乘积，即

$$U_{EQ} = R_E I_{EQ}$$

三极管发射结的正向偏压 U_{BEQ} 等于 U_{BQ} 减 U_{EQ}，即

$$U_{BEQ} = U_{BQ} - U_{EQ}$$

当温度升高时，I_{CQ}、I_{EQ} 均会增大，因此 R_E 的压降 U_{EQ} 也会随之增大，由于 U_{BQ} 基本不变化，所以 U_{BEQ} 会减小，而 U_{BEQ} 的减小又会使 I_{BQ} 减小，I_{BQ} 减小又会使 I_{CQ} 减小，因此 I_{CQ}

的增大就会受到抑制，电路的静态工作点能基本保持不变化。上述变化过程可以表示为

$$温度上升 \rightarrow I_{CQ}\uparrow \rightarrow I_{EQ}\uparrow \rightarrow U_{EQ}\uparrow \rightarrow U_{BEQ}\downarrow \rightarrow I_{BQ}\downarrow \rightarrow I_{CQ}\downarrow$$

3. 电路静态工作点的计算

由图 4.11 所示的直流通路可得

$$U_{BQ} = \frac{R_{B2}}{R_{B1}+R_{B2}} \times E_C$$

$$I_{EQ} = \frac{U_{BQ}-U_{BEQ}}{R_E}$$

$$I_{CQ} \approx I_{EQ}$$

$$I_{BQ} = \frac{I_{CQ}}{\beta}$$

$$U_{CEQ} = E_C - I_{CQ}R_C - I_{EQ}R_E$$

$$U_{CEQ} \approx E_C - I_{CQ}(R_C + R_E)$$

【例 4.2】　分压式偏置电路中，已知 $R_{B1}=10$ kΩ，$R_{B2}=5$ kΩ，$R_C=2$ kΩ，$R_E=1$ kΩ，$E_C=12$ V，$\beta=50$。试求电路的静态工作点。

解　　　　$$U_{BQ} = \frac{R_{B2}}{R_{B1}+R_{B2}} \times E_C = \frac{5}{10+5} \times 12 = 4 \text{ V}$$

$$I_{CQ} \approx I_{EQ} = \frac{U_{BQ}-U_{BEQ}}{R_E} = \frac{4-0.7}{1} = 3.3 \text{ mA}$$

$$I_{BQ} = \frac{I_{CQ}}{\beta} = \frac{3.3}{50} = 66 \text{ } \mu A$$

$$U_{CEQ} \approx E_C - I_{CQ}(R_C+R_E) = 12 - 3.3 \times 3 = 2.1 \text{ V}$$

4.1.4　放大电路性能指标的估算

图解法能直观地了解放大电路的静态和动态工作情况，分析非线性失真，但作图麻烦，有一定误差，尤其在分析多级放大电路时更为困难。

在定量估算放大电路的放大倍数、输入电阻及输出电阻等性能指标时，通常采用微变等效电路法。

在小信号的条件下，三极管的电流和电压仅在其特性曲线上一个较小范围内变化，可以把非线性元件三极管近似地用一线性电路等效替代。利用线性电路的分析方法求解放大电路的各项性能指标，这种方法称为微变等效电路法。这里的微变即小信号之意。

1. 三极管的微变等效电路

1）三极管输入回路的等效电路

三极管的输入特性曲线如图 4.12(a)所示。当输入信号很小时，在静态工作点 Q 附近的工作段可看成直线。ΔU_{BE} 与 ΔI_B 之比称为三极管的输入电阻，用 r_{be} 表示，即

$$r_{be} = \frac{\Delta U_{BE}}{\Delta I_B}$$

因此，三极管的输入回路可用 r_{be} 等效，如图 4.13(a)所示。在工程上，小功率管的 r_{be} 可用下列公式计算：

$$r_{be} = 300 + (1 + \beta) \times \frac{26\ mV}{I_E}$$

式中，I_E 是发射极电流的静态值。

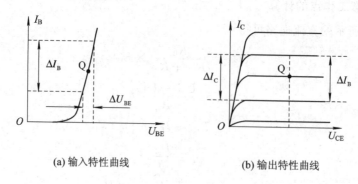

(a) 输入特性曲线　　　　(b) 输出特性曲线

图 4.12　三极管的特性曲线

2）三极管输出回路的等效电路

由三极管的输出特性曲线图 4.12(b) 可得，在放大区内，I_C 只受 I_B 控制，与 U_{CE} 几乎无关。因此，三极管的输出回路可用一受控电流源 $i_c = \beta i_b$ 代替，如图 4.13(b) 所示。

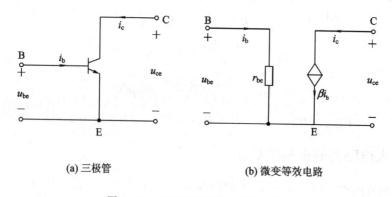

(a) 三极管　　　　　　(b) 微变等效电路

图 4.13　三极管及其微变等效电路

2. 共射极放大电路性能指标的估算

放大电路的性能指标是量化电路性能的参数，这里只讨论其中的电压放大倍数 A_u、输入电阻 r_i 及输出电阻 r_o 三项性能指标。

下面以图 4.10 所示的分压式电路为例分析、估算电路的 A_u、r_i 和 r_o 三项指标。

1）放大电路的交流通路

交流通路是放大电路中的交流分量流经的路径。对交流分量而言，电容 C_1 和 C_2 可视为短路，直流电源的内阻很小，也可认为是短路的，据此就可以画出交流通路。图 4.14 所示为分压式电路的交流通路。

2）放大电路的微变等效电路

将交流通路中的三极管用其微变等效电路代替，即得到放大电路的微变等效电路。图 4.15 是分压式电路的微变等效电路。

共发射极放大电路

共发射极分压式
偏置放大电路实验

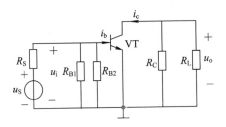

图 4.14　分压式电路的交流通路

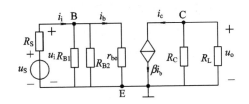

图 4.15　分压式电路的微变等效电路

3）电路性能指标的估算

（1）电压放大倍数 A_u。电压放大倍数是表征电路放大电压能力的指标，它等于输出电压 u_o 与输入电压 u_i 之比，即

$$A_u = \frac{u_o}{u_i}$$

由图 4.15 可得

$$A_u = \frac{u_o}{u_i} = -\frac{i_c(R_C // R_L)}{i_b r_{be}} = -\frac{\beta i_b R_L'}{i_b r_{be}} = -\frac{\beta R_L'}{r_{be}}$$

式中，负号"—"表明 u_o 与 u_i 相位相反，共射极放大电路具有反相作用。

（2）输入电阻 r_i。放大电路输入端的等效电阻，称为输入电阻。

$$r_i = \frac{u_i}{i_i} = R_{B1} // R_{B2} // r_{be}$$

r_i 越大，信号源供给放大电路的输入电压 u_i 的值越大，信号源的利用率越高。因此，通常要求放大电路的 r_i 值大一些。

（3）输出电阻 r_o。从放大电路的输出端看进去的等效电阻，就是输出电阻 r_o。由于三极管集电极与发射极之间的等效电阻 r_{ce} 很大，因此 r_o 近似等于 R_C，即

$$r_o \approx R_C$$

对负载而言，放大电路可视为一信号源，其内阻就是 r_o。因此，r_o 反映放大电路带负载的能力，r_o 越小，电路带负载的能力越强。通常希望放大电路的输出电阻低一些。

【例 4.3】 已知一分压式偏置电路，$R_{B1}=20\ k\Omega$，$R_{B2}=10\ k\Omega$，$R_C=2\ k\Omega$，$R_E=2\ k\Omega$，$R_L=4\ k\Omega$，$E_C=12\ V$，三极管为 3DG100，$\beta=50$。试求 A_u、r_i、r_o。

解　由估算静态工作的公式得

$$U_{BQ} = \frac{R_{B2}}{R_{B1}+R_{B2}} \times E_C = \frac{10}{20+10} \times 12 = 4\ V$$

$$I_{EQ} = \frac{U_{BQ}-U_{BEQ}}{R_E} = \frac{4-0.7}{2} = 1.65\ mA$$

$$r_{be} = 300 + (1+\beta) \times \frac{26\ mV}{I_E} = 300 + (1+50) \times \frac{26\ mV}{1.65} \approx 1.1\ k\Omega$$

$$R_L' = \frac{2 \times 4}{2+4} \approx 1.3\ k\Omega$$

$$A_u = -\frac{\beta R_L'}{r_{be}} = -50 \times 1.3/1.1 \approx -59$$

$$r_i = R_{B1} // R_{B2} // r_{be} = 20 // 10 // 1.1 \approx 1.1\ k\Omega$$

$$r_o \approx R_C = 2\ k\Omega$$

3. 共集电极放大电路性能指标的估算

1）电路组成与静态工作点

电路如图 4.16(a)所示，输入信号 u_i 加在基极，输出信号 u_o 取自发射极，所以又称射极输出器。由如图 4.16(b)所示的微变等效电路可知，输入回路与输出回路的公共端是集电极，因此称为共集电极电路。

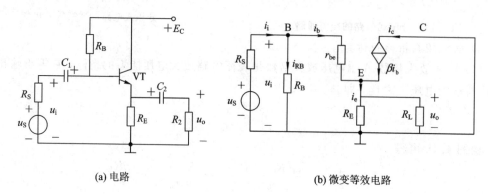

(a) 电路　　　　　　　　　　　　(b) 微变等效电路

图 4.16　共集电极放大电路

电路的静态工作点，可由直流通路列出方程：

$$E_C = R_B I_{BQ} + U_{BEQ} + R_E I_{EQ} = R_B I_{BQ} + U_{BEQ} + R_E(1+\beta)I_{BQ}$$

$$I_{BQ} = \frac{E_C - U_{BEQ}}{R_B + (1+\beta)R_E}$$

$$I_{CQ} = \beta I_{BQ}$$

$$U_{CEQ} = E_C - I_{EQ}R_E \approx E_C - I_{CQ}R_E$$

共集电极放大电路

2）电路的性能指标

共集电极放大电路的微变等效电路如图 4.16(b)所示。

(1) 电压放大倍数 A_u：

$$A_u = \frac{u_o}{u_i} = \frac{i_e(R_E \;//\; R_L)}{i_b r_{be} + i_e(R_E \;//\; R_L)} = \frac{(1+\beta)(R_E \;//\; R_L)}{r_{be} + (1+\beta)(R_E \;//\; R_L)}$$

上式表明共集电极放大电路的电压放大倍数 A_u 的值小于1，但是，由于 $(1+\beta)(R_E//R_L) \geqslant r_{be}$，因此，$A_u$ 又非常接近于1，并且 A_u 为正值，表明 u_o 与 u_i 同相位，所以又称为射极跟随器。

(2) 输入电阻 r_i：

$$r_i = R_B \;//\; [r_{be} + (1+\beta)(R_E \;//\; R)]$$

上式表明 r_i 比较大，一般为几十千欧。

(3) 输出电阻 r_o。由电路理论可以证明：

$$r_o = R_E \;//\; \frac{r_{be} + (R_B \;//\; R_S)}{1+\beta}$$

上式表明 r_o 比较小，通常为几十欧。

【例 4.4】 已知射极输出器的 $E_C = 12$ V，$R_B = 120$ kΩ，$R_E = 2$ kΩ，$R_L = 2$ kΩ，$R_S = 0.5$ kΩ，三极管 $\beta = 50$。试估算电路的静态工作点和性能指标 A_u、r_i 和 r_o。

解　静态工作点：

$$I_{BQ} = \frac{E_C - U_{BEQ}}{R_B + (1+\beta)R_E} = \frac{12 - 0.7}{120 + (1+50)\times 2} = 0.051 \text{ mA}$$

$$I_{CQ} = \beta I_{BQ} = 50 \times 0.051 = 2.55 \text{ mA}$$

$$U_{CEQ} = E_C - I_{CQ}R_E = 12 - 2.55 \times 2 = 6.9 \text{ V}$$

性能指标：

$$R_E /\!/ R_L = \frac{R_E R_L}{R_E + R_L} = \frac{2 \times 2}{2 + 2} = 1 \text{ k}\Omega$$

$$r_{be} = 300 + (1+\beta) \times \frac{26 \text{ mV}}{I_E} = 300 + \frac{26}{0.051} \approx 0.810 \text{ k}\Omega$$

$$A_u = \frac{(1+\beta)(R_E /\!/ R_L)}{r_{be} + (1+\beta)(R_E /\!/ R_L)} = 51 \times \frac{1}{0.810 + 51 \times 1} = 0.98$$

$$r_i = R_B /\!/ [r_{be} + (1+\beta)(R_E /\!/ R_L)] = 120 \times \frac{0.810 + 51 \times 1}{120 + (0.810 + 51 \times 1)} = 36 \text{ k}\Omega$$

$$r_o = R_E /\!/ \frac{r_{be} + R_S /\!/ R_B}{1+\beta} = 2 /\!/ \frac{0.810 + \dfrac{0.5 \times 120}{0.5 + 120}}{1 + 50} = 25 \ \Omega$$

由于射极输出器的输入电阻高，输出电阻低，故常用作多级放大电路的输入级和输出级，并接在两级放大电路之间，作为缓冲级，以减小后级对前级的影响。

4. 共基极放大电路性能指标的估算

1）共基极放大电路的组成

图 4.17(a)为共基极放大电路。从图可知，输入信号 u_i 由发射极输入，集电极输出信号 u_o，基极作为输入、输出的公共端。其直流通路与分压式偏置放大电路完全相同，因此，静态工作点的估算公式与分压式电路的完全一样。

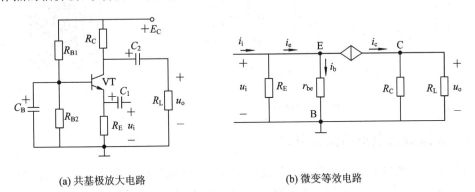

(a) 共基极放大电路　　　　　　　　　(b) 微变等效电路

图 4.17　共基极放大电路及其微变等效电路

2）共基极放大电路的性能指标

图 4.17(b)是共基极放大电路的微变等效电路，由微变等效电路可求得性能指标 A_u、r_i、r_o：

$$A_u = \frac{u_o}{u_i} = \frac{i_c(R_C /\!/ R_L)}{i_b r_{be}} = \frac{\beta R_L'}{r_{be}}$$

$$r_i = R_E /\!/ \frac{r_{be}}{1+\beta} \approx \frac{r_{be}}{1+\beta} \left(\text{因 } R_E \gg \frac{r_{be}}{1+\beta} \right)$$

$$r_o \approx R_C$$

由以上式子可得，共基极放大电路的输出电压 u_o 与输入电压 u_i 同相位，电压放大倍数的大小与共射极放大电路的相同；共基极放大电路的输入电阻低，不易受线路分布电容和杂散电容的影响，故高频特性好，常用在宽带放大器和高频电路中。

【任务2】 多级放大电路与应用

学习目标

◆ 熟悉多级放大电路的耦合方式。
◆ 能够运用三极管微变等效电路法对多级放大电路的性能进行分析。

技能目标

◆ 会判断多级放大电路的耦合方式。
◆ 会对多级放大电路的性能进行分析并应用。

相关知识

在实际应用中，放大电路的输入信号通常都很微弱。例如，收音机天线上感应的电台信号只有微伏数量级，这样微弱的电信号，必须经过多次电压放大和功率放大，才能驱动扬声器发出声音。把几个单级放大电路一级一级地连接起来，就组成了多级放大电路。图4.18为多级放大电路的组成框图。

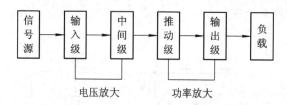

图 4.18　多级放大电路框图

多级放大电路

4.2.1　多级放大电路的耦合方式

耦合方式是指多级放大电路中的前级与后级、信号源与放大电路、放大电路与负载之间的连接方式。最常用的耦合方式有阻容耦合、变压器耦合和直接耦合三种，如图4.19所示。

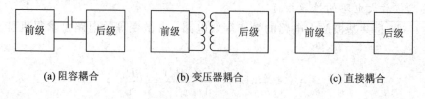

(a) 阻容耦合　　　　　(b) 变压器耦合　　　　　(c) 直接耦合

图 4.19　三种耦合方式

耦合电路的作用是把前一级的输出信号传送到下一级作为输入信号。对耦合电路的基本要求是：尽量减小信号在耦合电路上的损失，信号在通过耦合电路时不产生失真。

1. 阻容耦合

前后级之间通过电阻、电容连接起来，称为阻容耦合，如图 4.19(a)所示。阻容耦合的特点是：由于电容 C 具有隔直通交的作用，因此阻容耦合放大电路只能放大交流信号，不能放大直流信号，前后级放大电路的直流通路互不影响，各级放大电路的静态工作点相互独立，可以单独计算。

2. 变压器耦合

前后级之间通过变压器连接，称为变压器耦合，如图 4.19(b)所示。由于变压器是利用电磁感应原理在初、次级线圈之间传送交流信号，而直流信号不能通过变压器，因此只能用在交流放大器中。变压器耦合最主要的特点是能改变阻抗，这在功率放大器中具有特别重要的意义。为了得到最大输出功率，要求放大器的输出阻抗等于负载阻抗，变压器可以实现阻抗匹配。

比如前级放大电路的输出阻抗为 400 Ω，负载电阻 $R_L = 4$ Ω，为了使负载获得最大功率，应该使 R_L 反射到变压器初级的阻抗 $R_L' = 400$ Ω，达到阻抗匹配。根据变压器阻抗变换公式，可得变比 n，即

$$n = \frac{N_1}{N_2} = \sqrt{\frac{R_L'}{R_L}} = \sqrt{\frac{400}{4}} = 10$$

式中，N_1、N_2 分别是变压器初、次级匝数，R_L' 为次级负载阻抗 R_L 反射到初级的阻抗值。

3. 直接耦合

直接耦合是通过导线(或电阻)把前级的输出端与后级的输入端直接连接起来，如图 4.19(c)所示。由于阻容耦合和变压器耦合均有隔直的特性，因此这两种耦合方式都只能放大交流信号。但是，在自动控制和测量技术中，通过各类传感器采集的电信号，许多是直流信号，要放大这类电信号只能采用直接耦合方式。

直接耦合虽然简单，但带来的问题是：前、后级的静态工作点相互影响，给静态工作点的设置和稳定都造成一定的困难，尤其是温度对各级静态工作点的影响，会引起零点漂移。现在由于集成电路技术和工艺发展的进步，直接耦合产生的零点漂移已能得到很好的抑制。因此，直接耦合方式在集成电路中得到了广泛应用。

4.2.2　多级放大电路的指标估算

1. 电压放大倍数 A_u

由于后级的输入电压等于前级的输出电压，因此可以证明：n 级放大电路的电压放大倍数等于各级放大电路的电压放大倍数的乘积，即

$$A_u = A_{u1} \times A_{u2} \times A_{u3} \times \cdots \times A_{un}$$

在计算每级电压放大倍数时，必须考虑后级对前级的影响，即后级的输入电阻是前级的负载电阻。

2. 输入电阻和输出电阻

多级放大电路的输入电阻在级间不存在交流负反馈时，就等于第一级的输入电阻，输

出电阻就等于末级的输出电阻。单级放大电路的输入、输出电阻的计算在前面已经讨论过，这里不再赘述。

【例 4.5】 计算图 4.20 所示的两级阻容耦合放大电路的电压放大倍数、输入电阻和输出电阻。

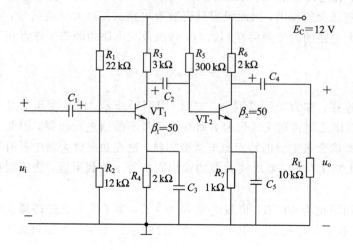

多级放大电路例题

图 4.20 两级阻容耦合放大电路

解 （1）计算每级的静态工作点。

由于电容的隔直作用，前后级的静态工作点相互独立，互不影响，可以单独计算。

第一级：

$$U_{B1} = \frac{R_2}{R_1 + R_2} \times E_C = \frac{12}{22 + 12} \times 12 = 4 \text{ V}$$

$$I_{E1} = \frac{U_{B1} - U_{BE1}}{R_4} = \frac{4 - 0.7}{2} = 1.65 \text{ mA}$$

$$r_{be1} = 300 + (1 + \beta_1) \times \frac{26 \text{ mV}}{I_{E1}} = 300 + 51 \times \frac{26}{1.65} = 1104 \ \Omega = 1.10 \text{ k}\Omega$$

第二级：

$$I_{B2} = \frac{E_C - U_{BE2}}{R_5 + (1 + \beta_2)R_7} = \frac{12 - 0.7}{300 + 51 \times 1} = 0.032 \text{ mA}$$

$$r_{be2} = 300 + \frac{26 \text{ mV}}{I_{B2}} = 300 + \frac{26}{0.032} = 1113 \ \Omega = 1.11 \text{ k}\Omega$$

（2）计算电压放大倍数 A_u。

第一级电压放大倍数 A_{u1}：

$$A_{u1} = -\beta_1 \times \frac{R'_{L1}}{r_{be1}} = -\beta_1 \frac{R_3 /\!/ r_{i2}}{r_{be1}} \approx -50 \times \frac{3 /\!/ 1.11}{1.10} = -37$$

第二级电压放大倍数 A_{u2}：

$$A_{u2} = -\beta_2 \times \frac{R'_{L2}}{r_{be2}} = -\beta_2 \frac{R_6 /\!/ R_L}{r_{be2}} = -50 \times \frac{2 /\!/ 10}{1.11} = -75$$

$$A_u = A_{u1} \times A_{u2} = (-37) \times (-75) = 2775$$

（3）计算输入电阻 r_i 和输出电阻 r_o。

$$r_i = r_{i1} = R_1 /\!/ R_2 /\!/ r_{be1} = 22 /\!/ 12 /\!/ 1.15 \approx 1 \text{ k}\Omega$$
$$r_o \approx R_6 = 2 \text{ k}\Omega$$

小　　结

放大电路的作用是不失真地放大微弱的电信号，通常由有源器件、直流电源和相应的偏置电路、信号源、负载、耦合电路和公共地构成。

放大电路的主要性能指标有放大倍数(衡量放大能力)、输入电阻(反映放大电路对信号源的影响程度)、输出电阻(反映放大电路带负载能力)、通频带(反映放大电路对信号频率的适应能力)等。

放大电路的分析包括静态分析和动态分析。静态分析的方法有近似估算法和图解法两种；动态分析也有图解法和微变等效电路法，两种方法各有优缺点，使用场合也不同，小信号放大电路常用微变等效电路法。

三极管放大电路有共射、共集和共基三种组态，其三种组态电路特点列于表4-2。

表4-2　三极管放大电路三种组态的比较

组　态	共射电路	共集电路	共基电路
电压放大倍数 A_u	$-\dfrac{\beta R_L'}{r_{be}}$ 较大	$\dfrac{(1+\beta)R_L'}{r_{be}+(1+\beta)R_L'}$ 略小于1	$\dfrac{\beta R_L'}{r_{be}}$ 较大
电流放大倍数 A_i	β 较大	$1+\beta \gg 1$ 较大	略小于1
输入电阻 R_i	$R_b /\!/ r_{be}$ 适中	$R_b /\!/ [r_{be}+(1+\beta)R_L']$ 很大	$R_e /\!/ \dfrac{r_{be}}{1+\beta}$ 很小
输出电阻 r_o	R_C 较大	$R_e /\!/ \dfrac{r_{be}+R_S /\!/ R_b}{1+\beta}$ 很小	R_C 较大
通频带 B_W	较窄	较宽	很宽
相位关系	u_o 与 u_i 反相	u_o 与 u_i 同相	u_o 与 u_i 同相
用　途	(放大交流信号) 可用作多级放大器的中间级	(缓冲、隔离) 可用作多级放大器的输入级、输出级和中间缓冲级	(提升高频特性) 可用作宽带放大器

当静态工作点设置不当时，输出波形将出现非线性失真，即饱和失真和截止失真。为了获得幅度大而不失真的交流输出信号，放大器的静态工作点应选在交流负载线的中点，如果静态工作点不能改变，则只能减小输入信号的幅值以满足最大不失真输出，必然使最大不失真输出电压减小。

由于三极管参数、温度及电源电压的变化会使电路静态工作点漂移，因此在实际放大电路中必须采取措施稳定静态工作点。比较常用的稳定静态工作点的偏置电路有分压式稳定偏置电路、集电极—基极偏置电路。

习 题 四

4.1 共发射极基本放大电路由哪些元器件组成?

4.2 固定式偏置共发射极放大电路中,若 R_C 不变,R_b 减小或增大,电路静态工作点会发生怎样的变化? 若 R_b 不变,R_C 减小或增大,电路静态工作点又会发生怎样的变化?

4.3 某放大器不带负载时,测得其输出端开路电压为 1.5 V,而带上负载电阻 5.1 kΩ 时,测得输出电压为 1 V,则该放大器的输出电阻 R_o 应该为多少?

4.4 电路如图 4.21 所示,调整电位器 R_P 可以调整电路的静态工作点。试问:

(1) 要使 $I_C = 2$ mA,R_P 应为多大?

(2) 要使电压 $U_{CE} = 4.5$ V,R_P 应为多大?

4.5 放大电路及元件参数如图 4.22 所示,三极管选用 3DG105,$\beta = 50$。

(1) 分别计算 R_L 开路和 $R_L = 4.7$ kΩ 时的电压放大倍数 A_u;

(2) 如果考虑信号源的内阻 $R_S = 500$ Ω,$R_L = 4.7$ kΩ,求电压放大倍数 A_{uS}。

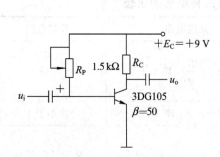

图 4.21 题 4.4 图

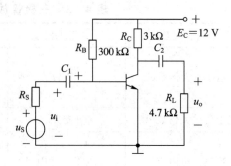

图 4.22 题 4.5 图

4.6 放大电路和三极管的输出特性曲线如图 4.23 所示。已知 $E_C = 12$ V,$R_B = 160$ kΩ,$R_C = 2$ kΩ,I_{BQ} 按 E_C/R_B 估算。

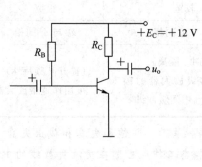

(a) 电路

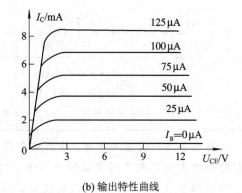

(b) 输出特性曲线

图 4.23 题 4.6 图

(1) 画出直流负载线,并求出静态工作点 Q_1;

(2) 若 R_C 增大到 6 kΩ,重新确定静态工作点 Q_2,试问:Q_2 点合理吗? 为什么?

4.7　放大电路如图 4.24 所示，三极管 $U_{BE}=0.7$ V，$\beta=80$。

（1）求静态工作点；

（2）画出微变等效电路；

（3）求电路 A_u、r_i 及 r_o。

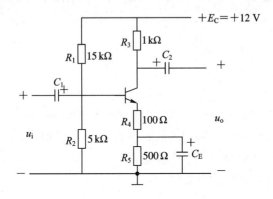

图 4.24　题 4.7 图

4.8　射极输出器电路如图 4.25 所示。已知 $R_B=200$ kΩ，$R_E=2$ kΩ，$R_L=4.7$ kΩ，$R_S=1$ kΩ，$\beta=100$，$U_{BE}=0.7$ V，$E_C=12$ V。试求：

（1）电路静态工作点；

（2）电压放大倍数 A_u；

（3）输入电阻 r_i 和输出电阻 r_o。

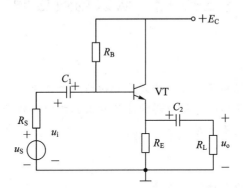

图 4.25　题 4.8 图

项目五　小功率场效应管

学习目标

■ 掌握结型场效应管和绝缘栅型场效应管的结构和符号。
■ 理解结型场效应管和绝缘栅型场效应管的工作原理和特性曲线。
■ 了解场效应管的主要参数和使用注意事项。
■ 掌握结型场效应管管型和引脚的判别方法。

技能目标

■ 能够识别结型场效应管和绝缘栅型场效应管。
■ 能够对结型场效应管的管型和引脚极性进行判别。
■ 能够区分三极管和场效应管的功能和使用场合。

【任务1】　认识场效应管

学习目标

◆ 掌握结型场效应管和绝缘栅型场效应管的结构和符号。
◆ 理解结型场效应管和绝缘栅型场效应管的工作原理和特性曲线。
◆ 了解场效应管的主要参数。

技能目标

◆ 能识别不同封装的各种场效应管。
◆ 掌握场效应管的型号含义。

相关知识

三极管是利用输入电流控制输出电流的半导体器件，称为电流控制型器件。场效应管是利用输入电压产生的电场效应来控制输出电流的半导体器件，故称为电压控制型器件FET(Field Effect Transisitor)。根据结构和工作原理的不同，场效应管可以分为结型场效应管 JFET(Junction type FET)和绝缘栅型场效应管 MOSFET(Metal Oxide Semicon-ductor FET，或称为 MOS 型场效应管)两大类。从参与导电的载流子来划分，场效应管可分为电子作为载流子的 N 型沟道场效应管和空穴作为载流子的 P 型沟道场效应管。按照其工作方式的不同，场效应管可以分为增强型和耗尽型两类。

场效应管 FET 是利用输入电压产生的电场效应来控制输出电流的。它工作时只有一种载流子(多数载流子)参与导电,故也称为单极型半导体三极管。因它具有很高的输入电阻,能满足高内阻信号源对放大电路的要求,所以是较理想的前置输入级器件。它还具有热稳定性好、功耗低、噪声低、制造工艺简单、便于集成等优点,因而得到了广泛的应用。

5.1.1　结型场效应管

1. 结构和符号

结型场效应管的符号如图 5.1(a)所示,它和三极管类似,也有三个电极,即漏极 D、栅极 G 和源极 S。结型场效应管因为是对称结构,所以漏极 D 和源极 S 可以对调使用。与三极管(NPN 型和 PNP 型)相类似,结型场效应管根据导电沟道的不同,分成 N 沟道和 P 沟道两种,在电路符号中用箭头加以区别。图 5.1(b)是 N 沟道结型场效应管,两侧 P 区从内部相连后引出一个电极,称为栅极,用 G 表示;从 N 型半导体两端分别引出的两个电极称为源极和漏极,用 S 和 D 表示。两个 PN 结中间的 N 型区域称为导电沟道。符号中的箭头方向可以区分是 N 沟道还是 P 沟道。

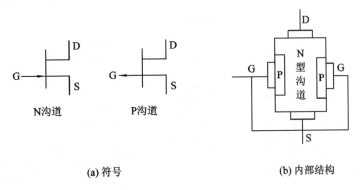

(a) 符号　　　　　　　　　　　　(b) 内部结构

图 5.1　结型场效应管

2. 工作原理

下面以 N 沟道结型场效应管为例,讨论场效应管的工作原理。图 5.2 表示的是 N 沟道结型场效应管加入偏置电压后的接线图。

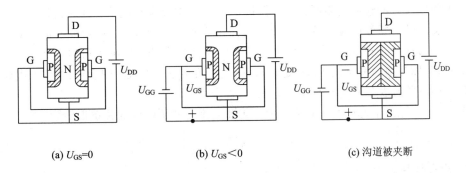

(a) $U_{GS}=0$　　　　　(b) $U_{GS}<0$　　　　　(c) 沟道被夹断

图 5.2　结型场效应管工作原理

对于 N 沟道结型场效应管,管中的 PN 结必须外加反向电压,应使 $U_{GS}<0$,则栅极电流几乎为 0,场效应管呈现高达几十兆欧以上的输入电阻。如果在漏极和源极之间加一正

向电压 U_{DS}，N 沟道中的多数载流子(电子)在电场作用下从源极向漏极流动，形成漏极电流 I_D。

I_D 的大小受 U_{GS} 的控制。当输入电压 U_{GS} 改变时，PN 结的反向电压随之改变，两个 PN 结的耗尽层将改变，导致导电沟道的宽度改变，沟道的电阻大小随之改变，从而使电流 I_D 发生改变。

图 5.2(a)是 $U_{GS}=0$ 的情况。从图中可以看出，此时两个 PN 结均处于零偏置，因此耗尽层很薄，中间的导电 N 沟道很宽，沟道电阻很小。当 $U_{GS}<0$ 时，如图 5.2(b)所示，随着 U_{GS} 负值的增大，两个 PN 结的耗尽层将加宽，使导电 N 沟道变窄，沟道电阻变大，I_D 变小。当 U_{GS} 的数值进一步增大到某一数值时，两侧的耗尽层在中间合拢，导电沟道被夹断，如图 5.2(c)所示，此时沟道电阻将趋于无穷大，该定值称为夹断电压 U_P。

上述分析表明，U_{GS} 起着控制沟道电阻，从而控制漏极电流 I_D 大小的作用。

3. 特性曲线

与三极管相似，结型场效应管的工作性能可以用它的两条特性曲线来表示，即转移特性曲线、输出特性曲线。N 沟道结型场效应管的特性曲线如图 5.3 所示。

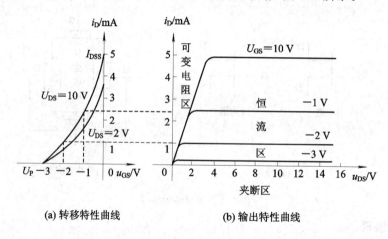

(a) 转移特性曲线　　　　　　(b) 输出特性曲线

图 5.3　N 沟道场效应管特性曲线

1) 转移特性曲线

由于场效应管的输入电阻特别大，栅极输入端基本上没有电流，因此讨论输入伏安特性没有意义。对于场效应管，通常用转移特性来表示栅源电压 u_{GS} 对漏极电流 i_D 的控制作用。图 5.3(a)所示是在 u_{DS} 为某一固定值时的转移特性曲线。从图中可以看出，当 $u_{GS}=0$ 时，i_D 最大，称为饱和漏电流 I_{DSS}；随着 u_{GS} 向负值方向逐渐变化，则管子沟道电阻加大，i_D 将逐渐减小，当到达夹断电压 U_P 时，$i_D=0$，管子截止。

实验证明，在 $U_P \leqslant u_{GS} \leqslant 0$ 的范围内，漏极电流与栅源电压的关系近似为

$$i_D = I_{DSS}\left(1 - \frac{u_{GS}}{U_P}\right)^2 \tag{5-1}$$

2) 输出特性曲线

输出特性又称漏极特性，它表示在栅源电压 u_{GS} 一定的情况下，漏极电流 i_D 与漏源电压 u_{DS} 之间的关系。N 沟道 JFET 的输出特性曲线如图 5.3(b)所示。输出特性曲线可分为三个区。

（1）可变电阻区。在 u_{DS} 很小时，曲线呈上升状，基本上可看做过原点的一条直线，此时，导电沟道畅通，DS 之间相当于一个电阻，i_D 随 u_{GS} 的增大而线性增大，但沟道电阻是受 u_{GS} 控制的可变电阻，故称为可变电阻区。

（2）恒流区。当 u_{DS} 增大到使 JFET 脱离可变电阻区时，曲线趋于平坦，i_D 不再随 u_{DS} 的增大而增大，故称为恒流区。在该区的 i_D 大小只受 U_{DS} 的控制，表现出 JFET 电压控制电流的放大作用。

（3）夹断区。当 $u_{GS} \leqslant U_P$ 时，JFET 的沟道被耗尽层夹断，$i_D \approx 0$，故称为夹断区或截止区。

5.1.2　绝缘栅型场效应管（MOS管）

1. 结构和符号

1）结构

N 沟道增强型 MOS 管以一块掺杂浓度较低的 P 型硅片作衬底，在衬底上通过扩散工艺形成两个高掺杂的 N 型区，并引出两个极作为源极 S 和漏极 D，在 P 型硅表面制作一层很薄的二氧化硅（SiO_2）绝缘层，在二氧化硅表面再喷上一层金属铝，引出栅极 G。因此栅极与其他电极之间是绝缘的。另外，从衬底基片上引出一个电极，称为衬底电极 B。由图 5.4(a)可见，源区和漏区之间被 P 型衬底隔开，形成两个反向连接的 PN 结。这种场效应管栅极、源极、漏极之间都是绝缘的，所以称为绝缘栅型场效应管。

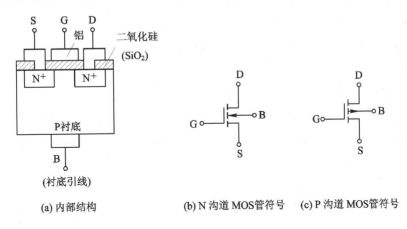

(a) 内部结构　　　　(b) N 沟道 MOS 管符号　　(c) P 沟道 MOS 管符号

图 5.4　绝缘栅型场效应管

2）符号

绝缘栅型场效应管的图形符号如图 5.4(b)、(c)所示，箭头方向表示沟道类型，箭头指向管内表示为 N 沟道 MOS 管（图 5.4(b)），否则为 P 沟道 MOS 管（图 5.4(c)）。

2. 工作原理

实际使用时，常将衬底与源极相连，N 沟道增强型 MOS 管的工作原理如图 5.5 所示。

当栅源极电压 $U_{GS}=0$ 时，两个 PN 结隔离，漏源极间无电流，即处于截止状态。当栅源极电压 $U_{GS}>0$ 时，栅极金属板与衬底之间产生了一个垂直于半导体表面、由栅极 G 指向衬底的电场。这个电场的作用是排斥 P 型衬底中的空穴而吸引电子到表面层，当 U_{GS} 增

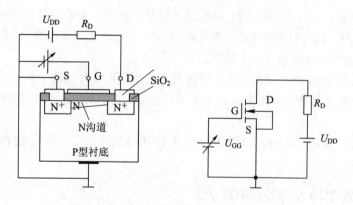

图 5.5　N 沟道增强型 MOS 管的工作原理

大到一定程度时，绝缘体和 P 型衬底的交界面附近积累了较多的电子，形成了 N 型薄层，称为 N 型反型层。反型层使漏极与源极之间成为一条由电子构成的导电沟道，当加上漏源电压 U_{DS} 之后，就会有电流 I_D 流过沟道（通常将刚刚出现漏极电流 I_D 时所对应的栅源电压称为开启电压，用 $U_{GS(th)}$ 表示），MOS 场效应管处于导通状态。

当 $U_{GS} > U_{GS(th)}$ 时，U_{GS} 增大，电场增强，沟道变宽，沟道电阻减小，I_D 增大；反之，U_{GS} 减小，沟道变窄，沟道电阻增大，I_D 减小。改变 U_{GS} 的大小，就可以控制沟道电阻的大小，从而控制电流 I_D 的大小。随着 U_{GS} 的增强，MOS 管的导电性能也跟着增强，故称之为增强型 MOS 管。这就是增强型场效应管 U_{GS} 控制 I_D 的工作原理。

必须强调的是，当 $U_{GS} < U_{GS(th)}$ 时，这种 MOS 管的反型层（导电沟道）消失，$I_D = 0$。只有当 $U_{GS} \geqslant U_{GS(th)}$ 时，才能形成导电沟道，并有电流 I_D。

3. 特性曲线

1）转移特性曲线

转移特性曲线指在 u_{DS} 为固定值时，漏极电流 i_D 与栅源电压 u_{GS} 之间的关系曲线，如图 5.6 所示。在 $u_{GS} = 0$ 时，$i_D = 0$；当 $u_{GS} > u_{GS(th)}$ 时，i_D 随 u_{GS} 的增大而增大。

2）输出特性曲线

输出特性曲线指在 u_{GS} 为确定值时，漏极电流 i_D 与漏源电压 u_{DS} 之间的关系曲线，如图 5.7 所示。其基本原理与结型场效应管相似，这里不再赘述。

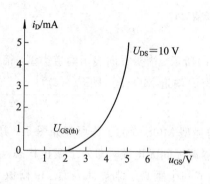

图 5.6　转移特性曲线

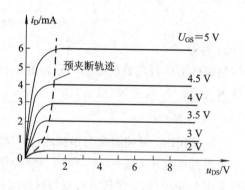

图 5.7　输出特性曲线

5.1.3　场效应管的主要参数

场效应管的主要参数如下：

（1）开启电压 $U_{GS(th)}$ 和夹断电压 $U_{GS(off)}$。U_{DS} 等于某一定值，使漏极电流 I_D 等于某一微小电流时，栅、源极之间所加的电压 U_{GS}，对于增强型管，称为开启电压 $U_{GS(th)}$；对于耗尽型管和结型管，称为夹断电压 $U_{GS(off)}$。

（2）饱和漏极电流 I_{DSS}。饱和漏极电流是指耗尽型场效应管工作于饱和区时，其在 $U_{GS}=0$ 时的漏极电流。

（3）低频跨导 g_m（又称为低频互导）。低频跨导是指 U_{DS} 为某一定值时，漏极电流的微变量和引起这个变化的栅、源极电压的微变量之比，即

$$g_m = \frac{\Delta i_D}{\Delta u_{GS}}\bigg|_{U_{DS}=常数} \tag{5-2}$$

（4）直流输入电阻 R_{GS}。直流输入电阻是指漏、源极间短路时，栅、源极间的直流电阻值，一般大于 108 Ω。

（5）漏、源极击穿电压 $U_{(BR)DS}$。该电压是指漏、源极之间允许加的最大电压，实际电压值超过该参数时，会使 PN 结反向击穿。

（6）栅、源极击穿电压 $U_{(BR)GS}$。该电压是指栅、源极之间允许加的最大电压，实际电压值超过该参数时，会使 PN 结反向击穿。

（7）最大耗散功率 P_{DM}。最大耗散功率 $P_{DM}=U_{DS}I_D$，与半导体三极管的 P_{CM} 类似，P_{DM} 受管子最高工作温度的限制。

【任务 2】　场效应管引脚判别

学习目标

◆ 掌握场效应管的管型及引脚极性的判别方法。

◆ 了解场效应管的使用注意事项。

技能目标

◆ 会运用万用表对场效应管的管型及引脚进行判别，并能正确分析。

◆ 会使用场效应管。

相关知识

5.2.1　场效应管的检测

1. 检测场效应管的好坏

用万用表红、黑表笔分别接源极 S 和漏极 D，用手去碰栅极 G，若万用表指针偏转较大，说明管子放大能力强；若万用表指针偏转极小（阻值接近∞），说明场效应管已坏，不能使用。

2. 判别场效应管的管型及引脚排列情况

（1）用万用表的 $R×1k$ 挡，将黑表笔接假定的栅极 G，用红表笔依次接另外两个电极，若阻值都很小，再将红、黑表笔交换，重测一次；若阻值都很大(∞)，可判断假设的栅极是正确的，且此管为 N 沟道结型管。如果黑表笔接假定的栅极，红表笔依次接另外两个电极，阻值都很大；再将红、黑表笔交换重测一次，若阻值都很小，可判断假设的栅极是正确的，且此管为 P 沟道结型管。

（2）场效应管的栅极相当于晶体管的基极，源极和漏极分别对应于晶体管的发射极和集电极。将万用表置于 $R×1k$ 挡，用两表笔分别测量每两个引脚间的正、反向电阻。当某两个引脚间的正、反向电阻相等，均为数千欧时，则这两个引脚为漏极 D 和源极 S（可互换），余下的一个引脚即栅极 G。对于有 4 个引脚的结型场效应管，另外一极是屏蔽极（使用中接地）。

用万用表黑表笔碰触管子的一个电极，红表笔分别碰触另外两个电极。若两次测出的阻值都很小，说明均是正向电阻，该管属于 N 沟道场效应管，黑表笔接的也是栅极。

制造工艺决定了场效应管的源极和漏极是对称的，可以互换使用，并不影响电路的正常工作，所以不必加以区分。源极与漏极间的电阻约为几千欧。

注意不能用此法判定绝缘栅型场效应管的栅极。因为这种管子的输入电阻极高，栅、源极间的极间电容又很小，测量时只要有少量的电荷，就可在极间电容上形成很高的电压，容易将管子损坏。

3. 估测场效应管的放大能力

将万用表拨到 $R×100$ 挡，红表笔接源极 S，黑表笔接漏极 D，相当于给场效应管加上 1.5 V 的电源电压。这时表针指示出的是 DS 极间电阻值。然后用手指捏栅极 G，将人体的感应电压作为输入信号加到栅极上。由于管子的放大作用，U_{DS} 和 I_D 都将发生变化，也相当于 DS 极间电阻发生了变化，可观察到表针有较大幅度的摆动。如果手捏栅极时表针摆动很小，说明管子的放大能力较弱；若表针不动，说明管子已经损坏。

由于人体感应的 50 Hz 交流电压较高，而不同的场效应管用电阻挡测量时的工作点可能不同，因此用手捏栅极时表针可能向右摆动，也可能向左摆动。少数管子的 R_{DS} 减小，表针向右摆动；多数管子的 R_{DS} 增大，表针向左摆动。无论表针的摆动方向如何，只要有明显的摆动，就说明管子具有放大能力。本方法也适用于测 MOS 管。为了保护 MOS 管，必须用手握住螺钉旋具绝缘柄，用金属杆去碰栅极，以防止人体感应电荷直接加到栅极上，将管子损坏。

MOS 管每次测量完毕，GS 结电容上都会充有少量电荷，建立起电压 U_{GS}，再接着测时表针可能不动，此时将 GS 极间短路一下即可。

5.2.2 场效应管使用注意事项

场效应管在使用中需注意以下几点：

（1）在使用场效应管时，要注意漏源电压 U_{DS}、漏源电流 I_D、栅源电压 U_{GS} 及耗散功率等值不能超过最大允许值。

（2）从结构上看，场效应管漏、源两极是对称的，可以互相调用，但有些产品制作时已将衬底和源极于内部连在一起，这时漏、源两极不能对换。

（3）注意各极间电压的极性不能接错。

此外，特别强调的是：绝缘栅型场效应管的栅、源两极绝不允许悬空，因为栅、源两极如果有感应电荷，就很难泄放，电荷积累会使电压升高，而使栅极绝缘层击穿，造成场效应管损坏。因此要在栅、源极间绝对保持直流通路，保存时务必用金属导线将三个电极短接起来。在焊接时，烙铁外壳必须接电源地端，并在烙铁断开电源后再焊接栅极，以避免交流感应将栅极击穿，并按 S、D、G 极的顺序焊好之后，再去掉各极的金属短接线。

【任务3】　场效应管放大电路

学习目标

◆ 了解场效应管放大电路的组成，理解其工作原理。
◆ 掌握场效应管放大电路的分析方法。

技能目标

◆ 会对场效应管放大电路进行正确分析。

相关知识

对应三极管的共射、共集及共基电路，场效应管放大电路也有共源、共漏和共栅三种基本组态。下面以共源极放大电路为例，介绍场效应管放大电路的工作原理。

5.3.1　场效应管放大电路的直流偏置

与双极型三极管放大电路一样，为了不失真地放大变化信号，要建立合适的静态工作点。场效应管是电压控制器件，没有偏置电流，关键是要有合适的栅源偏压 u_{GS}。在实际应用中，常用的偏置电路有自给栅偏压偏置和分压式稳定偏置两种形式。

1. 自给栅偏压偏置电路

自给栅偏压偏置电路如图 5.8 所示。图中，场效应管栅极通过栅极电阻 R_G 接地，而 R_G 中无直流电流通过，所以 $U_G = 0$。由于静态漏极电流 I_{DQ} 通过源极电阻 R_S，故栅源偏压为

$$U_{GSQ} = U_G - U_S = 0 - I_{DQ}R_S = -I_{DQ}R_S$$

利用静态漏极电流 I_{DQ} 在源极电阻 R_S 上产生电压降作为栅源偏置电压的方式，称为自给偏压。显然，只要选择合适的源极电阻 R_S 就可以获得合适的偏置电压和静态工作点了。

在求解静态工作点时，可通过下列关系式求得工作点上的电流和电压，即

$$I_{DQ} = I_{DSS}\left(1 - \frac{U_{GSQ}}{U_P}\right)^2 \tag{5-3}$$

$$U_{GSQ} = -I_{DQ}R_S \tag{5-4}$$

$$U_{DSQ} = U_{DD} - I_{DSQ}(R_D + R_S) \tag{5-5}$$

需要说明的是，自给偏压方式不能利用由增强型 MOS 管组成的放大电路。

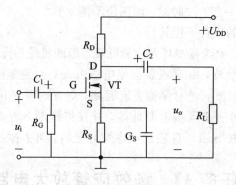

图 5.8　自给栅偏压偏置电路

2. 分压式稳定偏置电路

分压式稳定偏置共源基本放大电路如图 5.9 所示。

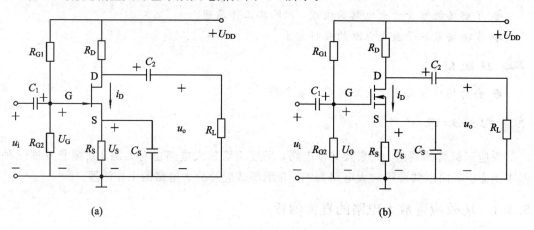

　(a)　　　　　　　　　　　　　　　　　　(b)

图 5.9　分压式稳定偏置共源基本放大电路

图 5.9 中，R_{G1}、R_{G2} 是栅极偏置电阻，R_S 是源极电阻，R_D 是漏极电阻，与共射基本放大电路的 R_{B1}、R_{B2}、R_E 和 R_C 一一对应。只要结型场效应管栅源 PN 结是反偏工作，无栅流，那么 JFET 与 MOSFET 的直流通路和交流通路是一样的。其直流通路如图 5.10 所示。

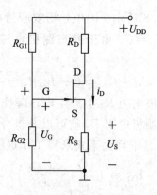

图 5.10　分压式稳定偏置电路的直流通路

和前面讲解的三极管构成的分压式偏置放大电路类似，由于栅极上流过电流 I_G 远小于 R_{G1} 和 R_{G2} 上的电流，因此，可将 R_{G1} 和 R_{G2} 近似看做串联，栅极电位 U_G 由 R_{G1}、R_{G2} 和

V_{DD}决定，即

$$U_G = \frac{R_{G2}}{R_{G2} + R_{G1}} U_{DD} \qquad (5-6)$$

$$I_{DQ} = \frac{U_G - U_{GSQ}}{R_S} \qquad (5-7)$$

$$I_{DQ} = I_{DSS} \left(1 - \frac{U_{GSQ}}{U_P}\right)^2 \qquad (5-8)$$

$$U_{DSQ} = U_{DD} - I_{DSQ}(R_D + R_S) \qquad (5-9)$$

于是可以解出U_{GSQ}、I_{DQ}、U_{DSQ}。

5.3.2 共源场效应管放大电路的动态分析

1. 共源场效应管的微变等效电路

共源场效应管的微变等效电路如图 5.11 所示。由于场效应管基本没有栅流，输入电阻R_{GS}很大，所以场效应管栅、源之间可视为开路。又根据场效应管输出回路的恒流特性，场效应管的输出电阻R_{DS}可视为无穷大，因此，输出回路可等效为一个受$\dot{U}_{GS}$控制的电流源，即 $\dot{I}_D = g_m \dot{U}_{GS}$。

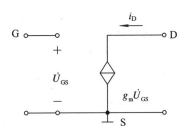

图 5.11 共源场效应管的微变等效电路

2. 共源场效应管放大电路的微变等效电路

把场效应管用等效电路替换，可画出图 5.9 分压式稳定偏置共源放大电路的微变等效电路，如图 5.12 所示。

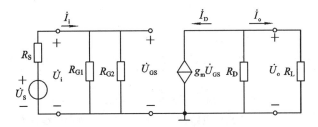

图 5.12 分压式稳定偏置共源放大电路的微变等效电路

3. 共源场效应管放大电路的动态性能分析

（1）电压放大倍数。

输出电压为

$$\dot{U}_o = - g_m \dot{U}_{GS}(R_D /\!/ R_L) \qquad (5-10)$$

电压放大倍数为

$$\dot{A}_u = -\frac{g_m \dot{U}_{GS}(R_D \mathbin{/\mkern-5mu/} R_L)}{\dot{U}_{GS}} = -g_m(R_D \mathbin{/\mkern-5mu/} R_L) = -g_m R'_L \qquad (5-11)$$

（2）输入电阻。

输入电阻 R_i 为

$$R_i = \frac{\dot{U}_i}{\dot{I}_i} = R_{G1} \mathbin{/\mkern-5mu/} R_{G2} \qquad (5-12)$$

（3）输出电阻。将负载电阻 R_L 开路，并想象在输出端加上一个电源 $\dot{U}_o$，将输入电压信号源短路，但保留内阻，然后计算 $\dot{I}_o$，于是

$$R_o = \frac{\dot{U}_o}{\dot{I}_o} \approx R_D \qquad (5-13)$$

【任务 4】 场效应管与三极管的区别

技能目标

◆ 能够区别场效应管和普通三极管的性能及使用方法。

相关知识

场效应管中参与导电的只有一种载流子（多数载流子），例如 N 沟道的场效应管参与导电的是电子载流子，因此场效应管又称为单极型晶体管。半导体三极管中两种极性的载流子（多数载流子和少数载流子）都参与导电，所以也称为双极型晶体管。

场效应管与普通三极管相比较各有优缺点，如表 5-1 所示。由表中可以看出，场效应管的最大优点是输入电阻高，主要缺点是跨导低，三极管则相反。

表 5-1　场效应管与三极管的比较

比较项目	管 子 类 型	
	场效应管	三极管
导电机构	只利用多子导电	利用多子和少子导电
控制方式	电压控制（U_{GS} 控制 I_D）	电流控制（I_B 控制 I_C）
控制参数	g_m 小	β 大
输入电阻	高（$10^7 \sim 10^{15}\ \Omega$）	小（$1000\ \Omega$ 左右）
温度稳定性和抗辐射能力	温度稳定性好，抗辐射能力强	受温度和辐射的影响较大
噪声	低	较高
结构对称性	集电极和发射极不对称，不能互换	漏极和源极对称，可互换使用
适用场合	放大电路、电子开关	放大电路、电子开关、受控可变电阻

小　结

场效应管是一种电压控制器件，只依靠一种载流子导电，属于单极型器件，分为结型（JFET）和绝缘栅型（MOSFET）两大类，每类又有 P 沟道、N 沟道之分。结型场效应管是利用栅源电压改变 PN 结的反偏电场，从而改变漏、源极间的导电沟道宽窄来控制输出电

流大小的；绝缘栅型场效应管是利用栅源电压产生的垂直电场大小来改变沟道宽窄，从而控制输出电流的。二者的特性和参数比较相似，其中绝缘栅型场效应管的输入电阻极高，在使用时注意栅极不可悬空，以免击穿损坏。

场效应管通常用转移特性来表示输入电压对输出电流的控制性能，用输出特性的三个区来表示它的输出性能。工作于可变电阻区的场效应管可作为压控电阻使用，工作于恒流区的可作为放大器件使用，工作于夹断区和导通区（通常指可变电阻区）时可作为开关使用。跨导 g_m 是表征输入电压对输出电流控制能力的重要参数。

习　题　五

5.1　选择题：

(1) 下列对场效应管的描述中，不正确的是(　　)。

A. 场效应管具有输入电阻高、热稳定性好等优点

B. 场效应管的两种主要类型是 MOSFET 和 JFET

C. 场效应管工作时多子、少子均参与导电

D. 场效应管可以构成共源、共栅、共漏这几种基本类型的放大器

(2) 在放大电路中，场效应管应工作在漏极特性的(　　)。

A. 可变电阻区　　　B. 截止区　　　　C. 饱和区　　　　D. 击穿区

(3) 表征场效应管放大作用的重要参数是(　　)。

A. 电流放大系数 β 　　　　　　　　B. 跨导 $g_m = \Delta I_D / \Delta U_{GS}$

C. 开启电压 U_{th} 　　　　　　　　　D. 直流输入电阻 R_{GS}

(4) 下列选项中，不属于场效应管直流参数的是(　　)。

A. 饱和漏极电流 I_{DSS} 　　　　　　　B. 低频跨导 g_m

C. 开启电压 U_{th} 　　　　　　　　　D. 夹断电压 U_{off}

(5) 场效应管的转移特性是在 U_{DS} 为固定值时(　　)的关系曲线。

A. u_{DS} 与 i_G 　　　B. u_{DS} 与 i_D 　　　C. u_{GS} 与 i_D 　　　D. u_{DS} 与 u_{GS}

5.2　填空题：

(1) 场效应管的三个电极分别是＿＿＿＿＿＿、＿＿＿＿＿＿、＿＿＿＿＿＿。

(2) 场效应管属于＿＿＿＿＿＿控制型器件。

(3) 双极型三极管从结构上可分成＿＿＿＿＿＿和＿＿＿＿＿＿两种类型，它们工作时有＿＿＿＿＿＿和＿＿＿＿＿＿两种载流子参与导电。场效应管从结构上分成＿＿＿＿＿＿和＿＿＿＿＿＿两大类型。各类又有＿＿＿＿＿＿沟道和＿＿＿＿＿＿沟道的区别。它们的导电过程仅仅取决于＿＿＿＿＿＿载流子。

5.3　判断题：

(1) 场效应管具有电流放大功能。　　　　　　　　　　　　　　　　　　　　(　　)

(2) 场效应管的基本特性可由输入特性和输出特性曲线来描述。　　　　　　　(　　)

(3) 场效应管通常称为 MOS 管。　　　　　　　　　　　　　　　　　　　　(　　)

(4) N 沟道绝缘栅型场效应管在 $I_D = 0$ 时，栅源电压为负值。　　　　　　　(　　)

(5) 跨导 g_m 是表征输入电压对输出电流控制作用大小的重要参数。　　　　　(　　)

项目六　负反馈放大器

学习目标

■ 理解和掌握负反馈的基本概念。
■ 掌握判断反馈放大电路类型的方法。
■ 熟识典型负反馈放大电路的电路特性。
■ 了解负反馈对放大器性能的影响。

技能目标

■ 能判断反馈的类型和极性。
■ 能根据需要正确引入反馈。
■ 会估算深度负反馈条件下的放大电路。
■ 掌握负反馈放大电路静态工作点的测量与调整方法。

【任务 1】　掌握反馈的类型及判断方法

学习目标

◆ 熟知反馈的基本概念及负反馈放大电路的类型。
◆ 掌握判断负反馈类型的方法。

技能目标

◆ 能准确判断负反馈放大器的类型和极性。
◆ 能定性分析其作用。

相关知识

前面各章节介绍放大电路的输入信号与输出信号间的关系时，只涉及到了输入信号对输出信号的控制作用，这称做放大电路的正向传输作用。然而，放大电路的输出信号也可能对输入信号产生正作用（使净输入信号增强）或反作用（使净输入信号的变化削弱），即正反馈或负反馈。简单地说，若产生反作用就叫做负反馈。负反馈在电路中的应用十分广泛，特别是在精度、稳定性等方面要求较高的

反馈的判断方法

场合，往往通过引入含有负反馈的放大电路，以达到提高输出信号稳定度、改善电路工作性能（例如，提高放大倍数的稳定性，改善波形失真，增加频带宽度，改变放大电路的输入

电阻和输出电阻等)的目的。

6.1.1　反馈的基本概念

在电子电路中,将电路输出信号(电压或电流)的一部分或全部,通过一定形式的反馈网络送回到输入回路,使得净输入信号发生变化从而影响输出信号的过程称为反馈。引入反馈的目的一般有两个,一个是稳定电路的特性,在前面的章节中已经引入反馈的使用了,如图 6.1 所示的分压式偏置放大电路中,在发射极引入的电阻 R_E 的作用是将输出量反馈到输入端,进一步来稳定集电极静态电流 I_{CQ}。其稳定过程为

$$T \uparrow \rightarrow I_{CQ} \uparrow \rightarrow I_{EQ} \uparrow \rightarrow U_{EQ} \uparrow \rightarrow U_{BEQ} \downarrow \rightarrow I_{BQ} \downarrow \rightarrow I_{CQ} \downarrow$$

$$T \downarrow \rightarrow I_{CQ} \downarrow \rightarrow I_{EQ} \downarrow \rightarrow U_{EQ} \downarrow \rightarrow U_{BEQ} \uparrow \rightarrow I_{BQ} \uparrow \rightarrow I_{CQ} \uparrow$$

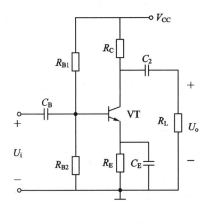
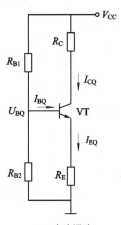

图 6.1　分压式偏置放大电路及直流通路

二是为振荡电路提供振荡条件,这一作用将在后面章节详细介绍。反馈放大电路的结构框图如图 6.2 所示。

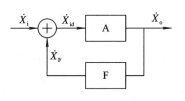

在图 6.2 所示的反馈放大电路框图中,$\dot{X}_i$ 是反馈放大电路的原输入信号,$\dot{X}_o$ 为输出信号,$\dot{X}_F$ 是反馈信号,$\dot{X}_{id}$ 是基本放大电路的净输入信号。A 称为基本放大电路,用以实现信号的正向传输;F 称为反馈网络,用以将部分

图 6.2　反馈放大电路的结构框图

或全部输出信号反向传输到输入端。符号 $\oplus$ 表示输入信号 $\dot{X}_i$ 和反馈信号 $\dot{X}_F$ 的叠加。在图 6.2 中,把基本放大电路的输出信号 $\dot{X}_o$ 与净输入信号 $\dot{X}_{id}$ 之比,称为开环放大倍数,记为

$$\dot{A} = \frac{\dot{X}_o}{\dot{X}_{id}} \qquad (6-1)$$

把反馈网络的输出信号(反馈信号)$\dot{X}_F$ 与放大电路的输出信号 $\dot{X}_o$ 之比,称为反馈系数,记为

$$\dot{F} = \frac{\dot{X}_F}{\dot{X}_o} \qquad (6-2)$$

把反馈放大电路的输出信号 $\dot{X}_o$ 与输入信号 $\dot{X}_i$ 之比,称为闭环放大倍数,记为

$$\dot{A}_F = \frac{\dot{X}_o}{\dot{X}_i} \qquad (6-3)$$

6.1.2 反馈类型

1. 正反馈和负反馈

由反馈放大电路的组成框图 6.2 可知,反馈信号与原输入信号叠加作用后,对净输入信号的影响可分为两种情况:一种是使净输入信号增强的反馈,称为正反馈;另一种是使净输入信号的变化削弱的反馈,称为负反馈。

2. 直流反馈和交流反馈

仅在放大电路直流通路中存在或反馈量为直流量的反馈称为直流反馈。直流反馈影响放大电路的直流性能,如直流负反馈能稳定静态工作点。仅在放大电路交流通路中存在的或反馈量为交流量的反馈称为交流反馈。交流反馈影响放大电路的交流性能,如增益、输入电阻、输出电阻及带宽等。

在放大电路交、直流通路中均存在或反馈量为交、直流量的反馈,称为交直流反馈。

如图 6.3 所示的电路中,由电容隔直通交特性可知:图(a)电路反馈量为直流,因而该电路为直流反馈放大电路;图(b)电路反馈量为交流量,因而该电路为交流反馈放大电路;图(c)反馈元器件仅为 R_F,因而该电路为交直流反馈放大电路。

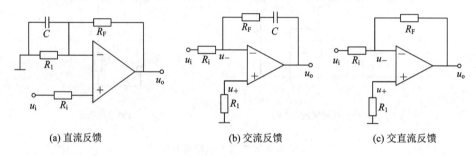

(a) 直流反馈　　　　　　(b) 交流反馈　　　　　　(c) 交直流反馈

图 6.3　直流和交流反馈

3. 电压反馈和电流反馈

根据输出信号反馈端采样方式的不同,可将反馈电路分为电压反馈与电流反馈。反馈信号取自输出电压,并与输出电压成比例的反馈电路或者是反馈网络和放大电路及负载并联连接的反馈电路称为电压反馈,如图 6.4(a)所示。电流反馈是反馈信号取自输出电流,并与输出电流成比例的反馈电路或指反馈网络和放大电路及负载串联连接的反馈电路,如图 6.4(b)所示。

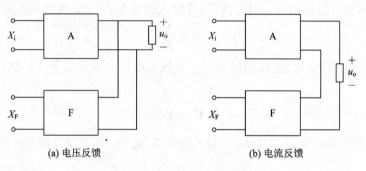

(a) 电压反馈　　　　　　　　(b) 电流反馈

图 6.4　输出端反馈

4. 串联反馈和并联反馈

根据反馈信号与原输入信号在放大电路输入端合成方式的不同，可将反馈电路分为串联反馈与并联反馈；如图 6.5(a)所示，反馈网络 F 和放大电路 A 及输入信号 u_i 串联连接的反馈电路称为串联反馈，即净输入信号电压 X_{id} 为输入信号 X_i 和反馈信号 X_F 的叠加。如图 6.5(b)所示，反馈网络 F 和放大电路 A 及输入信号 u_i 并联连接的反馈电路称为并联反馈，即净输入信号电流 I_{id} 为输入信号 I_i 和反馈信号 I_F 的叠加。

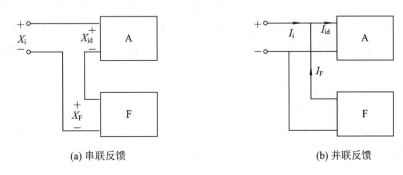

(a) 串联反馈　　　　　　　　　　(b) 并联反馈

图 6.5　输入端反馈

5. 本级反馈和级间反馈

由图 6.2 可知，判别一个放大电路是否存在反馈的关键是找出电路中的反馈网络。在实际电路中，有的反馈支路则比较特殊，如图 6.1 所示的分压式偏置放大电路中的反馈元件 R_E 就较为隐蔽；有的反馈支路比较明显，如图 6.3(b)所示的电路的反馈支路 R_F、C 就非常明显。

在图 6.6 所示的反馈放大电路中，很明显，第一级放大电路 A_1 的反馈支路为 R_{F1}，第二级放大电路 A_2 的反馈支路为 R_{F2}。我们将这种对自身放大的反馈称为本级反馈。在图 6.6 中，R_F 将放大电路的输出和输入端连接起来，也构成了反馈支路，我们将这种在不同级之间构成的反馈称为级间反馈。

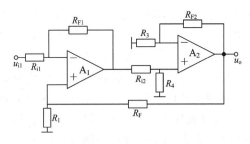

图 6.6　本级反馈和级间反馈

6.1.3　反馈判断方法及实例

1. 正反馈与负反馈的判断

由前面已经知道，使净输入信号变大的称为正反馈；使净输入信号减小的称为负反馈。判断反馈极性的基本方法是瞬时变化极性法，简称瞬时极性法，具体做法是：首先找到反馈支路，看是否存在反馈，之后假定原输入信号相对于公共参考端的瞬时极性为正或负，也就是假设该点的瞬时电位上升，在图中用＋或⊕表示；根据各种基本放大电路的输出信号与输入信号之间的相位关系，顺着信号的传输方向，逐级标出放大电路中各有关点电位的瞬时极性；最后，在输入端将反馈信号和原输入信号的瞬时极性叠加，看净输入信号是增强了还是变弱了，如果增强，则为正反馈，否则为负反馈。

放大电路通常由三极管或运算放大器构成。运用瞬时极性法判定放大电路中各点电位的瞬时极性时，首先必须熟练掌握三极管基本电路组态的判定与相应组态输出信号、输入信号电压之间的相位关系以及运算放大器输出端信号与输入端信号之间的相位关系。在前面的章节中已知，三极管的组态中只有共射极输入和输出信号相位相反，而集成运放构成的放大电路中，输出信号的相位关系取决于输入信号的接入，若为同相输入，则相位相同，否则相位相反。

同时也可以通过目测来判别反馈的极性，当反馈信号与输入信号直接相连时，若反馈信号与原输入信号的瞬时极性相反，则为负反馈，反之为正反馈；当反馈信号与输入信号不直接相连时，若反馈信号与原输入信号的瞬时极性相同，则为负反馈，反之为正反馈。

【例 6.1】 判断图 6.7 所示各电路的反馈极性为正反馈还是负反馈。

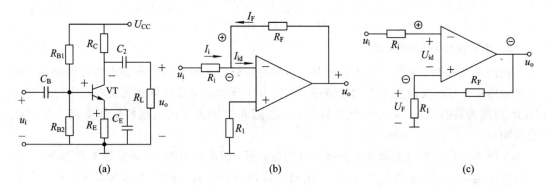

图 6.7　例 6.1 图

解　在图 6.7(a)所示的电路中，反馈元件为 R_E，假设 u_i 对地的瞬时极性为＋，则三极管 VT 构成的共射极放大电路的基极的瞬时极性为＋；由于集电极与基极反相，发射极与基极同相，VT 管的集电极为－，VT 管的发射极为＋，反馈信号与输入信号不直接相连，且反馈信号与原输入信号的瞬时极性相同，则由反馈元件 R_E 构成的反馈为负反馈。

在图 6.7(b)所示的电路中，反馈元件 R_F 接在输出端与反相输入端之间，所以该电路存在反馈。假设输入信号 u_i 对地的瞬时极性为⊖，由图 6.7(b)明显可以看出为反相输入式比例放大，故输出信号 u_o 的瞬时极性为⊕，经 R_F 反馈到输入端的信号的瞬时极性也为⊕，且 u_i 与反馈支路均加在运放的反相输入端，使得净输入 $I_{id}=I_i-I_F$ 减弱，所以是负反馈。

在图 6.7(c)所示的电路中，反馈元件 R_F 接在输出端与同相输入端之间，所以该电路存在反馈。假设输入信号 u_i 对地的瞬时极性为⊕，由图 6.7(c)明显可以看出为反相输入式，故输出信号 u_o 的瞬时极性为⊕，经 R_F 反馈到运放的同相输入端的信号的瞬时极性也为⊕，且 u_i 与反馈支路分别加在运放的反相输入端和同相输入端，使得净输入 $U_{id}=u_i-U_F$ 增强，所以是正反馈。

2. 直流反馈与交流反馈的判断

直流反馈影响放大电路的直流性能，如直流负反馈能稳定静态工作点 Q 等。图 6.1 中

的 R_E 起到稳定静态工作点 Q 的作用；交流反馈影响放大电路的交流性能，如放大倍数、输入电阻、输出电阻及带宽等。

　　判别是直流反馈还是交流反馈的基本方法是画出反馈放大电路的直流通路和交流通路，然后观测反馈通路，若反馈元器件存在于直流通路中，则为直流反馈；若存在于交流通路中，则为交流反馈。

　　也可利用电容的"隔直通交"特性来判断放大电路是直流反馈还是交流反馈。一般地，若反馈通路中的电容一端接地，则该电路为直流反馈放大电路；如果电容串联在反馈通路中，则该电路为交流反馈放大电路；如果反馈通路中只有电阻或只有导线，则该电路为交直流反馈放大电路。

【例 6.2】 判断图 6.8 所示各电路为直流反馈还是交流反馈。

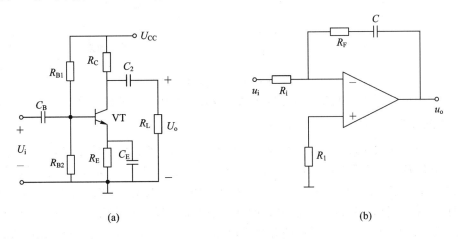

(a)　　　　　　　　　　　　　　(b)

图 6.8　例 6.2 图

　　解　在图 6.8(a)所示的电路中，反馈元件为 R_E，图 6.9 所示分别为图 6.8(a)所示电路的直流通路和交流通路，反馈元件 R_E 仅存在于直流通路中，所以图 6.8(a)所示的电路为直流反馈。

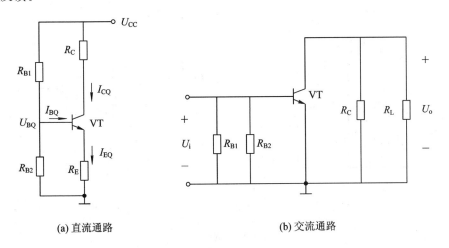

(a) 直流通路　　　　　　　　　　　(b) 交流通路

图 6.9　图 6.8(a)的直流通路和交流通路

　　也可利用电容 C_E 直接判断，因其下端接地，也可得到该电路为直流反馈。

在图 6.8(b)所示的电路中，反馈支路为 C 和 R_F，图 6.10 所示分别为图 6.8(b)所示电路的直流通路和交流通路，反馈元件 R_F 仅存在于交流通路中，所以图 6.8(b)所示的电路为交流反馈。

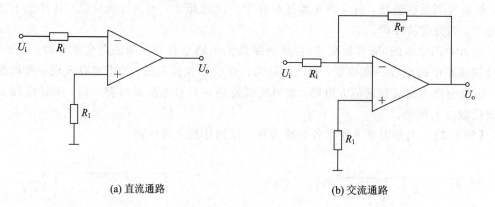

(a) 直流通路　　　　　　　　　　　　　(b) 交流通路

图 6.10　图 6.8(b)的直流通路和交流通路

也可利用电容 C 直接判断，因电容串联在反馈通路中，也可得到该电路为交流反馈。

3. 串联反馈和并联反馈的判断

判别是串联反馈还是并联反馈的基本方法是目测法，即若反馈信号与原输入信号直接相连则为并联反馈；若反馈信号与原输入信号不直接相连，则为串联反馈。也可遵循：一般地，反馈信号为电压信号时，电路为串联反馈；反馈信号为电流信号时，电路为并联反馈。

【例 6.3】 判断图 6.11 所示各电路的反馈是串联反馈还是并联反馈。

解　图 6.11(a)所示的分压式偏置放大电路的反馈支路为 R_E，没有与输入原信号 U_i 直接相连，所以为串联反馈。也可由反馈支路 R_E 的反馈信号为 U_{EQ}，得知为串联反馈。

图 6.11(b)所示的反馈放大电路的反馈支路为 C 和 R_F，它与输入原信号 U_i 直接相连，所以为并联反馈。也可由反馈支路 C 和 R_F 的反馈信号为 I_F，得知为并联反馈。

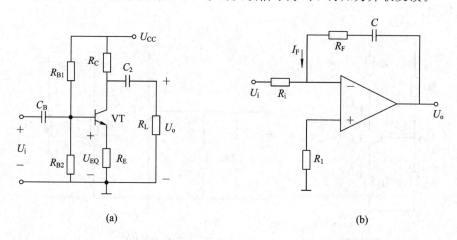

(a)　　　　　　　　　　　　　　　(b)

图 6.11　例 6.3 图

4. 电压反馈和电流反馈的判断

判别是电压反馈还是电流反馈的基本方法是输出短路法，即假定输出电压为零，若反馈信号也随之消失，则为电压反馈；若反馈信号仍然存在，则为电流反馈。

判别是电压反馈还是电流反馈常常采用的是目测法，即通过观测反馈支路，若反馈信号与输出信号直接相连，则为电压反馈；若反馈信号与输出信号非直接相连，则为电流反馈。

【例 6.4】 判断图 6.12 所示各电路的反馈是电压反馈还是电流反馈。

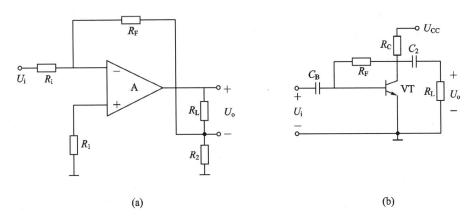

(a)　　　　　　　　　　　　　　　(b)

图 6.12　例 6.4 图

解　图 6.12(a)所示的反馈放大电路的反馈支路为 R_F，没有与输出信号 U_o 直接相连，所以为电流反馈。也可将负载电阻 R_L 短路，则反馈信号仍然存在，得知为电流反馈。

图 6.12(b)所示的反馈放大电路的反馈支路为 R_F，与输出信号 U_o 直接相连，所以为电压反馈。也可将负载电阻 R_L 短路，则反馈信号为零，得知为电压反馈。

5. 负反馈的组态和判别

根据反馈网络在输出端和输入端的连接方式的不同，有四种组态：电压串联负反馈、电压并联负反馈、电流串联负反馈、电流并联负反馈。

组态判别的一般方法：首先找到反馈支路，看是否存在反馈，之后用瞬时极性法判别电路的性质，最后用目测法，根据反馈支路与输入/输出端的连接方式得到是电压(电流)串联(并联)反馈。最终得到结论。

1) 电流串联负反馈

图 6.13 中，R_E 为反馈元件，由瞬时极性法可知，电路是负反馈；由于反馈信号 U_{EQ} 与输入信号 U_i 没有直接相连，所以是串联反馈；又因反馈支路和输入端没有直接相连，所以是电流反馈。故图 6.13 所示电路是电流串联负反馈的。

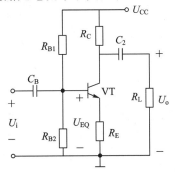

图 6.13　电流串联负反馈

电流串联负反馈电路的特点：输出电流取样，通过反馈网络得到反馈电压，与输入电压的叠加作为净输入电压进行放大。

2）电压并联负反馈

图 6.14 中，R_F 为反馈元件，所在支路为反馈支路，由瞬时极性法可知，该电路是负反馈；由于反馈支路与输入信号 U_i 直接相连，所以是并联反馈；又因反馈支路和输出端直接相连，所以是电压反馈。故图 6.14 所示电路是电压并联负反馈的。

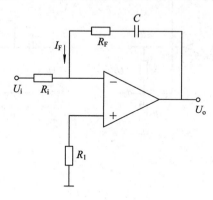

图 6.14　电压并联负反馈

电压并联负反馈电路的特点：输出电压取样，通过反馈网络得到反馈电流，与输入电流的叠加作为净输入电流进行放大。

3）电压串联负反馈

图 6.15 中，R_F 为反馈元件，所在支路为反馈支路，由瞬时极性法可知，该电路是负反馈；由于反馈支路与输入信号 U_i 非直接相连，所以是串联反馈；又因反馈支路和输出端直接相连，所以是电压反馈。故图 6.15 所示电路是电压串联负反馈的。

电流串联负反馈电路的特点：输出电压取样，通过反馈网络得到反馈电压，与输入电压的叠加作为净输入电压进行放大。

4）电流并联负反馈

图 6.16 中，R_F 为反馈元件，所在支路为反馈支路，由瞬时极性法可知，该电路是负反馈；由于反馈支路与输入信号 U_i 直接相连，因而是并联反馈；又因为反馈支路和输出端非直接相连，所以是电流反馈。故图 6.16 所示电路是电流并联负反馈的。

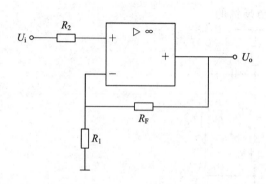

图 6.15　电压串联负反馈

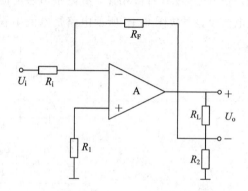

图 6.16　电流并联负反馈

电流并联负反馈电路的特点：输出电流取样，通过反馈网络得到反馈电流，与输入电流的叠加作为净输入电流进行放大，适用于输入信号为恒流源或近似为恒流源的情况。

✂ 技能训练

1. 判断图 6.17 所示电路中 R_{E1}、R_{E2} 的负反馈作用。

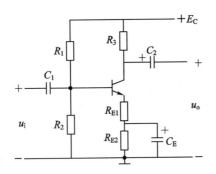

图 6.17　电流串联负反馈（直流）

反馈判断方法应用

2. 判断图 6.18 中 R_F 是否负反馈，若是，判断反馈的类型。

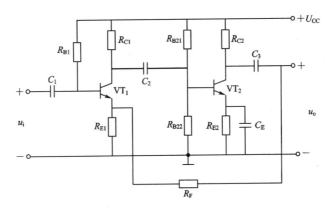

图 6.18　电压串联负反馈（交流反馈）

若 R_F 与 VT_2 发射极相接，如图 6.19 所示，引入的是何种类型的反馈？

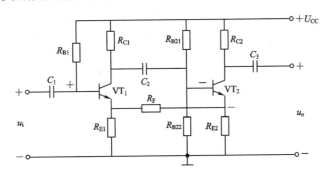

图 6.19　电流串联正反馈

3. 判断图 6.20 所示电路 R_F 的反馈类型。

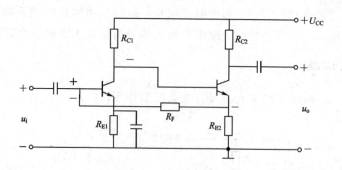

图 6.20　电流并联负反馈(交、直流反馈)

【任务 2】　理解负反馈对放大电路性能的影响

学习目标

◆ 掌握负反馈对放大电路性能的影响。
◆ 掌握深度负反馈放大电路电压放大倍数的近似估算。

技能目标

◆ 掌握负反馈对放大电路性能的影响。
◆ 掌握深度负反馈放大电路电压放大倍数的估算。

负反馈对放大电路的
性能的影响

相关知识

1. 负反馈使放大倍数降低

由反馈框图 6.2 知，在负反馈时，有

$$\dot{X}_{id} = \dot{X}_i - \dot{X}_F \tag{6-4}$$

将式(6-1)、式(6-2)和式(6-4)代入式(6-3)，可得

$$\dot{A}_F = \frac{\dot{X}_o}{\dot{X}_i} = \frac{\dot{X}_o}{\dot{X}_{id} + \dot{X}_F} = \frac{\dot{X}_o}{\dot{X}_{id} + F\dot{X}_o} = \frac{\dot{X}_o}{\dot{X}_{id} + \dot{A}F\dot{X}_{id}} = \frac{\frac{\dot{X}_o}{\dot{X}_{id}}}{1 + \dot{A}F} = \frac{\dot{A}}{1 + \dot{A}F} \tag{6-5}$$

式(6-5)称为负反馈放大电路的基本关系式，它表示加了负反馈后的闭环放大倍数 A_F 是开环放大倍数 A 的 $\frac{1}{|1+\dot{A}F|}$，其中 $|1+\dot{A}F|$ 称为反馈深度。$|1+\dot{A}F|$ 越大，反馈越深，A_F 就越小。在信号频率不是很高的情况下，式(6-5)中的 $\dot{A}$、F、$\dot{A}_F$ 都为实数，则式(6-5)可以写成

$$A_F = \frac{A}{1 + AF} \tag{6-6}$$

由负反馈电路得到的闭环放大倍数也可推广到所有反馈电路。根据反馈深度的大小，有如下几种情况：

(1) 若 $|1+AF| > 1$，则有 $|A_F| < |A|$，闭环放大倍数减小，电路为负反馈。

(2) 若 $|1+AF| < 1$，则有 $|A_F| > |A|$，闭环放大倍数增大，电路为正反馈。

(3) 若 $|1+AF| = 0$，则有 $|A_F| \to \infty$，产生自激振荡。

（4）若 $|1+AF| \gg 1$，则有 $|A_F| \approx \dfrac{1}{F}$，此时电路的闭环放大倍数仅取决于反馈系数 F，我们将这种状态称为深度负反馈。

2. 负反馈提高了放大倍数的稳定性

通常情况下，开环放大倍数 A 是不稳定的，例如温度影响、负载及环境变化时，电压放大倍数 A 也要随之变化，所以它是不稳定的。引入负反馈后，可使放大电路的输出信号趋于稳定。引入负反馈以后，放大电路放大倍数稳定性的提高通常用相对变化量来衡量。

由式（6-6）对 A 两边求导，可得到

$$\frac{\mathrm{d}A_F}{\mathrm{d}A} = \frac{1}{(1+AF)^2} = \frac{A}{1+AF} \cdot \frac{1}{(1+AF)A} = A_F \cdot \frac{1}{(1+AF)A} = \frac{1}{1+AF} \cdot \frac{A_F}{A}$$

$$(6-7)$$

即有

$$\frac{\mathrm{d}A_F}{A_F} = \frac{1}{1+AF} \cdot \frac{\mathrm{d}A}{A} \qquad (6-8)$$

式（6-8）表明，闭环放大倍数的相对变化量只是开环放大倍数的相对变化量的 $\dfrac{1}{1+AF}$。也就是说，引入负反馈后，放大倍数下降为原来的 $\dfrac{1}{1+AF}$，但是其稳定度却提高了 $1+AF$ 倍。

【例 6.5】 某负反馈放大器的 $A=10^4$，反馈系数 $F=0.01$，求其闭环放大倍数 A_F。若因参数变化使 A 变化 $\pm10\%$，求出 A_F 的相对变化量。

解　由式（6-6）可得

$$A_F = \frac{A}{1+AF} = \frac{10^4}{1+10^4 \times 0.01} \approx 100$$

由式（6-7）可得

$$\frac{\mathrm{d}A_F}{A_F} = \frac{1}{1+AF} \cdot \frac{\mathrm{d}A}{A} = \frac{1}{1+10^4 \times 0.01} \times (\pm10\%) \approx \pm0.1\%$$

很明显，开环放大倍数 A 的变化范围约为 9000～11 000，而闭环放大倍数 A_F 的变化范围约为 99.9～100.1，显然，A_F 的稳定性比 A 的稳定性提高了约 100 倍。

3. 负反馈减小非线性失真并可抑制反馈环内噪音和干扰

由于放大电路中元器件具有非线性，因而会引起非线性失真。一个无反馈的放大器，即使设置了合适的静态工作点，但当输入信号较大时，仍会使输出信号波形产生非线性失真。引入负反馈后，这种失真可以减小。

如图 6.21 所示，输入信号 $\dot{X}_i$ 为标准正弦波，经基本放大器 A 放大后的输出信号 $\dot{X}_o$ 是正半周大、负半周小，出现了失真。

图 6.22 为引入负反馈后，在反馈系数不变的前提下，反馈信号的波形与输出信号波形相似，也是正半周大、负半周小，失真了的反馈信号与原输入信号在输入端叠加，产生的净输入信号就会是前半周小、后半周大的波形。再通过放大电路 A，就把输出信号的前半周压缩、后半周扩大了，结果使前后半周的输出幅度趋于一致，输出波形接近正弦波。接近原输入的标准正弦波，从而减小了非线性失真。

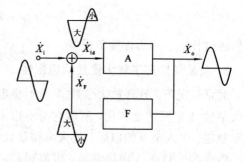

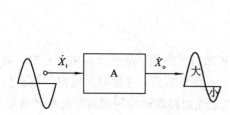

图 6.21　开环放大　　　　　　　　　　　图 6.22　闭环放大

需要指出的是：负反馈只能减小放大电路自身产生的非线性失真，而对输入信号的非线性失真，负反馈是无能为力的。

在电声设备中，当无信号输入时，喇叭有杂音输出。这种杂音是由放大电路内部的干扰和噪声引起的。内部干扰主要是直流电源波动或纹波引起的；内部噪声主要是电路元器件内部载流子不规则的热运动产生的。噪声对放大电路是有害的，它的影响并不单纯由噪声本身的大小来决定。当外加信号的幅度较大时，噪声的影响较小；当外加的信号幅度较小时，就很难与噪声分开，而被噪声所"淹没"。引入负反馈后，有用的信号功率与噪声功率同时减小，也就是说，负反馈虽然能使干扰和噪声减小，但同时将有用的信号也减小了。需要指出的是，负反馈对来自外部的干扰和输入信号混入的噪声是无能为力的。

4. 负反馈展宽了通频带

放大电路的幅频特性如图 6.23 所示。由于电路中电抗元件的存在，以及寄生电容和晶体管结电容的存在，会造成放大器放大倍数随频率而变，使中频段放大倍数较大，而高频段和低频段放大倍数较小，图中 f_H、f_L 分别为上限频率和下限频率，其通频带定义为

$$BW_{0.7} = f_H - f_L$$

令开环放大电路的中频段的放大倍数为 A_u，则放大器在高频段的放大倍数 A_H 表达式为

$$A_H = \frac{A_u}{1 + j\frac{f}{f_H}} \qquad (6-9)$$

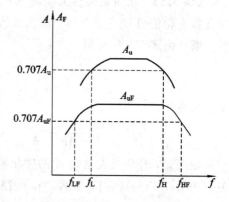

图 6.23　放大电路的幅频特性

那么引入负反馈后，放大器在高频段的放大倍数为 A_{HF}，表达式为

$$A_{HF} = \frac{A_H}{1 + A_H F} = \frac{\dfrac{A_u}{1 + j\dfrac{f}{f_H}}}{1 + \dfrac{A_u}{1 + j\dfrac{f}{f_H}} \cdot F} = \frac{A_u}{1 + A_u F + j\dfrac{f}{f_H}} = \frac{\dfrac{A_u}{1 + A_u F}}{1 + j\dfrac{f}{(1 + A_u F)f_H}}$$

$$(6-10)$$

将式(6-10)与式(6-9)比较可得，引入负反馈后，上限频率变为

$$f_{HF} = (1 + A_u F)f_H \tag{6-11}$$

同理可以推出，引入负反馈后，下限频率变为

$$f_{LF} = (1 + A_u F)f_L \tag{6-12}$$

则引入负反馈后的通频带 $BW_{0.7F}$ 为

$$BW_{0.7F} = f_{HF} - f_{HL} = (1 + A_u F)(f_H - f_L) = (1 + A_u F)BW_{0.7} \tag{6-13}$$

由式(6-10)可见，加了负反馈以后，放大器的通频带扩展为原来的$(1+A_u F)$倍。

5. 负反馈改变了输入、输出电阻

1）对输入电阻的影响

输入电阻是从输入端看进去的等效电阻，所以带负反馈的放大电路的输入电阻必然与反馈网络在输入端的连接方式有关，并主要取决于串联、并联负反馈。

（1）串联负反馈增加输入电阻。图 6.24 所示为串联负反馈框图，由图可得到开环时输入电阻 $R_i = \dfrac{X_{id}}{I_i}$，闭环负反馈时输入电阻为

$$R_{iF} = \frac{X_{id} + X_F}{I_i} = \frac{X_{id} + AFX_{id}}{I_i} = (1 + AF)R_i$$

很明显，引入串联负反馈后，输入电阻是无反馈时的 $1 + AF$ 倍。

（2）并联负反馈减小输入电阻。图 6.25 所示为并联负反馈框图，由图可得到开环时输入电阻 $R_i = \dfrac{X_{id}}{I_i}$，闭环负反馈时输入电阻为

$$R_{iF} = \frac{X_i}{I_{id} + I_F} = \frac{X_i}{I_{id} + AFI_{id}} = \frac{1}{1 + AF}R_i$$

很明显，引入并联负反馈后，输入电阻是无反馈时的 $\dfrac{1}{1+AF}$。

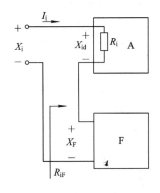 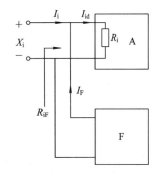

图 6.24　串联负反馈对输入电阻的影响　　　图 6.25　并联负反馈对输入电阻的影响

2）对输出电阻的影响

输出电阻是从输出端看进去的等效电阻，所以带负反馈的放大电路的输出电阻必然与反馈网络在输出端的连接方式有关，并主要取决于电压、电流负反馈。

（1）电流负反馈增加输出电阻。图 6.26 所示为电流负反馈框图，由图可得到开环时输出电阻为 R_o，闭环负反馈时输出电阻为

$$R_{oF} = \frac{U_o}{I_o} = \frac{[I_o - (-AFI_o)]R_o}{I_o} = (1 + AF)R_o$$

很明显，引入电流负反馈后，输出电阻是无反馈时的 $1+AF$ 倍。

（2）电压负反馈减小输出电阻。图 6.27 所示为电压负反馈框图，由图可得到开环时输出电阻为 R_o，闭环负反馈时输出电阻为

$$R_{oF} = \frac{U_o}{I_o} = \frac{U_o}{\dfrac{U_o - (-AFU_o)}{R_o}} = \frac{R_o}{1+AF}$$

很明显，引入电压负反馈后，输出电阻是无反馈时的 $\dfrac{1}{1+AF}$。

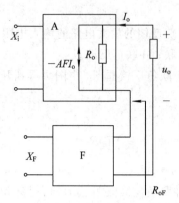

图 6.26　电流负反馈对输出电阻的影响

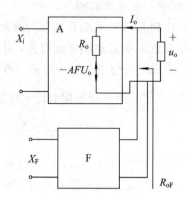

图 6.27　电压负反馈对输出电阻的影响

技能训练

负反馈对放大电路仿真的测试电路如图 6.28 所示，电路中参数如图中所示。

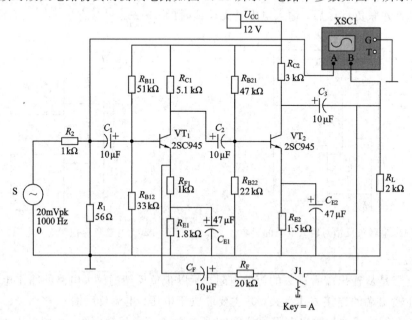

图 6.28　负反馈对放大电路仿真的测试电路

测试步骤如下：

（1）按照图 6.28 所示搭建好仿真电路，打开开关 A，测量三极管 VT_1、VT_2 的各级直

流电压，$U_{B1}=$ ____，$U_{E1}=$ ____，$U_{C1}=$ ____，$U_{B2}=$ ____，$U_{C2}=$ ____，$U_{E2}=$ ____，由此判别 VT_1 和 VT_2 的工作状态。

（2）负反馈对放大电路放大倍数影响的测试。

① 接入 $U_i=20$ mV，$f_i=1$ kHz 的交流信号，用示波器观测输出电压幅度的大小，用毫伏表测量输出电压，并记录：$U_o=$ ____ V，计算 $A_u=U_o/U_i=$ ____。

② 闭合开关 A，用示波器观测输出电压幅度的变化，用毫伏表测量输出电压，并记录：$U_o=$ ____ V，计算 $A_{uF}=U_{oF}/U_i=$ ____。

（3）负反馈扩展同频带的测试。

① 打开开关 A，接入 $U_i=20$ mV，使频率从 $f_i=1$ kHz 逐渐增加，使输出电压等于 $\sqrt{2}U_o$，记录测试对应的信号频率 $f_H=$ ____，再使频率从 $f_i=1$ kHz 逐渐减小，使输出电压等于 $\sqrt{2}U_o$，记录测试对应的信号频率 $f_L=$ ____，计算 $f_H-f_L=$ ____。

② 闭合开关 A，接入 $U_i=20$ mV，使频率从 $f_i=1$ kHz 逐渐增加，使输出电压等于 $\sqrt{2}U_o$，记录测试对应的信号频率 $f_{HF}=$ ____，再使频率从 $f_i=1$ kHz 逐渐减小，使输出电压等于 $\sqrt{2}U_o$，记录测试对应的信号频率 $f_{LF}=$ ____，计算 $f_{HF}-f_{LF}=$ ____。

（4）负反馈减小非线性失真的测试。

① 打开开关 A，接入 $U_i=20$ mV，$f_i=1$ kHz 的交流信号，用示波器观测输出电压的波形，并逐渐增大输入信号的幅度，使输出电压波形出现明显的非线性失真，认真观测波形。

② 闭合开关 A，用示波器观测输出电压的波形，并逐渐增大输入信号的幅度，观察输出电压波形非线性失真现象有无改变，认真观测波形。

测试结果：

（1）引入负反馈后，放大器的放大倍数_____（增加/减小/不变）；

（2）引入负反馈后，放大器的非线性失真_____（增加/减小/不变）；

（3）引入负反馈后，放大器同频带_____（增加/减小/不变）。

【任务3】　负反馈在实际工程中的应用

 学习目标

◆ 熟知负反馈在实际工程中的应用。

◆ 掌握深度负反馈的分析与计算。

技能目标

◆ 能对深度负反馈放大器进行近似计算。

相关知识

6.3.1　深度负反馈放大电路的分析与计算

由前面的分析可知，若 $|1+AF|\gg1$，则有 $|A_F|\approx\dfrac{1}{F}$，此时电路的闭环放大倍数仅取

决于反馈系数 F，我们将这种状态称为深度负反馈。深度负反馈是指反馈深度满足 $|1+AF|\gg1$ 的条件，工程上通常认为 $|1+AF|\gg10$ 时，就算是深度负反馈了。深度负反馈放大电路的放大倍数为

$$A_F = \frac{A}{1+AF} \approx \frac{1}{F} = \frac{X_o}{X_i} \qquad (6-14)$$

又由式(6-2)知

$$\dot{F} = \frac{\dot{X}_F}{\dot{X}_o} \qquad (6-15)$$

联立式(6-14)、式(6-15)，则有

$$\frac{X_o}{X_i} = \frac{X_o}{X_F} \qquad (6-16)$$

即有

$$X_F = X_i \qquad (6-17)$$

通过式(6-17)及图6.2，说明在深度负反馈条件下，由于 $X_F=X_i$，则有 $X_{id}=0$，即净输入量近似为零。对于串联负反馈，在深度负反馈的条件下有 $U_F=U_i$，即有 $U_+=U_-$，将之称为"虚短"；对于并联负反馈，在深度负反馈的条件下有 $I_F=I_i$，即有 $I_{id}=0$，将之称为"虚断"。

深度负反馈放大电路的分析与计算的一般顺序为：先正确判断反馈类型，再求解反馈系数，最后利用反馈系数求解放大倍数。

【例6.6】 电路如图6.29所示，试求该电路在深度负反馈时的闭环电压放大倍数。

解 (1)根据电路组态判别方法，可判断该电路为电流串联负反馈。

(2)电路的反馈系数为

$$F_{ui} = \frac{U_F}{I_o} = -R_E$$

(3)在深度负反馈条件下，电路的闭环放大倍数为

$$A_{uF} = \frac{1}{F_{ui}} = -\frac{1}{R_E}$$

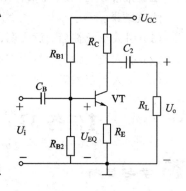

图 6.29 例 6.6 图

【例6.7】 电路如图6.30所示，试求该电路在深度负反馈时的闭环电压放大倍数。

解 (1)根据电路组态判别方法，可判断该电路为电压并联负反馈。

(2)电路的反馈系数为

$$F_{iu} = \frac{I_F}{U_o} = -\frac{1}{R_F}$$

(3)在深度负反馈条件下，电路的闭环放大倍数为

$$A_{uF} = \frac{1}{F_{iu}} = -R_F$$

【例6.8】 电路如图6.31所示，试求该电路在深度负反馈时的闭环电压放大倍数。

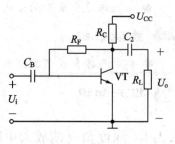

图 6.30 例 6.7 图

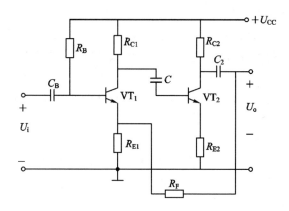

图 6.31　例 6.8 图

解　（1）根据电路组态判别方法，可判断该电路为电压串联负反馈。

（2）输出电压 U_o 经 R_F 和 R_{E1} 分压，则有

$$U_F = \frac{R_{E1}}{R_{E1} + R_F} U_o$$

电路的反馈系数为

$$F_{UU} = \frac{U_F}{U_o} = \frac{R_{E1}}{R_{E1} + R_F}$$

（3）在深度负反馈条件下，闭环放大倍数为

$$A_{uF} = \frac{1}{F_{UU}} = \frac{R_{E1} + R_F}{R_{E1}} = 1 + \frac{R_F}{R_{E1}}$$

6.3.2　工程应用中引入负反馈的考虑原则及方法

放大电路引入负反馈以后，可以改善放大器多方面的性能，而且反馈组态不同，引起的影响不同。所以引入反馈时，应根据不同的目的、不同的要求，引入合适的负反馈组态。

在实际使用时，引入负反馈的一般原则如下：

（1）为了稳定静态工作点，应引入直流负反馈；为了改善电路的动态性能，应引入交流负反馈。

（2）根据信号源的性质引入串联负反馈或者并联负反馈的目的是充分利用信号源或提高信号源的利用率。当信号源为恒压源或内阻较小的电压源时，为增大放大电路的输入电阻，以减小信号源的输出电流和内阻上的压降，应引入串联负反馈。当信号源为恒流源或内阻较大的电流源时，为减小电路的输入电阻，使电路获得更大的输入电流，应引入并联负反馈。

（3）根据负载对放大电路输出量的要求，即负载对其信号源的要求，决定引入电压负反馈或电流负反馈。当负载需要稳定的电压信号时，应引入电压负反馈；当负载需要稳定的电流信号时，应引入电流负反馈。

（4）在需要进行信号变换时，选择合适的组态。若将电流信号转换成电压信号，应引入电压并联负反馈；若将电压信号转换成电流信号，应引入电流串联负反馈；若将电流信号转换成与之成比例的电流信号，应引入电流并联负反馈；若将电压信号转换成与之成比

例的电压信号,应引入电压串联负反馈。

在放大电路中引入适当的负反馈的一般方法如下:

(1)根据需求确定应引入何种组态的负反馈。

(2)根据反馈信号的取样方式(电压反馈或电流反馈)确定反馈信号应由输出回路的哪一点引出。

(3)根据反馈信号与输入信号的叠加方式(串联反馈或并联反馈)确定反馈信号应馈送到输入回路的哪一点。

(4)要注意保证反馈极性是负反馈。

【例6.9】 在图6.32所示电路中要实现以下功能,根据电路判别应分别引入哪种反馈。

(1)提高从第一级端看进去的输入电阻。

(2)输出端接上负载电阻后,输出电压保持不变。

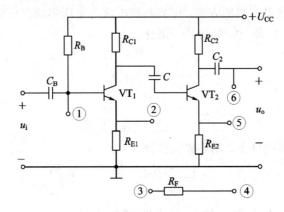

图 6.32　例 6.9 图

解 (1)提高从第一级端看进去的输入电阻,即增大放大电路的输入电阻,所以应引入串联负反馈。

(2)输出端接上负载电阻后,输出电压保持不变,即当负载需要稳定的电压时,应引入电压负反馈。

因此,该电路应该引入电压串联负反馈,也就是由电路中的②和③、④和⑥即可构成电压串联负反馈电路。

小　　结

1. 正反馈和负反馈

按反馈极性来分,反馈有正反馈和负反馈。负反馈使净输入量减小,信号放大倍数减小,但换取了放大电路性能的改善;正反馈使净输入量增大,信号放大倍数也增大,电路不稳定,但可构成振荡电路。判断正、负反馈采用瞬时极性法。

2. 直流反馈和交流反馈

按反馈回路输入端信号的成分来分,反馈有直流反馈和交流反馈。直流负反馈只能稳定静态工作点，交流负反馈能改善放大电路的动态性能。

3. 电压反馈和电流反馈

按反馈网络在输出端的取样来分，反馈有电压反馈和电流反馈。电压负反馈能稳定输出电压，减小输出电阻，提高带负载能力；电流负反馈能稳定输出电流，提高输出电阻。

4. 串联负反馈和并联负反馈

按反馈网络在输入端的连接方式分，反馈有串联负反馈和并联负反馈。串联负反馈使输入电阻增加，并联负反馈使输入电阻减小。

综合反馈网络在输出端的取样及与输入端的连接，负反馈有四种组态：电压并联负反馈、电压串联负反馈、电流并联负反馈和电流串联负反馈。

5. 负反馈对放大电路的影响

直流负反馈可以稳定静态工作点；交流负反馈能稳定放大倍数，扩展通频带，减小非线性失真，抑制内部噪声和干扰，改变放大电路的输入、输出电阻。负反馈越深，性能改善越好，但放大倍数也下降越多。

6. 深度负反馈

在深度负反馈的条件下，可根据放大电路的净输入信号近似等于零(包括净输入电压近似等于零(虚假短路，简称虚短))、净输入电流近似等于零(虚假断路，简称虚断))的基本规律，估算出电路的参数。

习 题 六

6.1 选择题：

(1) 已知交流负反馈有四种组态，选择合适答案填入下列空格内。

A. 电压串联负反馈   B. 电压并联负反馈

C. 电流串联负反馈   D. 电流并联负反馈

① 欲得到电流—电压转换电路，应在放大电路中引入(   )。

② 欲将电压信号转换成与之成比例的电流信号，应在放大电路中引入(   )。

③ 欲减小电路从信号源索取的电流，增大带负载能力，应在放大电路中引入(   )。

④ 欲从信号源获得更大的电流，并稳定输出电流，应在放大电路中引入(   )。

(2) 对于放大电路，所谓开环，是指(   )；而所谓闭环，是指(   )。

A. 无信号源   B. 无反馈通路   C. 无电源

D. 存在反馈通路   E. 接入电源

(3) 在输入量不变的情况下，若引入反馈后(   )，则说明引入的反馈是负反馈。

A. 输入电阻增大   B. 输出量增大   C. 净输入量增大   D. 净输入量减小

(4) 直流负反馈是指(   )。

A. 直接耦合电路中所引入的负反馈   B. 放大直流信号时才有的负反馈

C. 在直流通路中的负反馈

(5) 交流负反馈是指(   )。

A. 阻容耦合电路中所引入的负反馈   B. 放大交流信号时才有的负反馈

C. 在交流通路中的负反馈

(6) 为了使放大器带负载能力强，一般引入（　　）负反馈。

A. 电压　　　　　　　　B. 电流　　　　　　　　C. 串联

(7) 交流负反馈对放大电路性能影响的下列说法中，不正确的是（　　）。

A. 放大倍数增大　　　　　　　　　　　　B. 非线性失真减小

C. 提高放大倍数的稳定性　　　　　　　　D. 扩展通频带

(8) 为提高放大电路的输入电阻、提高输出电压的稳定性，应引入的反馈为（　　）。

A. 电压串联负反馈　　　　　　　　　　　B. 电压并联负反馈

C. 电流串联负反馈　　　　　　　　　　　D. 电流并联负反馈

6.2　判断题：

(1) 只要在放大电路中引入反馈，就一定能使其性能得到改善。（　　）

(2) 放大电路的级数越多，引入的负反馈越强，电路的放大倍数也就越稳定。（　　）

(3) 反馈量仅仅决定于输出量。（　　）

(4) 既然电流负反馈稳定输出电流，那么必然稳定输出电压。（　　）

(5) 在深度负反馈放大电路中，闭环放大倍数 $A_F = 1/F$，它与反馈系数有关，而与放大电路开环时的放大倍数无关，因此基本放大电路的参数无实际意义。（　　）

(6) 若放大电路的负载固定，为使其电压放大倍数稳定，可以引入电压负反馈，也可以引入电流负反馈。（　　）

(7) 负反馈只能改善反馈环路内的放大性能，在反馈环路之外无效。（　　）

(8) 电压负反馈可以稳定输出电压，流过负载的电流也就必然稳定，因此电压负反馈和电流负反馈都可以稳定输出电流，在这一点上电压负反馈和电流负反馈没有区别。（　　）

6.3　已知一个电压串联负反馈放大电路的电压放大倍数 $A_{uF} = 20$，其基本放大电路的电压大倍数 A_u 的相对变化率为 10%，A_{uF} 的相对变化率小于 0.1%，试问：F 和 A_u 各为多少？

6.4　以集成运放作为放大电路，引入合适的负反馈，分别达到下列目的，并要求画出电路图。

(1) 实现电流—电压转换电路；

(2) 实现电压—电流转换电路；

(3) 实现输入电阻高、输出电压稳定的电压放大电路；

(4) 实现输入电阻低、输出电流稳定的电流放大电路。

6.5　判断图 6.33 所示的各个电路的反馈类型。

6.6　已知一个负反馈放大电路的 $A = 10^5$，$F = 2 \times 10^{-3}$。试问：

(1) A_F 为多少？

(2) 若 A 的相对变化率为 20%，则 A_F 的相对变化率为多少？

6.7　反馈放大电路如图 6.34 所示。

(1) 试问：哪些元件构成了反馈网络（交流反馈）？

(2) 判断电路中交流反馈的类型。

(3) 求反馈系数。

反馈判断方法习题

6.8　放大电路如图 6.35 所示，若以 R_F 为反馈支路，可以构成何种组态的反馈？对其进行判别。

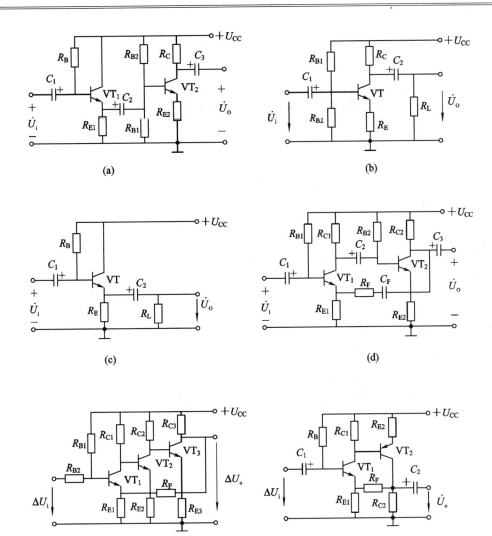

图 6.33　题 6.5 图

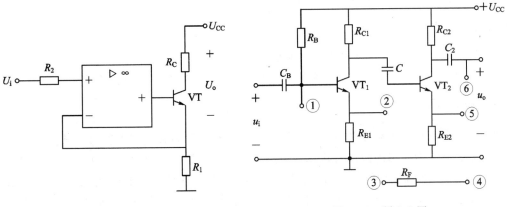

图 6.34　题 6.7 图　　　　　　　　　　　　图 6.35　题 6.8 图

项目七　集成运算放大器

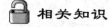学习目标

■ 了解直接耦合放大器中的两个特殊问题。

■ 熟知集成运算放大器的外形和符号，理解其参数。

■ 掌握集成运算放大器的理想特性，理解虚断、虚短的概念。

■ 掌握集成运算放大器的应用知识。

技能目标

■ 学会用两个重要特性分析集成运放电路并会计算。

■ 会用集成运放组成基本运算电路、电压比较器等。

■ 会分析由集成运放构成的运算电路。

■ 熟悉集成运放的典型应用电路及测试方法。

【任务 1】　直接耦合放大器与应用

学习目标

◆ 了解直接耦合放大器中的两个特殊问题。

◆ 理解差分放大电路的组成及特点，清楚抑制零漂的方法。

◆ 理解共模放大倍数和共模抑制比的概念。

技能目标

◆ 熟知零点漂移的含义及产生的主要原因。

◆ 掌握使用差分放大电路双端输入、双端输出时差模放大倍数的计算方法。

相关知识

　　放大器与信号源、负载以及放大器之间采用导线或电阻直接连接的耦合方式称为直接耦合。图 7.1 所示为简单的两级直接耦合电路，VT_1 和 VT_2 通过导线直接相连。直接耦合放大器的特点是低频响应好，可以放大频率为零的直流信号或变化缓慢的交流信号，并且由于电路中没有大容量电容，所以易于将全部电路集成在一片硅片上，构成集成放大电路。它的缺点是在实际使用中会遇到两个基本问题，即前后级电位影响和零点漂移现象。

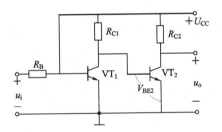

图 7.1　简单的两级直接耦合电路　　　　　　　　直接耦合放大器

7.1.1　直接耦合放大器的两个特殊问题

1. 前后级电位影响

在如图 7.1 所示的两级直接耦合放大电路里，由于 $V_{C1} = V_{BE2} = 0.7\ V$，使 VT$_1$ 工作于接近饱和状态，限制了输出的动态范围。因此，要使直接耦合放大器正常工作，必须解决前后级直流电位的影响。

解决前后级直流电位影响常常使用的方法是在 VT$_2$ 的发射极接一个电阻 R_{E2}，如图 7.2(a)所示，这样 $V_{C1} = V_{BE2} + I_{E2}R_{E2} > V_{BE2} = 0.7\ V$，增大了 VT$_1$ 管的工作范围。调节 R_{E2} 值，可使前后级静态直流电位设置合理。在实际使用中，为了减小 R_{E2} 对放大倍数的影响，常采用稳压管或二极管取代电阻 R_{E2}，如图 7.2(b)所示。

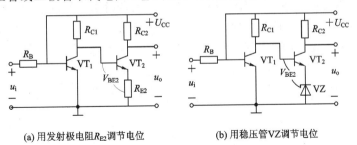

(a) 用发射极电阻R_{E2}调节电位　　　　　　(b) 用稳压管VZ调节电位

图 7.2　解决前后级电位影响所采用的方法

2. 零点漂移现象

1) 零点漂移

把放大电路在输入端短路(即 $U_i = 0$)，输出端会有变化缓慢的电压产生，称为零点漂移现象，简称零漂，如图 7.3 所示。如果有用信号较弱，存在零点漂移现象的直接耦合放大电路中，漂移电压和有效信号电压混杂在一起被逐级放大，当漂移电压大小和有效信号电压相当时，就很难分辨出有效信号的电压；在漂移现象严重的情况下，往往会使有效信号"淹没"，使放大电路不能正常工作。因此，有必要找出产生零漂的原因和抑制零漂的方法。

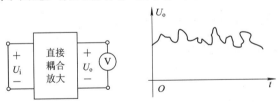

图 7.3　零点漂移现象

2）零点漂移产生的原因

产生零点漂移的原因很多，主要有三个方面：一是电源电压的波动；二是电路元件的老化；三是半导体器件随温度变化而产生变化。实践证明，温度变化是产生零点漂移的主要原因，也是最难克服的因素，这是由于半导体器件的导电性对温度非常敏感，而温度又很难维持恒定，所以往往把零点漂移也称为"温漂"。当环境温度变化时，将引起晶体管参数 U_{BE}、β、I_{CBO} 的变化，从而使放大电路的 Q 点发生变化，而且由于级间耦合采用直接耦合方式，这种变化将逐级放大和传递，最后导致输出端的电压发生漂移。直接耦合放大电路的级数愈多，放大倍数愈大，则零点漂移愈严重。

3）抑制零点漂移的措施

抑制零点漂移常用的措施有以下几种：第一，引入直流负反馈以稳定 Q 点来减小零点漂移；第二，利用热敏元件补偿放大管的零漂；第三，将两个参数对称的单管放大电路接成差分放大电路结构形式，使输出端的零点漂移互相抵消。在直接耦合放大电路中，差分放大电路是最有效的抑制零点漂移的方法。

7.1.2 差分放大电路

1. 电路组成

差分放大电路又叫差动电路，它不仅能有效地放大直流信号，还能有效地减小由于电源波动和晶体管随温度变化而引起的零点漂移，因而获得了广泛的应用，特别是大量地应用于集成运放电路，其常被用作多级放大器的前置级。

基本差动式放大器如图 7.4 所示。图中 VT_1、VT_2 是特性相同的晶体管，电路对称，参数也对称，如 $V_{BE1}=V_{BE2}$，$R_{i1}=R_{i2}=R$，$R_{C1}=R_{C2}=R_C$，$R_{B1}=R_{B2}=R_B$，$\beta_1=\beta_2=\beta$。输入电压 u_i 经 R_{i1}、R_{i2} 分压为相等的 u_{i1} 和 u_{i2} 后分别加到两管的基极（双端输入），输出电压等于两管输出电压之差，即 $u_o=u_{o1}-u_{o2}$（双端输出）。

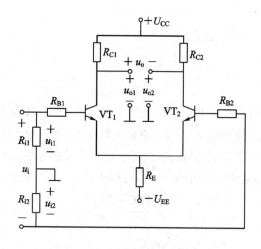

差分放大器

图 7.4　基本差动式放大器

2. 抑制温漂原理

因为左、右两个放大电路完全对称，所以在没有信号的情况下，即输入信号 $u_i=0$ 时，

$u_{o1} = u_{o2}$，因此输出电压 $u_o = 0$，即表明差分放大器具有零输入时零输出的特点。当温度变化时，左、右两个管子的输出电压 u_{o1}、u_{o2} 都要发生变动，但由于电路对称，两管的输出变化量（即每管的零漂）相同，即 $\Delta u_{o1} = \Delta u_{o2}$，则 $u_o = 0$，可见利用两管的零漂在输出端相抵消，从而有效地抑制了零点漂移。电路中 R_E 的主要作用是稳定电路的静态工作点，从而限制每个管子的漂移范围，进一步减小零点漂移。

3. 放大倍数

1）差模放大倍数 A_d

差模信号是指大小相等、极性相反的两个信号。将差模信号加到两个输入端的方式称差模输入。如图 7.4 所示，信号源 u_i 经电阻 R_{i1} 和 R_{i2} 分压，分别在三极管 VT_1 和 VT_2 的基极加上了信号 u_{i1} 和 u_{i2}，且有 $u_{i1} = -u_{i2} = u_i/2$，也就是 $u_i = u_{i1} - u_{i2} = 2u_{i1} = -2u_{i2}$。将三极管 VT_1 和 VT_2 放大，在输出端分别得到输出信号 u_{o1} 和 u_{o2}，且有 $u_{o1} = -u_{o2}$，则电路的总输出信号 $u_o = u_{o1} - u_{o2} = 2u_{o1} = -2u_{o2}$，由此可得到差模放大倍数 A_d 为

$$A_d = \frac{u_o}{u_i} = \frac{2u_{o1}}{2u_{i1}} = \frac{-2u_{o2}}{-2u_{i2}} = A_{u1} = A_{u2} \tag{7-1}$$

由式（7-1）可见，双端输入、双端输出的差分放大电路的差模放大倍数等于单管放大器的放大倍数。

2）共模放大倍数 A_c

共模信号是指大小相等、极性相同的两个信号。将共模信号加到两个输入端的方式称共模输入。如图 7.5 所示，信号源 u_i 直接加载在三极管 VT_1 和 VT_2 的基极上，则有 $u_{i1} = -u_{i2} = u_i$，将三极管 VT_1 和 VT_2 放大，在输出端分别得到输出信号 u_{o1} 和 u_{o2}，且有 $u_{o1} = u_{o2}$，则电路的总输出信号 $u_o = u_{o1} - u_{o2} = 0$，由此可得到共模放大倍数 A_c 为

$$A_c = \frac{u_o}{u_i} = 0 \tag{7-2}$$

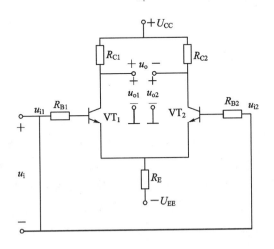

图 7.5　共模放大电路

由式（7-2）可见，共模输入、双端输出的共模放大电路的共模放大倍数等于零，即对共模信号进行了抑制。

4. 共模抑制比 K_{CMR}

为了综合评价差动放大电路对共模信号的抑制能力和对差模信号的放大能力，特别引入了一个叫做共模抑制比（Common-Mode Rejection Ratio）的技术指标，记为 K_{CMR}。所谓共模抑制，是指差模电压放大倍数 A_d 和共模电压放大倍数 A_c 之比的绝对值，即

$$K_{CMR} = \left| \frac{A_d}{A_c} \right| \qquad\qquad (7-3)$$

共模抑制比 K_{CMR} 越大，表明电路抑制共模信号的性能越好，抑制温漂的能力越强。

【例 7.1】 在图 7.5 中，设单管放大器的放大倍数 $A_{u1} = A_{u2} = -40$。

(1) 差分放大器的差模放大倍数 A_d 为多少？

(2) 若已知差分放大器的共模放大倍数 $A_c = 0.04$，求共模抑制比 K_{CMR}。

解 (1) 由公式（7-1）可得

$$A_d = A_{u1} = A_{u2} = -40$$

(2) 由公式（7-3）可得

$$K_{CMR} = \left| \frac{A_d}{A_c} \right| = \left| \frac{-40}{0.04} \right| = 1000$$

【任务 2】　集成运放的种类、选择和使用

学习目标

◆ 熟悉集成电路的概念。

◆ 熟知集成运放的组成和符号。

◆ 了解集成运放的参数及其意义、分类和使用。

技能目标

◆ 能正确识别集成运放的引脚。

◆ 熟悉集成运放的使用注意事项。

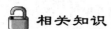 **相关知识**

运算放大器是一个多级的直接耦合的高增益放大电路，因为最早应用于数值的运算，所以称为运算放大电器。所谓集成运算放大器（简称集成运放），是指利用集成工艺，将构成运算放大器的元器件（半导体、电阻、电容等）以及电路的连接导线都集成在同一块半导体硅片上，并封装成一个整体的电子器件。随着集成技术的发展，目前集成运放的应用早已远远超越了数值运算的范围，广泛应用于信号的处理、自动控制、电子测量等领域。

7.2.1　集成电路简介

集成电路（Integrated Circuits，IC）是将半导体、电阻、小电容以及电路的连接导线都集成在一块半导体硅片上，形成一个具有一定功能的电子电路，并封装成一个整体的电子器件。IC 的特点是体积小，重量轻，寿命长，可靠性高，性能好，成本低，便于大规模生

产。常见的集成电路如图 7.6 所示。

图 7.6　常见的集成电路

1. 集成电路的分类

（1）按功能、结构可将集成电路分为模拟集成电路、数字集成电路。模拟集成电路又称线性电路，用来产生、放大和处理各种模拟信号（指幅度随时间连续变化的信号，如半导体收音机的音频信号、录放机的磁带信号等），其输入信号和输出信号成比例关系。而数字集成电路用来产生、放大和处理各种数字信号（指在时间上和幅度上离散取值的信号，如 VCD、DVD 重放的音频信号和视频信号）。

（2）按集成度高低可将集成电路分为小规模集成电路（SSI）、中规模集成电路（MSI）、大规模集成电路（LSI）及超大规模集成电路（VLSI）。例如，数字 IC 的 MSI 中有 $10 \sim 100$ 个等效门，模拟 IC 的 MSI 中含有 $50 \sim 100$ 个元器件。

（3）按导电类型可将集成电路分为双极型和单极型两类。双极型集成电路的制作工艺复杂，功耗较大，代表性的集成电路有 TTL、ECL、HTL、LSTTL、STTL 等。单极型集成电路的制作工艺简单，功耗也较低，易于制成大规模集成电路，代表性的集成电路有 CMOS、NMOS、PMOS 等。

（4）按用途可将集成电路分为电视机用集成电路、音响用集成电路、影碟机用集成电路、录像机用集成电路、电脑（微机）用集成电路、电子琴用集成电路、通信用集成电路、照相机用集成电路、遥控集成电路、语言集成电路、报警器用集成电路及各种专用集成电路。

2. 集成电路的引脚识别

不论是哪种集成电路，其外壳封装上都有供识别引脚排序定位（或称第 1 脚）的标记，如图 7.7 所示。

图 7.7　集成电路引脚标记

一般的 SIP（单列直插式）、DIP（双列直插式）集成电路其引脚的识别方式是：将 IC 正面的字母、型号对着自己，使定位标记朝左下方，则处于最左下方的引脚是第 1 脚，再按逆时针方向依次数引脚，便是第 2 脚、第 3 脚等。

7.2.2　集成运放的组成及符号

1. 集成运放的组成

集成运放一般由四部分组成，即输入级、中间级、输出级和偏置电路，如图 7.8 所示。

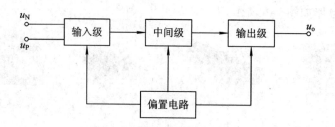

图 7.8 集成运放的组成框图

（1）输入级常用双端输入的差动放大电路来构成，一般要求输入电阻高，差模放大倍数大，抑制共模信号的能力强，静态电流小。输入级的好坏直接影响运放的输入电阻、共模抑制比等参数。

（2）中间级是一个高放大倍数的放大器，常用多级共发射极放大电路组成，该级的放大倍数可达数千乃至数万倍。

（3）输出级具有输出电压线性范围宽、输出电阻小的特点，常用作互补对称输出电路。

（4）偏置电路向各级提供静态工作点，一般为电流源电路。

2. 集成运放的符号

从集成运放的结构可知，运放具有两个输入端 u_P 和 u_N 以及一个输出端 u_o。这两个输入端一个称为同相端 u_P，用符号"＋"表示；另一个称为反相端 u_N，用符号"－"表示。这里同相和反相只是输入电压和输出电压之间的相位关系。若输入电压从同相端 u_P 输入，则输出端 u_o 输出和同相端 u_P 同相位的输出电压；若输入电压从反相端 u_N 输入，则输出端 u_o 输出和反相端 u_N 反相位的输出电压。集成运放的常用符号如图 7.9 所示。其中三角形代表放大器，三角形的箭头代表信号传输的方向，"＋"代表同相输入端"P"，"－"代表反相输入端"N"。

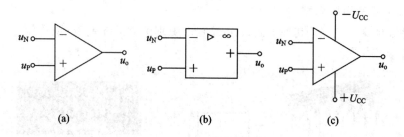

图 7.9 集成运放的常用符号

图 7.9(a)是集成运放的国际符号；表示实际集成运放符号。图 7.9(b)是集成运放的国标符号，表示理想集成运放符号，其中∞表示理想运放的开环放大倍数为无穷大；图 7.9(c)是带有电源引脚的集成运放的国际符号。

从集成运放的符号，可以把它看做一个双端输入、单端输出、具有高差模放大倍数的、高输入电阻、低输出电阻、具有抑制温度漂移能力的放大电路。

7.2.3 集成运放的主要参数

集成运放的参数较多，其中主要参数分为直流参数和交流参数。为了合理地选择和正确使用运放，有必要了解各主要参数的含义。

1. 直流参数

1）输入失调电压 U_{IO}

输入失调电压定义为集成运放输出端电压为零时，两个输入端之间所加的补偿电压。输入失调电压表征电路输入部分不对称的程度，运放的对称程度越好，U_{IO} 越小。输入失调电压与制造工艺有一定关系，一般为毫伏级。

2）输入失调电压的温漂 TCV_{OS}

该参数又叫温度系数，是指在给定的温度范围内，输入失调电压的变化与温度变化的比值。一般运放的输入失调电压温漂在 $\pm 10 \sim 20\ \mu V/℃$ 之间。

3）输入失调电流 I_{IO}

输入失调电流定义为当运放的输出直流电压为零时，其两输入端偏置电流的差值。运放的对称程度越好，I_{IO} 越小。输入失调电流越小，直流放大时中间零点偏移越小，越容易处理。

4）输入失调电流的温漂 TCI_{OS}

该参数是指在给定的温度范围内，输入失调电流的变化与温度变化的比值。

5）输入偏置电流 I_{IB}

输入偏置电流定义为当运放的输出直流电压为零时，其两输入端的偏置电流平均值。一般为微安数量级，I_{IB} 越小越好。

6）开环电压放大倍数 A_{uo}

开环电压放大倍数定义为电路开环情况下，输出电压与输入差模电压之比。由于大多数运放的差模开环直流电压放大倍数一般在数万倍或更多，用数值直接表示不方便，所以一般采用分贝方式记录和比较。一般运放的开环直流电压增益在 $80 \sim 120\ dB$ 之间。

7）最大共模输入电压 U_{icmax}

最大共模输入电压定义为，当运放工作于线性区时，在运放的共模抑制比特性显著变坏时的共模输入电压。

8）最大差模输入电压 U_{idmax}

最大差模输入电压定义为，运放两输入端允许加的最大输入电压差。

9）共模抑制比 K_{CMR}

共模抑制比定义为，电路开环情况下，差模放大倍数 A_d 与共模放大倍数 A_c 之比。K_{CMR} 越大，运放性能越好。其值一般在 $80\ dB$ 以上。

10）输出电压峰峰值 U_{OPP}

输出峰峰值电压定义为，当运放工作于线性区时，在指定的负载下，在当前大电源电压供电时，运放能够输出的最大电压幅度。需要注意的是，运放的输出峰峰值电压与负载有关，负载不同，输出峰峰值电压也不同。

2. 交流参数

1）开环带宽

开环带宽定义为，将一个恒幅正弦小信号输入到运放的输入端，从运放的输出端测得开环电压增益从运放的直流增益下降 $3\ dB$(或是相当于运放的直流增益的 0.707 倍)时所对应的信号频率。

2) **转换速率 SR**

转换速率即运放接成闭环条件下，将一个大信号（含阶跃信号）输入到运放的输入端，从运放的输出端测得运放的输出上升速率，表示运放跟踪输入信号变化快慢的程度，单位是 $V/\mu s$。

3) **开环输入阻抗 r_i**

开环输入阻抗指电路开环情况下，差模输入电压与输入电流之比。r_i 越大，运放性能越好。其值一般在几百千欧至几兆欧。

4) **开环输出阻抗 r_o**

开环输出阻抗指电路开环情况下，输出电压与输出电流之比。r_o 越小，运放性能越好。其值一般在几百欧左右。

5) **建立时间**

建立时间定义为，在额定的负载时，运放的闭环增益为 1 倍条件下，将一个阶跃大信号输入到运放的输入端，使运放输出从 0 增加到某一给定值所需要的时间。

7.2.4　集成运放的种类、选择和使用

1. 集成运放的种类

1) **按制作工艺分类**

按照制作工艺，集成运放分为双极型、CMOS 型和 BiFET 型（混合型）三种。其中，双极型运放功能强，种类多，但是功耗大；CMOS 运放输入阻抗高，功耗小，可以在低电源电压下工作；BiFET 是双极型和 CMOS 型的混合产品，具有双极型运放和 CMOS 运放的优点。

2) **按照工作原理分类**

(1) 电压放大型：输入是电压，输出回路等效成由输入电压控制的电压源，如 F007、LM324 和 MC14573 等产品。

(2) 电流放大型：输入是电流，输出回路等效成由输入电流控制的电流源，如 LM3900。

(3) 跨导型：输入是电压，输出回路等效成输入电压控制的电流源，如 LM3080。

(4) 互阻型：输入是电流，输出回路等效成输入电流控制的电压源，如 AD8009。

3) **按照性能指标分类**

(1) 高输入阻抗型：对于这种类型的运放，要求开环差模输入电阻不小于 1 MΩ，输入失调电压不大于 10 mV。这类运放主要用于模拟调解器、采样-保持电路、有源滤波器中。国产型号 F3030，输入采用 MOS 管，输入电阻高达 10^{12} Ω，输入偏置电流仅为 5 pA。

(2) 低漂移型：这种类型的运放主要用于毫伏级或更低的微弱信号的精密检测、精密模拟计算以及自动控制仪表中。对这类运放的要求是，输入失调电压温漂 $<2\ \mu V/℃$，输入失调电流温漂 $<200\ pA/℃$，$A_{uo} \geqslant 120\ dB$，$K_{CMR} \geqslant 110\ dB$。

(3) 高速型：对于这类运放，要求转换速率 $SR > 30\ V/\mu s$，单位增益带宽 $>10\ MHz$。高速运放用于快速 A/D 和 D/A 转换器、高速采样-保持电路、锁相环精密比较器和视频放

大器中。国产型号有 F715、F722、F3554 等，F715 的 SR＝70 V/μs，单位增益带宽为 65 MHz。国外的 μA – 207 型，SR＝500 V/μs，单位增益带宽为 1 GHz。

（4）低功耗型：对于这种类型的运放，要求在电源电压为 ±15 V 时，最大功耗不大于 6 mW；或要求工作在低电源电压时，具有低的静态功耗并保持良好的电气性能。目前国产型号有 F253、F012、FC54、XFC75 等。其中，F012 的电源电压可低到 1.5 V，$A_{uo}＝$ 110 dB，国外产品的功耗可达到 μW 级，如 ICL7600 在电源电压为 1.5 V 时，功耗为 10 μW。低功耗的运放一般用于对能源有严格限制的遥测、遥感、生物医学和空间技术设备中。

（5）高压型：为得到高的输出电压或大的输出功率，在电路设计和制作上需要解决三极管的耐压、动态工作范围等问题。目前，国产型号有 F1536、F143 和 BG315。其中，BG315 的参数是，电源电压为 48～72 V，最大输出电压大于 40～46 V。

2. 选择和使用

选择运放时尽量选择通用运放，而且是市场上销售最多的品种，只有这样才能降低成本，保证货源。只要满足要求，就不选择特殊运放。

使用集成运放首先要会辨认封装方式，目前常用的封装是双列直插型和扁平型；学会辨认引脚，不同公司的产品引脚排列是不同的，需要查阅手册，确认各个引脚的功能；一定要清楚运放的电源电压、输入电阻、输出电阻、输出电流等参数；集成运放单电源使用时，要注意输入端是否需要增加直流偏置，以便放大正、负两个方向的输入信号；设计集成运放电路时，应该考虑是否增加调零电路、输入保护电路、输出保护电路。

【任务 3】 集成运放的应用

学习目标

◆ 掌握集成运放的理想化特性。
◆ 掌握比例运算、求和运算、减法运算的电路构成和工作原理。
◆ 掌握微分和积分运算的电路构成和工作原理。
◆ 熟悉比较器的构成和分析方法。

技能目标

◆ 会用集成运放搭建基本运算放大器。
◆ 会用集成运放组成电压比较器。
◆ 能根据电路正确选择集成运放。

集成运算放大器特性

相关知识

7.3.1 集成运放应用基础

目前集成运放的应用几乎渗透到电子技术的各个领域，除了完成对信号的加、减、乘、除外，还广泛应用于信号的处理、自动控制、电子测量等领域。在电子电路中，我们常常把集成运放作为一个独立的器件来对待,它已成为电子电路中的基本功能单元电路。集成运放主要工作在频率不高的场合。图7.10所示为集成运放的低频等效电路。

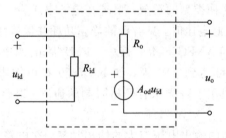

图7.10　集成运放的低频等效电路

1. 理想集成运放的性能指标

由于集成运放具有开环差模电压增益高、输入阻抗高、输出阻抗低及共模抑制比高等特点,实际中为了分析方便,常将它的各项指标理想化。理想集成运放的各项性能指标如下:

(1) 开环电压增益 $A_{od} \approx \infty$。

(2) 差模输入电阻 $R_{id} \approx \infty$。

(3) 输出电阻 $R_{od} \approx 0$。

(4) 共模抑制比 $K_{CMR} \approx \infty$。

(5) 开环带宽 $f_H \approx \infty$。

(6) 输入端的偏置电流 $I_{BN} = I_{BP} = 0$。

(7) 干扰和噪声均不存在。

实际的集成运算放大器虽然不可能达到上面理想化的技术指标,但是,由于集成运算放大器的工艺不断发展,集成运放产品的性能指标越来越趋于理想化,所以,在分析估算集成运算放大器的应用电路时,将实际运放看成理想集成运放,在工程上是允许的。在后面的分析中,若未作特别说明,均将集成运放视为理想集成运放来考虑。

2. 集成运放的线性应用

集成运放的电压传输特性如图7.11所示,它表示了输出电压与输入电压之间的关系。从传输特性可以看出,集成运放的工作范围分为线性区和非线性区。

当工作在线性区时,集成运放的输出电压 u_o 和两个输入电压端的电压差($u_P - u_N$)呈线性关系,即有

$$u_o = A_{od}(u_P - u_N) \qquad (7-4)$$

式中,A_{od} 是集成运放的开环差模电压放大倍数,也就是如图7.11所示的线性区直线的斜率。由于集成运放的开环电压差模放大倍数 A_{od} 很大,因此即使输入毫伏级以下的信号,也足以使输出

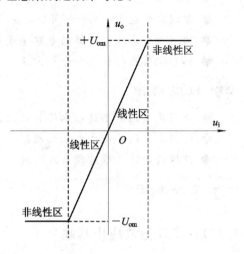

图7.11　集成运放的电压传输特性

电压饱和，从而无法实现线性放大。所以，要使集成运放工作在线性区，通常要引入深度电压负反馈。这是运放线性应用时电路结构的共同特点。

1）虚短

在集成运放的线性区，输入、输出电压的关系式(7-4)所示，又由集成运放的性能指标知道 $A_{od} \approx \infty$，由式(7-4)可得

$$u_P - u_N = \frac{u_o}{A_{od}} \approx 0$$

即有

$$u_P = u_N \qquad\qquad (7-5)$$

式(7-5)表明，集成运放同相输入端和反相输入端两处的电压相等，就如同这两处之间短路一样。但这两处明显并没有真正短路，故将其称为"虚假短路"，简称为"虚短"。

实际的集成运放的 A_{od} 不为 ∞，因此 u_P 和 u_N 不可能完全相等，但是当 A_{od} 足够大时，$u_P - u_N$ 的值会非常小，与电路中的其他电压相比，可以忽略不计。例如当 $u_o = 1\ V$ 时，若 $A_{od} = 10^6$，则 $u_P - u_N = 0.1\ mV$，若 $A_{od} = 10^8$，则 $u_P - u_N = 0.1\ \mu V$，可见在 u_o 为定值时，A_{od} 越大，$u_P - u_N$ 的值越小，也就是 $u_P - u_N$ 越趋近于 0，可视为"虚短"。

2）虚断

由于运算放大器的输入电阻 $R_{id} \approx \infty$，且 $u_P - u_N \approx 0$，因此可认为两个输入端的输入电流为 0，即

$$i_P = i_N = 0 \qquad\qquad (7-6)$$

此时，集成运放的同相输入端和反相输入端的电流都等于零，两个输入端如同断开一样，但实际上并未真正断路，故将其称为"虚假断路"，简称为"虚断"。

"虚短"和"虚断"在集成运放各种线性应用电路中运用，是两个非常重要的结论，可以大大简化分析计算过程，因此必须牢固掌握并能熟练应用。

3. 集成运放的非线性应用

从图 7.11 所示的传输特性可以看出，在非线性工作区，集成运放的输入信号超出了线性放大的范围，输出电压不再随输入电压线性变化，而将处于饱和状态，输出电压为正向饱和压降 $+U_{om}$（正向最大输出电压）或负向饱和压降 $-U_{om}$（负向最大输出电压）。

集成运算放大器处于非线性工作状态时，有两个重要的特点：

（1）输出电压只有两种状态，不是正向饱和电压 $+U_{om}$，就是负向饱和电压 $-U_{om}$，即有

- 当同相端电压大于反相端电压，也就是 $u_P > u_N$ 时，$u_o = +U_{om}$；
- 当同相端电压小于反相端电压，也就是 $u_P < u_N$ 时，$u_o = -U_{om}$；
- 当同相端电压等于反相端电压，也就是 $u_P = u_N$ 时，输出电压发生跳转，从 $+U_{om}$ 跳到 $-U_{om}$ 或从 $-U_{om}$ 跳到 $+U_{om}$。

（2）由于集成运放的输入电阻 $R_{id} \approx \infty$，工作在非线性区的集成运放的净输入电流仍然近似为 0，即 $I_P = I_N \approx 0$，因此"虚断"的概念仍然成立。而在非线性区，集成运放工作在开环状态或外接正反馈，所以"虚短"不再适用。

可见工作在非线性区的集成运放只有两种输出状态 $+U_{om}$ 或 $-U_{om}$，分别将这两种状态称为输出高电平与输出低电平。

7.3.2 基本运算电路

由集成运放的传输特性可以看出，其线性范围很窄，且集成运算放大器的开环放大倍数很大，所以为了让其能在比较大的输入电压范围内工作在线性区，常常引入深度负反馈以降低运放的放大倍数。集成运算放大器工作在线性区时，可组成信号运算电路，常见的有比例运算电路、和差电路、积分电路和微分电路。

1. 比例运算电路

比例运算电路的输出电压和输入电压之间存在着一定的比例关系，常见的比例运算电路包括反相比例运算电路和同相比例运算电路，它们是最基本的运算电路，也是组成其他各种运算电路的基础。

反相比例运算电路

1) 反相比例运算电路

反相比例运算电路又叫反相放大器，其电路如图 7.12 所示。图中输入信号 U_i 经电阻 R_1 加到运放的反相输入端，而同相输入端通过电阻 R_2 接地。反馈电阻 R_F 跨接在输出端和反相输入端之间，形成了深度电压并联负反馈。

集成运放的同相输入端和反相输入端在实际电路中是差模放大电路的基极，为了使差分对管的参数保持对称，避免运放输入偏置电流在两输入端之间产生附加差动输入电压，要求两输入端对地电阻相等，通常选择电阻 R_2 的阻值为

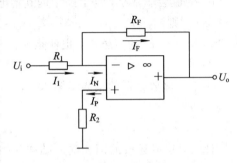

图 7.12 反相比例运算电路

$$R_2 = R_1 \mathbin{/\mkern-5mu/} R_F \tag{7-7}$$

所以把电阻 R_2 称为平衡电阻。

由图 7.12 可知，在同相输入端 u_P，由于输入电流 $I_P=0$，R_2 上压降也为零，即 $u_P = I_P R_2 = 0$，又由式(7-5)，即"虚短"，可得到

$$u_N = u_P = 0 \tag{7-8}$$

由式(7-8)可以看出，集成运放的反相端的电位也为零，相当于接地，但事实上并非真正接地，我们称它为"虚假接地"，简称"虚地"。"虚地"是"虚短"的特例，是反相输入的运放线性应用电路的共同特点。

由式(7-6)即"虚断"可得 $i_P=i_N=0$，则有

$$i_1 = i_F = 0 \tag{7-9}$$

又

$$i_1 = \frac{u_i - u_N}{R_1} \approx \frac{u_i}{R_1}, \; i_F = \frac{u_N - u_o}{R_F} \approx -\frac{u_o}{R_F}$$

由此得出

$$u_o = -\frac{R_F}{R_1} u_i \tag{7-10}$$

式(7-10)表明，输出电压与输入电压呈比例关系，其比例系数是 $-R_F/R_1$，式中的负号表示输出电压与输入电压反相位。

作为一个放大器，该电路的闭环电压放大倍数、输入电阻和输出电阻分别为

$$A_{uF} = \frac{u_o}{u_i} = -\frac{R_F}{R_1} \tag{7-11}$$

$$R_{iF} = \frac{u_i}{i_1} = R_1 \tag{7-12}$$

$$R_{oF} = \infty \tag{7-13}$$

当反馈电阻等于输入电阻时，有 $A_{uF} = -\dfrac{R_F}{R_1} = -1$，即有 $u_o = -u_i$，将此电路称为反相器，电路如图 7.13 所示。

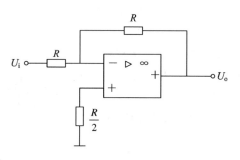

图 7.13　反相器

综上所述，该电路的特点是：

（1）该电路是一个深度的电压并联负反馈电路，输出电阻小，近似为零，因此带负载能力强。

（2）在理想情况下，反相输入端为"虚地"。这是反相输入运放电路的共同特点。

（3）电压放大倍数 $A_{uF} = -\dfrac{R_F}{R_1}$，即输出电压与输入电压成正比，但相位相反。也就是说，电路实现了反相比例运算。

2）同相比例运算电路

同相比例运算电路如图 7.14 所示，图中输入信号 U_i 经电阻 R_2 加到运放的同相输入端，而反相输入端通过电阻 R_1 接地。反馈电阻 R_F 跨接在输出端和反相输入端之间，形成了深度电压串联负反馈。R_2 仍是平衡电阻，即有 $R_2 = R_1 /\!/ R_F$。

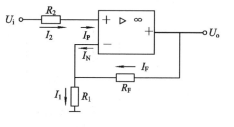

图 7.14　同相比例运算电路

根据集成运放工作在线性区时的"虚短"和"虚断"的特点，由图 7.14 可得

$$u_N = u_P = u_i \tag{7-14}$$

$$I_1 = I_F \tag{7-15}$$

又由基尔霍夫电流定律可知

$$i_1 = \frac{u_N}{R_1} \tag{7-16}$$

$$i_F = \frac{u_o - u_N}{R_F} \tag{7-17}$$

同相比例运算电路

联立以上各式得出

$$u_o = \left(1 + \frac{R_F}{R_1}\right) u_i \tag{7-18}$$

式(7-18)表明，输出电压与输入电压成比例关系，其比例系数是 $1 + \frac{R_F}{R_1}$，且输出电压与输入电压同相位。

该电路的闭环电压放大倍数、输入电阻和输出电阻分别为

$$A_{uF} = \frac{u_o}{u_i} = 1 + \frac{R_F}{R_1} \tag{7-19}$$

$$R_{iF} \approx \infty \tag{7-20}$$

$$R_{oF} = 0 \tag{7-21}$$

综上所述，同相比例运算电路具有如下特点：

（1）同相比例运算电路是一个深度的电压串联负反馈电路。

（2）因为 $u_N = u_P = u_i$，所以不存在"虚地"现象。

（3）电压放大倍数 $A_{uF} = 1 + \frac{R_F}{R_1}$，即输出电压与输入电压成正比，且二者相位相同，实现了同相比例运算。

（4）当 $R_F = 0$ 或 $R_1 = \infty$ 时，有 $A_{uF} = 1$，即 $u_o = u_i$，我们把它称为电压跟随器。其电路如图 7.15 所示。

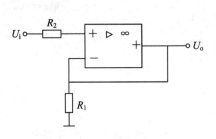

图 7.15　电压跟随器

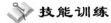 **技能训练**

反相比例运算仿真测试电路如图 7.16 所示。

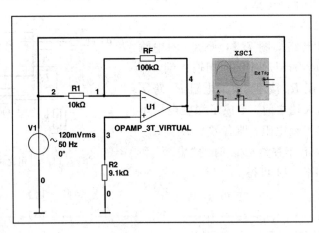

图 7.16　反相比例运算仿真测试电路

测试步骤如下：

（1）按照图 7.16 所示搭建好仿真电路。

（2）打开仿真开关，用示波器观测输入、输出波形，并估算电压放大倍数。

测试结果:输出电压与输入电压相位_____(反相/同相);电压放大倍数_____(与 R_F 和 R_i 无关/取决于 R_F 和 R_i),并且等于_____。

2. 和差电路

1)加法运算电路

输出电压与若干个输入电压之和成正比的电路称为加法运算电路,也称为求和电路。它有反相输入和同相输入两种。

(1)反相输入。

反相输入加法运算电路如图 7.17 所示。两个输入信号 U_{i1}、U_{i2} 分别通过电阻 R_1 和 R_2 加到运放的反相输入端,R' 为平衡电阻,要求 $R' = R_1 /\!/ R_2 /\!/ R_F$,$R_F$ 引入深度电压并联负反馈。

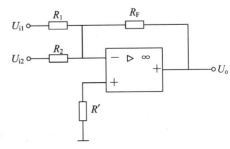

图 7.17 反相输入加法运算电路

由于集成运放工作在线性区,根据叠加定理,当 U_{i1} 单独作用时,电路如图 7.18 所示,此时的电路就是一个反相比例运算电路,根据式(7−10)则有

$$U_{o1} = -\frac{R_F}{R_1}U_{i1} \qquad (7-22)$$

当 U_{i2} 单独作用时,电路如图 7.19 所示,则有

$$U_{o2} = -\frac{R_F}{R_2}U_{i2} \qquad (7-23)$$

反相输入加法运算

那么当 U_{i1}、U_{i2} 共同作用时的输出电压为

$$U_o = -\left(\frac{R_F}{R_1}U_{i1} + \frac{R_F}{R_2}U_{i2}\right) \qquad (7-24)$$

当取电阻 $R_F = R_1 = R_2$ 时,有

$$U_o = -(U_{i1} + U_{i2}) \qquad (7-25)$$

即实现了反相加法运算。

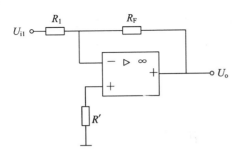

图 7.18 U_{i1} 单独作用时的电路

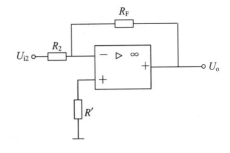

图 7.19 U_{i2} 单独作用时的电路

(2)同相输入。

同相输入加法运算电路如图 7.20 所示。两个输入信号 U_{i1}、U_{i2} 均加至运放的同相输入端,R_F 引入了深度电压串联负反馈。根据叠加定理,当 U_{i1} 单独作用时,电路如图 7.21(a)所示,它就是一个不同于图 7.14 所示的同相比例运算电路,不同之处在于此电路的同相端

电压 U_P 有所变化。

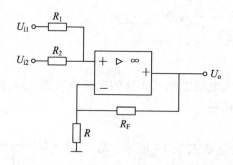

图 7.20　同相输入加法运算电路

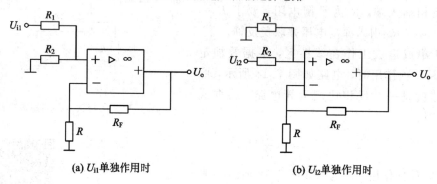

(a) U_{i1} 单独作用时　　　　　　　　(b) U_{i2} 单独作用时

图 7.21　U_{i1} 和 U_{i2} 分别单独作用时的等效电路

设 U_{i1} 单独作用，由图 7.21(a)可求得此时同相端电压为

$$U_{P1} = \frac{R_2}{R_1 + R_2} U_{i1}$$

设 U_{i2} 单独作用，由图 7.21(b)可求得同相端电压为

$$U_{P2} = \frac{R_1}{R_1 + R_2} U_{i2}$$

运用叠加原理，同相端总的输入电压为

$$U_P = U_{P1} + U_{P2} = \frac{R_2}{R_1 + R_2} U_{i1} + \frac{R_1}{R_1 + R_2} U_{i2} \tag{7-26}$$

又由式(7-18)得知，输出电压 u_o 与同相输入端电压 u_P 的运算关系为

$$u_o = \left(1 + \frac{R_F}{R_1}\right) u_P$$

将式(7-26)带入上式中得到

$$U_o = \left(1 + \frac{R_F}{R_1}\right)\left(\frac{R_2}{R_1 + R_2} U_{i1} + \frac{R_2}{R_1 + R_2} U_{i2}\right) \tag{7-27}$$

为了方便起见，常常取 $R_1 = R_2$，$R_F = R_1$，则有

$$U_o = \left(1 + \frac{R_F}{R_1}\right)\left(\frac{1}{2} U_{i1} + \frac{1}{2} U_{i2}\right) = U_{i1} + U_{i2} \tag{7-28}$$

即实现了同相加法运算。

同相加法运算电路各电阻值的选取必须考虑平衡条件，当需要调整某一电阻时，必须同时改变其他电阻，以保证输入端的平衡，故电路的调试比较麻烦。

2）减法运算电路

　　输出电压与若干个输入电压之差成比例的电路称为减法运算电路，也称为差动运算电路。减法运算电路如图 7.22 所示，两个输入信号分别加到了同相输入端和反相输入端。

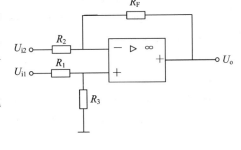

　　设 U_{i2} 单独作用，此时电路等效为一反相比例运算电路，输出电压为

$$U_{o2} = -\frac{R_F}{R_2}U_{i2}$$

图 7.22　减法运算电路

　　设 U_{i1} 单独作用，则电路等效为一同相比例运算电路，输出电压为

$$U_{o1} = \left(1 + \frac{R_F}{R_2}\right)U_P = \left(1 + \frac{R_F}{R_2}\right)\frac{R_3}{R_1 + R_3}U_{i1}$$

则输出电压为

$$U_o = U_{o1} + U_{o2} = \left(1 + \frac{R_F}{R_2}\right)\frac{R_3}{R_1 + R_3}U_{i1} - \frac{R_F}{R_2}U_{i2} \quad (7-29)$$

　　当取 $R_1 = R_3$，$R_F = R_2$ 时

$$U_o = U_{i1} - U_{i2} \quad (7-30)$$

即实现了同相加法运算。

减法运算电路

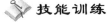 技能训练

　　加法运算仿真测试电路如图 7.23 所示，电路中 R_1、R_2 和 R_F 均为 30 kΩ。减法运算仿真测试电路如图 7.24 所示，电路中的电阻参数如图所示。

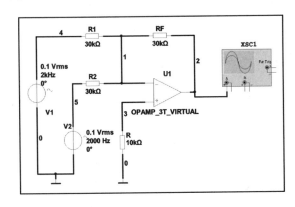

图 7.23　加法运算仿真测试电路

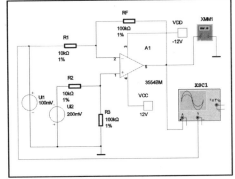

图 7.24　减法运算仿真测试电路

测试步骤如下：

（1）按照图 7.23 所示搭建好仿真电路。

（2）接入 U_1 为 0.1 V、2 kHz 的正弦波信号，不接 U_2。

（3）用示波器观测输入、输出波形。

　　测试结果：输出电压与输入电压相位＿＿＿＿＿＿；电压放大倍数与 R_F/R_1 值＿＿＿＿＿＿＿＿。

（4）保持步骤（3），将 R_F 改为 120 kΩ。

测试结果：电压放大倍数与 R_F/R_1 值 _____ 。

（5）接入 U_1 和 U_2 均为 0.1 V、2 kHz 的正弦波信号，用示波器观察输出电压和输入电压波形，画出各波形并记录。

结论：该电路 _____ 实现输入电压相加（$u_o=(U_1+U_2)$），且输出电压相对于输入电压相位是 _____ 。

（6）按照图 7.24 所示搭建好仿真电路。

（7）接入 U_{i1} 和 U_{i2} 的正弦波信号，用示波器观察输出电压和输入电压波形，画出各波形并记录。

结论：该电路 _____（能/不能）实现输入电压相减（$u_o=U_{i2}-U_{i1}$）。

3. 积分电路和微分电路

1）积分电路

积分电路可以完成对输入电压的积分运算，即其输出电压与输入电压的积分成正比。积分电路和反相比例运算电路的构成比较相似，用电容 C（在此假设电容 C 上的初始电压为零）来替换 R_F 作为反馈元件就构成了积分运算电路，如图 7.25 所示。

对于反相输入端，由"虚地"可得到

$$I_1 = \frac{U_i}{R} \qquad (7-31)$$

$$I_C = C\frac{dU_C}{dt} = -C\frac{dU_o}{dt} \qquad (7-32)$$

又由"虚断"可得到

$$I_1 = I_C \qquad (7-33)$$

联立式（7-31）、式（7-32）、式（7-33）有

$$U_o = -\frac{1}{RC}\int U_i dt \qquad (7-34)$$

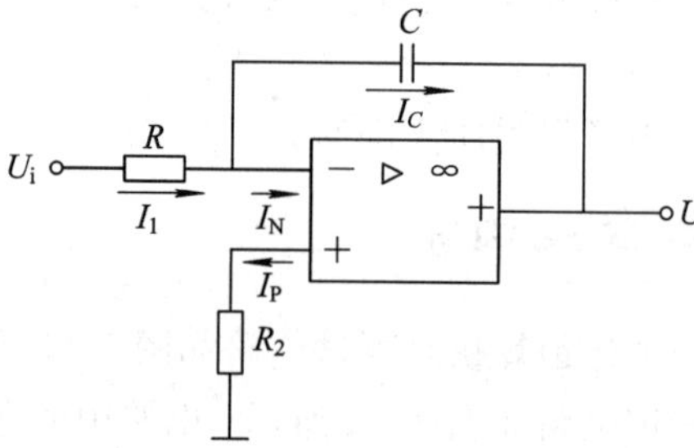

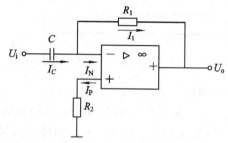

图 7.25　积分运算电路

式（7-34）表明，输出电压 U_o 是输入电压 U_i 对时间的积分，式中负号表示 U_o 与 U_i 反相位。

由于同相积分电路的共模输入分量大，积分误差大，所以实际使用场合很少。

2）微分电路

微分运算电路如图 7.26 所示。与积分电路比较，可以明显看出二者的不同之处是将 R 和 C 交换了位置。由于"虚地"的特点，可得到

$$I_C = C\frac{dU_C}{dt} = C\frac{dU_i}{dt} \qquad (7-35)$$

$$I_1 = -\frac{U_o}{R_1} \qquad (7-36)$$

由"虚断"可得到

$$I_1 = I_C \qquad (7-37)$$

联立式（7-35）、式（7-36）、式（7-37）有

$$U_o = -RC\frac{dU_i}{dt} \qquad (7-38)$$

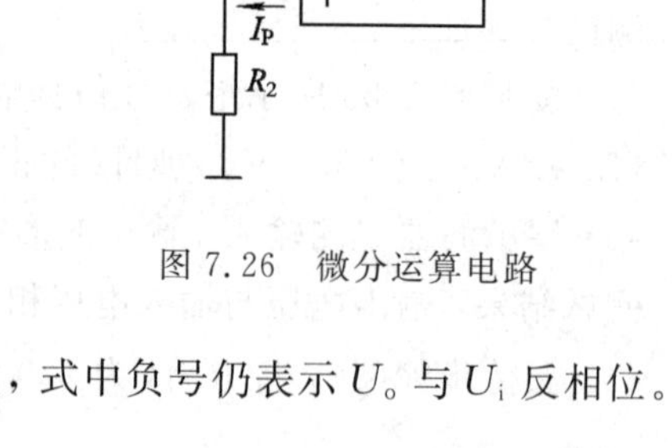

图 7.26　微分运算电路

即输出电压 U_o 与输入电压 U_i 对时间的微分成正比，式中负号仍表示 U_o 与 U_i 反相位。

由于微分电路的抗干扰能力较差，工作时稳定性不高，所以很少应用。

 技能训练

积分、微分运算的仿真测试电路如图 7.27 和图 7.28 所示，电路中参数如图中所示。

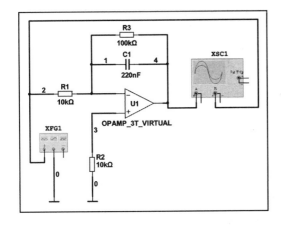 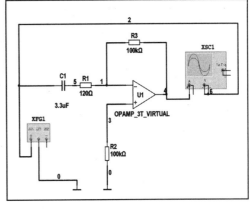

图 7.27　积分运算的仿真测试电路　　　图 7.28　微分运算的仿真测试电路

测试步骤如下：

（1）按照图 7.27 所示搭建好仿真电路，并在 C_1 两端并接一个 100 kΩ 电阻，引入负反馈并启动电路，该电阻取值应尽可能大，也不宜过大。

（2）接入信号（XFG1）为 100 mV、1 kHz 的方波信号，用示波器同时观察输出、输入电压波形。

测试结果：输入电压波形为_____，而输出电压波形为_____，因此该电路_____（能/不能）实现积分运算。

（3）按照图 7.28 接好微分电路，并在电容 C_1 支路中串接一个 120 Ω 的电阻，用来防止产生过冲响应。

（4）接入信号（XFG1）为 100 mV、1 kHz 的三角波信号，用示波器同时观察输出、输入电压波形。

测试结果：输入电压波形为_____，而输出电压波形为_____，因此该电路_____（能/不能）实现微分运算。

【例 7.2】　求图 7.29 所示电路中 u_o 与 u_{i1}、u_{i2} 的关系。

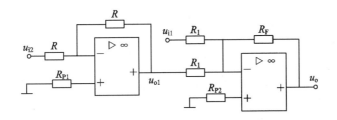

集成运算放大器应用

图 7.29　例 7.2 图

解　电路由第一级的反相器和第二级的加法运算电路级联而成，因此有

$$u_{o1} = -u_{i2}, \quad u_o = -\left(\frac{R_F}{R_1}u_{i1} + \frac{R_F}{R_2}u_{o1}\right) = \frac{R_F}{R_2}u_{i2} - \frac{R_F}{R_1}u_{i1}$$

【**例7.3**】 求图7.30所示电路中 u_o 与 u_{i1}、u_{i2} 的关系。

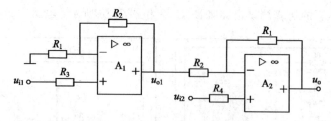

图7.30 例7.3图

解 电路由第一级的同相比例运算电路和第二级的减法运算电路级联而成,因此有

$$u_{o1} = \left(1 + \frac{R_2}{R_1}\right)u_{i1}$$

$$u_o = -\frac{R_1}{R_2}u_{o1} + \left(1 + \frac{R_1}{R_2}\right)u_{i2} = -\frac{R_1}{R_2}\left(1 + \frac{R_2}{R_1}\right)u_{i1} + \left(1 + \frac{R_1}{R_2}\right)u_{i2} = \left(1 + \frac{R_1}{R_2}\right)(u_{i2} - u_{i1})$$

【**例7.4**】 试用两级运算放大器设计一个加减运算电路,实现以下运算关系:

$$u_o = 10u_{i1} + 20u_{i2} - 8u_{i3}$$

解 由题中给出的运算关系可知 u_{i3} 与 u_o 反相,而 u_{i1} 和 u_{i2} 与 u_o 同相,故可用反相加法运算电路(如图7.31所示)将 u_{i1} 和 u_{i2} 相加后,再与 u_{i3} 反相相加,从而可使 u_{i3} 反相一次(如图7.32所示),而 u_{i1} 和 u_{i2} 反相两次。因此有

$$u_{o1} = -\left(\frac{R_{F1}}{R_1}u_{i1} + \frac{R_{F1}}{R_2}u_{i2}\right)$$

$$u_o = -\left(\frac{R_{F2}}{R_4}u_{i3} + \frac{R_{F2}}{R_5}u_{o1}\right)$$

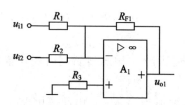

图7.31 例7.4图(1)

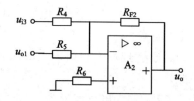

图7.32 例7.4图(2)

将 u_{o1} 的计算式代入上式后得

$$u_o = \frac{R_{F2}}{R_5}\left(\frac{R_{F1}}{R_1}u_{i1} + \frac{R_{F1}}{R_2}u_{i2}\right) - \frac{R_{F2}}{R_4}u_{i3}$$

将图7.31和图7.32合并便可得到图7.33。

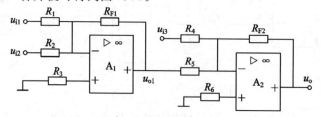

图7.33 例7.4图(3)

而题目要实现 $u_o = 10u_{i1} + 20u_{i2} - 8u_{i3}$，因此根据题中的运算要求设置各电阻阻值间的比例关系：

$$\frac{R_{F2}}{R_5} = 1, \frac{R_{F1}}{R_1} = 10, \frac{R_{F1}}{R_2} = 20, \frac{R_{F2}}{R_4} = 8$$

若选取 $R_{F1} = R_{F2} = 100 \text{ k}\Omega$，则可求得其余各电阻的阻值分别为

$$R_1 = 10 \text{ k}\Omega, R_2 = 5 \text{ k}\Omega, R_4 = 12.5 \text{ k}\Omega, R_5 = 100 \text{ k}\Omega$$

平衡电阻 R_3、R_6 的值分别为

$$R_3 = R_1 \ /\!/ \ R_2 \ /\!/ \ R_{F1} = 10 \ /\!/ \ 5 \ /\!/ \ 100 \approx 3.23 \text{ k}\Omega$$

$$R_6 = R_4 \ /\!/ \ R_5 \ /\!/ \ R_{F2} = 12.5 \ /\!/ \ 100 \ /\!/ \ 100 = 10 \text{ k}\Omega$$

7.3.3　电压比较器

电压比较器用来比较输入信号与参考电压(往往取固定不变的电压)的大小。当两者幅度相等时输出电压产生跃变，由高电平变成低电平，或者由低电平变成高电平，由此来判断输入信号的大小和极性。它常常用在数/模转换、数字仪表、自动控制和自动检测等技术领域，以及波形产生及变换等场合。

当利用集成运算放大器来组成电压比较器时，集成运放通常工作在非线性区，故应根据集成运放工作在非线性区时的两个重要特点来分析电路。

常用的电压比较器有单门限电压比较器、滞回电压比较器和双限电压比较器等。

1. 单门限电压比较器

简单电压比较器通常只含有一个运放，而且多数情况下，运放是开环工作的。由于它只有一个门限电压，所以又称为单门限电压比较器。它常用于检测输入信号的电平是否大于或小于某一特定的值，故又称为电平检测器。

单门限电压比较器

1) 比较器的阈值

比较器的输出状态发生跳变的时刻，所对应的输入电压值叫做比较器的阈值电压(简称阈值)，或叫门限电压(简称门限)，记作 U_{TH}。

2) 比较器的传输特性

比较器的输出电压 U_o 与输入电压 U_i 之间的对应关系叫做比较器的传输特性，它可用曲线表示，如图 7.34 所示，也可用方程式表示。

当 $U_i > U_{TH}$ 时，$U_o = -U_{om}$；

当 $U_i < U_{TH}$ 时，$U_o = +U_{om}$；

当 $U_i = U_{TH}$ 时，输出电压发生跳变，从 $+U_{om}$ 跳到 $-U_{om}$ 或从 $-U_{om}$ 跳到 $+U_{om}$。

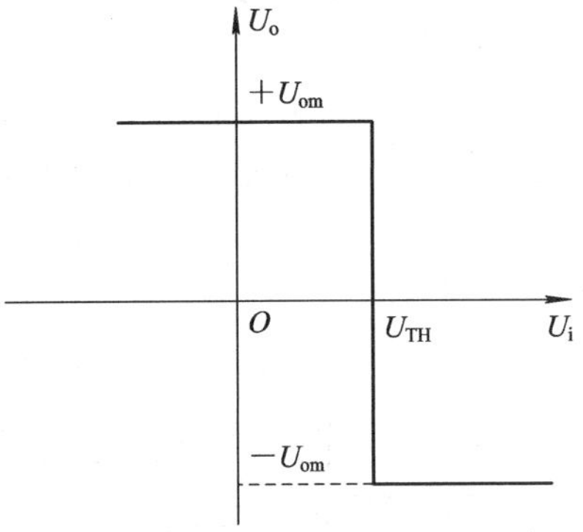

图 7.34　比较器的传输特性

3) 比较器的组态

若输入电压 U_i 从运放的反相端输入，则称为反相比较器；若输入电压 U_i 从运放的同相端输入，则称为同相比较器。图 7.35 所示为反相输入式比较器。

由图 7.35 可见，参考电压 U_R 即该电路的门限电压，即有 $U_{TH} = U_R$。

利用基本单门限电压比较器,可以实现波形变换,将正弦波信号或其他周期性波形变换成同频率的矩形波或方波信号。图 7.36 所示为将正弦波变为矩形波。

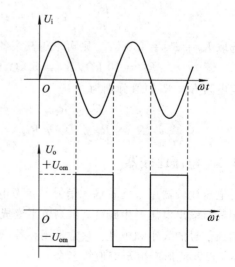

图 7.36　正弦波变为矩形波

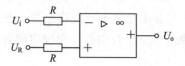

图 7.35　反相输入式比较器

如果参考电压为 0 V,这时的比较器称为过零比较器。当过零比较器的输入信号 U_i 为正弦波时,输出电压 U_o 为正、负宽度相同的矩形波,即方波。

2. 滞回电压比较器

单门限电压比较器具有结构简单、灵敏度高的优点,但它的抗干扰能力较差。如果输入信号在门限值附近有微小干扰,则输出电压将会产生相应的抖动,如果用此电压去控制电机等设备,将会出现操作错误,造成不可估量的损失。其解决办法是采用滞回电压比较器。

滞回电压比较器及其传输特性曲线如图 7.37 所示,该电路为反相滞回比较器。它将输出电压通过电阻 R_F 再反馈到同相输入端,引入了电压串联正反馈。滞回电压比较器接有正反馈回路,所以工作于非线性状态。根据集成运放工作在非线性区的两个重要特点可知,输出电压发生跳变的临界条件是 $U_P = U_N$。由图可见,$U_N = U_i$,同相输入端的电压 U_P 由参考电压 U_R 和输出电压 U_o 共同决定,可应用叠加定理分别求出 U_P 的两种工作状态。

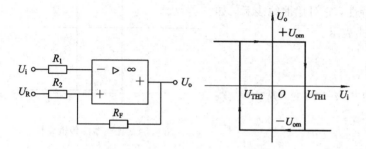

图 7.37　反相滞回比较器及其传输特性曲线

滞回电压比较器

当输出电压正向饱和,即 $U_o = +U_{om}$ 时,U_P 的电压称为上门限电压,用 U_{TH1} 表示,

则有

$$U_{TH1} = U_R \frac{R_F}{R_2 + R_F} + U_{om} \frac{R_2}{R_2 + R_F} \qquad (7-39)$$

当输出电压反向饱和，即 $U_o = -U_{om}$ 时，U_P 的电压称为下门限电压，用 U_{TH2} 表示，则有

$$U_{TH2} = U_R \frac{R_F}{R_2 + R_F} - U_{om} \frac{R_2}{R_2 + R_F} \qquad (7-40)$$

显然，有 $U_{TH2} < U_{TH1}$。假设 U_i 为负电压且足够小，运放必然工作在正向饱和状态，$U_o = +U_{om}$，此时 $U_P = U_{TH1}$。随着 U_i 逐渐增大，只要 $U_i < U_{TH1}$，则输出电压 $U_o = +U_{om}$ 将保持高电平不变。当输入信号 U_i 渐渐增大到 $U_i = U_{TH1}$ 时，输出电压由 $+U_{om}$ 翻转到 $-U_{om}$，同时运放同相端电压变为 U_{TH2}。若 U_i 继续增大，输出电压不变，保持 $-U_{om}$，则传输特性曲线如图 7.38(a) 所示。

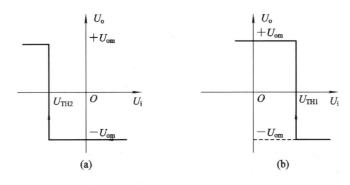

图 7.38　反相滞回比较器传输特性曲线

要使运放状态再次发生翻转，必须减小 U_i，若 U_i 开始下降，U_o 保持 $-U_{om}$ 值，则运放同相端对地电压等于 U_{TH2}，即使 U_i 达到 U_{TH1}，因为 U_i 仍大于 U_{TH2}，所以输出电压不变。当 U_i 降至 U_{TH2} 时，输出电压由 $-U_{om}$ 翻转回 $+U_{om}$，U_P 重新增大到 U_{TH1}，传输特性曲线如图 7.38(b) 所示。将图 7.38 的 (a)、(b) 两个特性合并在一起，就构成了如图 7.37 所示的迟滞电压比较器的电压传输特性。

我们将上门限电压 U_{TH1} 和下门限电压 U_{TH2} 之差 $\Delta U_{TH} = U_{TH1} - U_{TH2}$ 称为回差。回差电压的存在，可大大提高电路的抗干扰能力，回差电压越大，电路的抗干扰能力越强，但灵敏度越差。

【例 7.5】　如图 7.37 所示电路，已知集成运放输出的正、负向饱和电压为 ± 9 V，$R_1 = 10$ kΩ，$R_2 = 10$ kΩ，$R_F = 20$ kΩ，$U_R = 9$ V。

(1) 求出回差电压 ΔU_{TH}；

(2) 请根据图 7.39(a) 所示输入电压波形，画出输出电压波形。

解　输出电压正向饱和时，根据式 (7-39) 可求得上门限电压 U_{TH1} 为

$$U_{TH1} = U_R \frac{R_F}{R_2 + R_F} + U_{om} \frac{R_2}{R_2 + R_F} = 9 \times \frac{20}{30} + 9 \times \frac{10}{30} = 9 \text{ V}$$

输出电压反向饱和时，根据式 (7-40) 可求得下门限电压 U_{TH2} 为

$$U_{TH2} = U_R \frac{R_F}{R_2 + R_F} - U_{om} \frac{R_2}{R_2 + R_F} = 9 \times \frac{20}{30} - 9 \times \frac{10}{30} = 3 \text{ V}$$

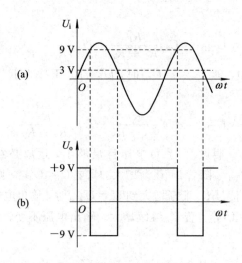

图 7.39　滞回比较器波形变换

回差电压为

$$\Delta U_{TH} = U_{TH1} - U_{TH2} = 9 - 3 = 6 \text{ V}$$

由图 7.39(a)所示的输入电压波形，可画出输出电压波形，如图 7.39(b)所示。

技能训练

滞回电压比较器仿真测试电路如图 7.40 所示，电路参数如图中所示。

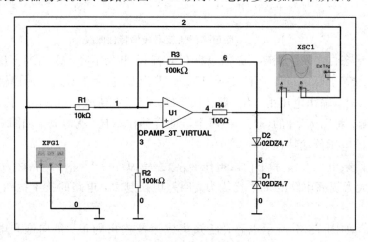

图 7.40　滞回电压比较器仿真测试电路

测试步骤如下：

(1) 按照图 7.40 所示搭建好仿真电路。

(2) 接入 $U_i = U_R = 0$，用万用表测量输出直流电压的大小，并记录：$U_o =$ _____ V，为 _____ 电平。

(3) 微调 U_i，使之在 ±1 V 之间变化，用万用表测量并观察输出直流电压的变化情况，并记录：U_o _____（无变化/产生翻转）。

(4) 保持步骤(3)，微调 U_i，使之在 ±5 V 之间变化，用万用表测量并观察输出直流电压的变化情况，绘出该比较器的传输特性曲线。

测试结果：该电路_____(能/不能)实现滞回电压比较器的作用。

小　　结

直流放大器既能放大直流信号，也能放大交流信号，但存在着零点漂移现象，在实际电路中，通常采用差分放大器来抑制零点漂移。

差分放大器的输入信号可分为共模信号和差模信号，它对差模信号有较强的放大能力，而对共模信号有很强的抑制能力，可以较好地抑制零点漂移。

集成运放是高放大倍数直接耦合的多级放大电路，通常由输入级、中间级、输出级和偏置电路等组成。为有效抑制零点漂移，输入级通常组成差分放大器。集成运放可以用各种参数来表述其性能的优越。

集成运放在实际电路中通常被看做理想状态来分析，理想运放可以工作在线性状态和非线性状态。工作于线性状态的理想运放有"虚短"和"虚断"两个法则；工作于非线性状态的理想运放也有"虚断"和"运放的输出总处于正或负的最大输出电压值"两个法则。利用这些法则和其他电路理论就可以分析各种各样的运放电路。

集成运放若外接不同的负反馈网络，则可以实现比例运算、加减运算、微分、积分等各种数学运算。电路均可用理想运放的"虚短"和"虚断"两个法则分析。

电压比较器是一种信号变换电路，它可以对两个或多个模拟量进行比较，常用于各种控制电路。单门限电压比较器是输入电压与标准电压的比较；滞回电压比较器是输入电压与输出电压在同相输入端分压的比较，输出电压不同时，其标准电压也不同。

习　题　七

7.1　判断下列说法是否正确：

(1) 运放的输入失调电压 U_{IO} 是两输入端电位之差。(　　)

(2) 直接耦合多级放大电路各级 Q 点相互影响，并且它只能放大直流信号。(　　)

(3) 只有直接耦合放大电路中晶体管的参数才随温度而变化。(　　)

(4) 运放的输入失调电流 I_{IO} 是两端电流之差。(　　)

7.2　选择合适答案填入空内：

(1) 直接耦合放大电路存在零点漂移的原因是(　　)。

A. 电阻阻值有误差　　　　　　B. 晶体管参数有分散性

C. 晶体管参数受温度影响　　　D. 电源电压不稳定

(2) 集成放大电路采用直接耦合方式的原因是(　　)。

A. 便于设计　　　　　　B. 放大交流信号　　　　　　C. 不易制作大容量电容

(3) 选用差分放大电路的原因是(　　)。

A. 克服温漂　　　　　　B. 提高输入电阻　　　　　　C. 稳定放大倍数

(4) 差分放大电路的差模信号是两个输入端信号的(　　)，共模信号是两个输入端信号的(　　)。

A. 差　　　　　　　B. 和　　　　　　　C. 平均值

7.3　如图7.41所示，运算放大器均工作在线性状态，请分别写出 u_o 和 u_{o1} 与 u_{i1} 的关系式，并指出运放的反馈类型。

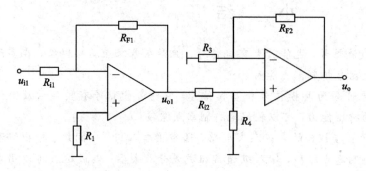

图7.41　题7.3图　　　　　　　　　　　　　集成运算放大器习题

7.4　试求图7.42所示各电路输出电压与输入电压的运算关系式。

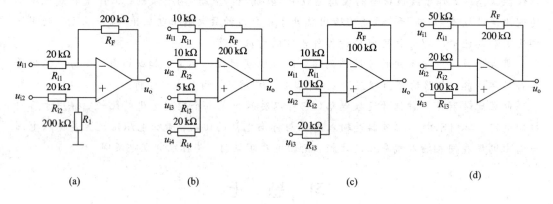

(a)　　　　　(b)　　　　　(c)　　　　　(d)

图7.42　题7.4图

7.5　试用集成运放实现以下运算关系：$U_o = 2U_{i1} - 5U_{i2} + 3U_{i3}$。

7.6　在图7.43所示电路中，设 $t=0$ 时，$U_o=0$，集成运放最大输出电压 $U_{om}=\pm12$ V，$U_i=3$ V，$R=100$ kΩ，$C=100$ μF。

(1) 写出 U_o 表示式。

(2) 若 U_i 波形如图所示，试画出输出 U_o 波形。

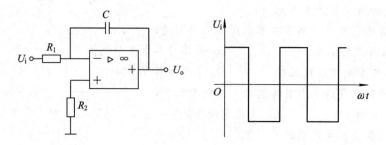

图7.43　题7.6图

7.7　在图7.44所示电路中，设 A_1、A_2、A_3 均为理想运算放大器，其最大输出电压幅值为 ±12 V。

（1）A_1、A_2、A_3 各组成什么电路？

（2）A_1、A_2、A_3 分别工作在线性区还是非线性区？

（3）若输入为 1 V 的直流电压，则各输出端 u_{o1}、u_{o2}、u_o 的电压为多大？

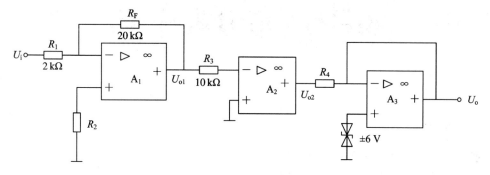

图 7.44 题 7.7 图

7.8 设图 7.45 所示集成运放为理想集成运放，其中 $R_{i1} = R_{i2} = 20$ kΩ，$R_{i3} = 10$ kΩ，$R_F = 100$ kΩ，试求出输出电压的函数关系式。

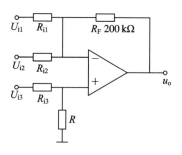

图 7.45 题 7.8 图

7.9 电路如图 7.46 所示，已知 $U_Z = \pm 9$ V，$U_R = 6$ V。

（1）试计算其门限电压。

（2）画出传输特性曲线。

（3）设 $U_i = 6\sin\omega t$ (V)，试画出 U_o 波形。

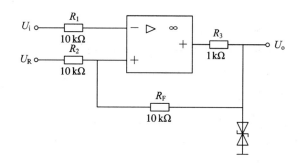

图 7.46 题 7.9 图

项目八　信号发生器

学习目标

■ 掌握正弦波振荡器的振荡条件、组成、分类。
■ 掌握 RC 桥式振荡器的工作原理、分析方法。
■ 熟知 LC 振荡器的电路组成，理解电路工作原理，会判别电路是否振荡。
■ 掌握非正弦波产生电路的组成、工作原理、波形分析方法。
■ 掌握典型三角波、方波产生电路。
■ 了解石英晶体振荡电路的基本形式，理解基本工作原理及其典型电路。
■ 熟悉函数产生器 8038 的功能及其应用。

技能目标

■ 会用示波器观察振荡波形的频率和幅度。
■ 学会振荡电路频率的调整方法。
■ 会用集成函数产生器 8038 设计实用信号产生电路，并掌握调试方法。
■ 能对电路中的故障现象进行分析和判断。

【任务 1】　RC 桥式正弦波振荡器与应用

学习目标

◆ 理解振荡电路的结构组成和起振条件。
◆ 掌握 RC 正弦波振荡电路的产生条件、组成和典型应用。
◆ 掌握正弦波振荡电路频率的估算方法。

技能目标

◆ 学会测试 RC 正弦波振荡电路的基本特性。
◆ 学会判别电路是否振荡。

相关知识

8.1.1　信号发生器概述

信号发生器又称为振荡器，是一种不需要外加激励，就能将直流电能自动转换成交流电能的电路。振荡器有着广泛的用途，它是无线电发送、接收设备的重要组成部分。例如，在广播、电视和通信设备的发射机中，用来产生载波信号；在各种电子测量仪器如信号发生器、频率计中作为信号源，在数字系统中作为时钟源等。

根据振荡电路产生的波形不同，将振荡电路分为正弦波振荡器和非正弦波振荡器。

1. 正弦波振荡电路概述

使用较为普遍的一类振荡器是反馈式振荡器，它是在放大电路中加入正反馈，当正反馈足够大时，放大器产生自激振荡，变成振荡器。

1）反馈式振荡器的组成

反馈式振荡器是指从振荡器输出端取出部分或全部信号通过反馈网络作用到振荡器的输入端，作为输入信号，而不必外加其他激励信号，就能产生一定频率的、等幅的、稳定信号输出的振荡器。

图 8.1 所示为反馈式振荡器的组成原理框图。

由图可见，反馈式振荡器主要由放大器和反馈网络两大部分组成。其中放大器通常是以某种选频网络作负载，用来产生一个固定的频率；反馈网络一般是由无源器件组成的线性网络。为了使振荡器产生的信号稳定，还应有一稳幅环节。可见，要构成反馈式振荡器，电路中应当具有下面四个组成部分。

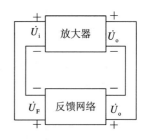

图 8.1　反馈式振荡器的组成原理框图

（1）放大电路：能量转换装置，将直流能量转换为交流电能输出。

（2）选频网络：用于确定振荡频率，并起到滤波作用。

（3）反馈网络：用来实现正反馈，以满足相位条件。

（4）稳幅环节：用于稳定输出，决定振荡器的幅度。

根据选频网络的不同，反馈式振荡电路可分为 RC 振荡电路、LC 振荡电路和石英晶体振荡电路。

2）起振条件与平衡条件

（1）起振条件。振荡器是一种将直流电能自动转换成所需交流电能的电路。它与放大器的区别在于这种转换不需外加信号的控制。那么振荡器是如何起振的呢？振荡电路在刚接通电源的瞬间，晶体管中的电流从零跃变到某一数值，同时电路中还存在着各种电扰动信号（固有噪声），这些电扰动信号具有很宽的频谱，它们经过振荡器的选频网络选频后，只有其中某一个频率的信号分量在谐振回路两端产生较大的正弦电压 U_o，此正弦电压经过反馈网络作用到振荡器的输入端，作为放大器最初的激励信号 U_i，U_i 再经过放大、选频、反馈又作用到放大器的输入端，在经过"放大→反馈→放大→反馈"的多次循环后，一个正弦波就产生了。可见，为了使振荡器在接通电源后能够产生正弦振荡，要求在起振时，反馈电压和输入电压在相位上应为同相位，即反馈电压为正反馈；在幅值上要求反馈电压大于前一次的输入电压。所以起振条件为

振幅起振条件为

$$U_F > U_i \qquad\qquad (8-1)$$

相位起振条件为

$$\varphi_A + \varphi_F = 2n\pi \ (n = 1, 2, 3, \cdots) \tag{8-2}$$

应当指出,电路只有在满足相位起振条件的前提下,又满足幅度起振条件,才能产生振荡,也就是式(8-1)、(8-2)要同时成立。

(2) 平衡条件。在经过"放大→反馈→放大→反馈"的循环后,振荡信号的幅度不断增大,幅值最后会稳定在某一幅度,而不是无限地增长下去,原因是随着信号振幅的增大,放大器将进入非线性区,放大器的增益随之下降,当反馈电压正好等于输入电压时,振荡信号为一个稳定的输出,我们把振荡电路此时的状态称为平衡状态。所以振荡电路的平衡状态条件是

$$\dot{U}_F = \dot{U}_i \tag{8-3}$$

由图 8.1 可知

$$\dot{U}_o = \dot{A}\dot{U}_i \tag{8-4}$$

$$\dot{U}_F = \dot{F}\dot{U}_o \tag{8-5}$$

则

$$\dot{U}_F = \dot{A}\dot{F}\dot{U}_i \tag{8-6}$$

式(8-4)中,$\dot{A}$ 为放大器的放大倍数;式(8-5)中,$\dot{F}$ 为反馈网络的反馈系数。已知振荡电路的平衡条件是 $\dot{U}_F = \dot{U}_i$,所以平衡条件由式(8-6)又可写成

$$\dot{A}\dot{F} = AF \underline{/\varphi_A + \varphi_F} = 1 \tag{8-7}$$

由式(8-7)可得到振荡器的平衡条件:

振幅平衡条件为

$$U_F = U_i \tag{8-8}$$

相位平衡条件为

$$\varphi_A + \varphi_F = 2n\pi \ (n = 1, 2, 3, \cdots) \tag{8-9}$$

图 8.2 所示为利用 Multisim 2001 仿真软件演示的振荡器的起振和平衡过程。可以明显地看出,起振时,振荡器的振幅迅速增大,使晶体管工作状态由放大区进入到非线性区,以致放大器的增益 A 下

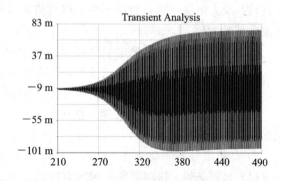

图 8.2 振荡器的起振和平衡过程

降,直至 $AF = 1$ 时,振荡器的幅度不再增大,达到稳幅振荡。

3) 平衡稳定条件

所谓振荡器的平衡,是指在外因(如温度的变化、电源电压波动或者外界电磁场的干扰等)作用下,振荡器在平衡点附近可重建新的平衡状态。一旦外因消失,它即能自动恢复到原来的平衡状态。振幅稳定条件可用图解法来进行分析。如图 8.3 所示,图中画出了振荡器的振荡特性和反馈特性。

由图 8.3 可见,振荡特性和反馈特性交于 A 点。它表示输出电压 U_{oA} 产生的反馈电压 U_{FA} 与维持 U_{oA} 所需的输入电压 U_{iA} 大小相等,即 A 点振荡器的闭环回路传输系数 $AF = 1$,所以 A 点称为振荡器的平衡点。并由图 8.3 可得,当振荡器接通直流电源后,由于电路中存在着各种电扰动信号(干扰信号),在放大器的输入端产生 U_{iA},经放大后产生 U_{oa},再

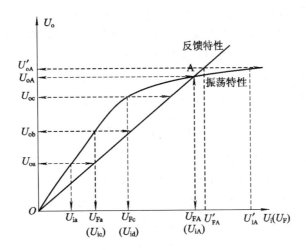

图 8.3 振荡器的振荡特性和反馈特性

经反馈产生 U_{Fa}（也就是 U_{ic}）；这样一直循环下去，且每次循环，反馈电压 U_F 总是大于原输入电压 U_i，即电路满足 $AF>1$ 的起振条件。随着放大、反馈的不断循环，U_o 不断增大，直到 A 点，电路输出电压为 U_{oA}，振荡器进入了平衡状态。在平衡点，假设当 U_i 减小时，经放大、反馈产生的 $U_F>U_i$，也就是 $AF>1$，再放大，再反馈，逐步回到 A 点，再次平衡；同理，当 U_i 增大时，经放大、反馈产生的 $U_F<U_i$，即 $AF<1$，再经放大、反馈也将回到 A 点。可见 A 这个平衡点就是稳定点。由此可得平衡点振幅稳定条件为：AF 对 U_i 的变化率为负值，即

$$\left.\frac{\partial AF}{\partial U_i}\right|_{\text{平衡点A}}<0 \qquad (8-10)$$

又知反馈系数 F 通常为常数，所以式(8-10)又可写为

$$\left.\frac{\partial A}{\partial U_i}\right|_{\text{平衡点A}}<0 \qquad (8-11)$$

相位平衡的稳定条件是指相位平衡遭到破坏后，电路本身能重新建立起相位平衡的条件。可以证明，要使振荡电路具有相位稳定条件，振荡电路必须能够在振荡频率发生变化时，产生一个新的、相反方向的相位变化，用以抵消由外因引起的相位变化。所以振荡器相位平衡稳定的条件为：相位对频率的变化率为负值，即

$$\left.\frac{\partial \varphi}{\partial f}\right|_{\text{谐振频率}f_o}<0 \qquad (8-12)$$

$\left|\dfrac{\partial \varphi}{\partial f}\right|$ 的值越大，说明相位稳定性越好。对于反馈式正弦波振荡器，相位平衡的稳定条件一般都能满足。

2. 非正弦波振荡电路概述

常见的非正弦波产生电路有矩形波产生电路、三角波产生电路和锯齿波产生电路。常见的非正弦波一般主要由电压比较器和 RC 积分电路构成。当 RC 积分电路充电常数和放电常数不相等时，高低电平持续的时间不相等，电路输出信号为矩形波。

1）方波产生电路

（1）电路组成及工作原理。矩形波产生电路如图 8.4 所示，它是由集成运算放大器构

成的滞回电压比较器和由 R、C 构成的充、放电电路两大部分组成的。R、C 支路既是负反馈，又决定着振荡电路矩形波的输出频率，由于电容 C 充电和放电的路径相同，即充电时间常数等于放电时间常数，故电路的输出信号为方波。

令电路接通电源时，电容上无电压，即 $u_C = 0$ V，滞回电压比较器输出电压为高电平，即 $u_o = +U_Z$，对于滞回电压比较器的同相输入端电压 u_P，有

$$u_P = \frac{R_2}{R_1 + R_2} U_Z = U_{TH1} \tag{8-13}$$

同时，输出端通过 R 支路向电容 C 充电，则电容 C 上的电压 u_C，也就是滞回电压比较器的同相输入端电压 $u_N(u_N = u_C)$ 由零逐渐上升。如图 8.5 所示的充电部分，在 $u_N < U_{TH1}$ 以前，输出电压 $u_o = +U_Z$ 保持不变，当 u_C 上升到 $u_C = U_{TH1}$ 时，滞回电压比较器发生跳转，输出电压 $u_o = -U_Z$。同时，滞回电压比较器同相输入端电压 u_P 也随之改变，即有

$$u_P = -\frac{R_2}{R_1 + R_2} U_Z = U_{TH2} \tag{8-14}$$

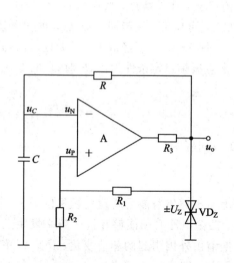

图 8.4　矩形波产生电路

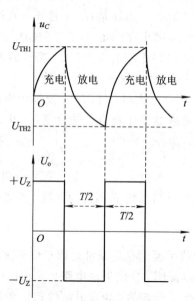

图 8.5　周期性矩形波

这时，对于电阻 R，其左边电压 u_C 高于右边电压 $u_o = -U_Z$，则电容 C 开始通过电阻 R 放电，如图 8.5 所示的放电部分，u_C 逐渐下降。在 $u_N > U_{TH2}$ 以前，输出电压 $u_o = -U_Z$ 保持不变，当 u_C 下降到 $u_C = U_{TH2}$ 时，滞回电压比较器又发生跳变，输出电压 $u_o = +U_Z$。同时，滞回电压比较器同相输入端电压 u_P 也随之改变为 U_{TH1}，电容 C 又开始充电。如此周期工作并循环，在电路的输出端得到周期性矩形波输出信号，如图 8.5 所示。

（2）振荡电路的振荡周期。方波产生电路的振荡周期可根据电容充电三要素方法求出，即有

$$T = 2RC \ln\left(1 + \frac{2R_2}{R_1}\right) \tag{8-15}$$

利用 Multisim 10 仿真的方波产生电路及输出波形如图 8.6 所示。

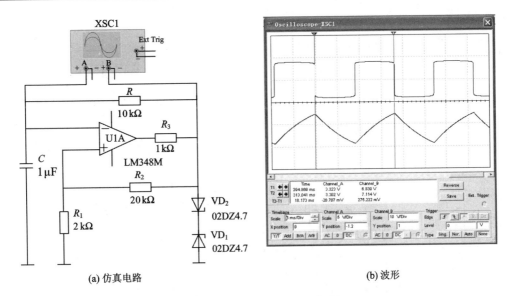

(a) 仿真电路　　　　　　　　　　　　(b) 波形

图 8.6　方波仿真电路及波形

2) 矩形波产生电路

若将图 8.4 加以改进，将 RC 积分电路充电常数和放电常数设计成不相等，则高低电平持续的时间就不相等，电路输出信号为矩形波。改进后的电路如图 8.7 所示，则充电电路为 R_{11} 和 VD_1 支路，而放电电路为 R_{22} 和 VD_2 支路，只要设计两个支路的电阻值不相等，则充放电时间不相等，在输出端得到矩形波信号。

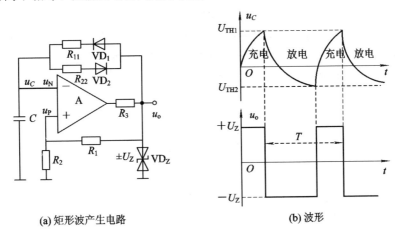

(a) 矩形波产生电路　　　　　　　　　　(b) 波形

图 8.7　矩形波产生电路及波形

3) 三角波产生电路

(1) 电路组成及工作原理。三角波产生电路如图 8.8 所示。它是由滞回电压比较器和一个积分器构成的。图中运放 A_1 构成滞回电压比较器，运放 A_2 构成积分器，电路输出通过反馈接到滞回电压比较器的同相输入端。根据叠加定理可知，滞回电压比较器 A_1 的同相输入端电压 u_P 必然为 A_1 的输出 u_{o1} 和 A_2 的输出 u_o 共同决定，即

$$u_{P1} = \frac{R_2}{R_1 + R_2} U_z + \frac{R_1}{R_1 + R_2} U_z = u_o \tag{8-16}$$

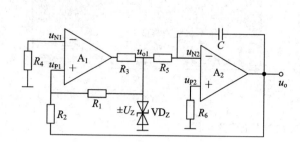

图 8.8　三角波产生电路　　　　　　　　图 8.9　三角波波形

设 $t=0$ 时，比较器 A_1 的输出 $u_{o1}=+U_z$，电容两端的电压 $u_C=0$ V，此时，比较器的输出电压通过电阻 R_5 给电容充电，使得输出电压 u_o 随时间线性下降（反向积分），则 u_{P1} 也随之下降，如图 8.9 所示，假设在时间 t_1 时，输出电压 u_o 下降使 A_1 的同相端电压 $u_{P1}=u_{N1}=0$，则 u_{o1} 从 $+U_z$ 跳变为 $-U_z$，积分电路中的电容 C 通过 R_5 放电，使输出电压 u_o 随时间线性上升。在时间 t_2 时，当输出电压 u_o 上升到使 A_1 的同相端电压再次满足 $u_{P1}=u_{N1}=0$ 时，u_{o1} 又从 $-U_z$ 跳变为 $+U_z$，电容 C 再次开始充电。如此周期工作并循环，在电路的输出端得到周期性三角波输出信号，如图 8.9 所示。

（2）电路振荡周期。

三角波输出正向幅值为

$$U_{om} = \frac{R_1}{R_2}U_z \tag{8-17}$$

$$U_{om} = -\frac{R_1}{R_2}U_z \tag{8-18}$$

振荡周期为

$$T = 4R_5\frac{U_{om}}{U_z} = \frac{4R_5R_1C}{R_2} \tag{8-19}$$

利用 Multisim 10 仿真的三角波产生电路及输出波形如图 8.10 所示。

4）锯齿波产生电路

根据锯齿波的特点，只需将图 8.8 中电容的充电和放电电路设计成不同的支路。工程中常常利用二极管的单向导电性，使电容 C 的充放电路径不同，使得充放电时间不等，即可得到锯齿波，从而使输出波形上升和下降的斜率不同，这样就可以产生锯齿波。锯齿波产生电路及波形图如图 8.11 所示。

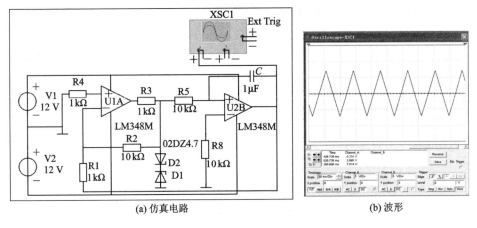

图 8.10　三角波仿真电路及波形

(a) 仿真电路　　　(b) 波形

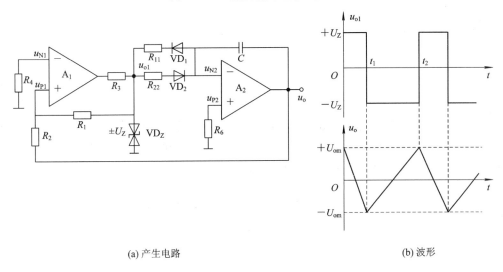

(a) 产生电路　　　(b) 波形

图 8.11　锯齿波产生电路及波形

8.1.2　RC 正弦波振荡器

以 RC 为选频网络的正弦波振荡电路称为 RC 正弦波振荡器，它常用于产生 1 MHz 以下的低频正弦波信号。

1. 文式电桥振荡器

常见的 RC 正弦波振荡电路是 RC 桥式振荡器，也常称为文氏电桥振荡电路。

1）文式电桥振荡器的组成

图 8.12 是文式电桥振荡电路的原理图。放大环节由集成运算放大器 A、R_F 和 R_3 组成负反馈网络实现，选频网络由串联支路 R_1C_1 及并联支路 R_2C_2 构成的 RC 串并联选频电路完成，正反馈网络由串联支路 R_1C_1 实现，稳

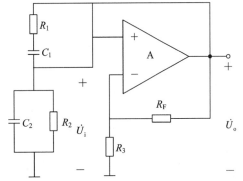

图 8.12　文式电桥振荡电路

幅环节由 R_F 和 R_3 组成电压串联负反馈网络实现。

2）RC 串并联选频特性

由图 8.12 可得到 RC 串并联网络，如图 8.13 所示。由图可求出该电路的传输函数为

$$\dot{F} = \frac{\dot{U}_i}{\dot{U}_o} = \frac{Z_2}{Z_1} = \frac{R_1 \mathbin{/\mkern-5mu/} \dfrac{1}{j\omega C_2}}{\left(R_2 + \dfrac{1}{j\omega C_1}\right) + R_1 \mathbin{/\mkern-5mu/} \dfrac{1}{j\omega C_2}} \tag{8-20}$$

为了方便起见，通常取 $R = R_1 = R_2$，$C = C_1 = C_2$，在此条件下可求得

$$\dot{F} = \frac{\dot{U}_i}{\dot{U}_o} = \frac{Z_2}{Z_1} = \frac{R \mathbin{/\mkern-5mu/} \dfrac{1}{j\omega C}}{\left(R + \dfrac{1}{j\omega C}\right) + R \mathbin{/\mkern-5mu/} \dfrac{1}{j\omega C}} = \frac{1}{3 + j\left(\omega RC - \dfrac{1}{\omega RC}\right)} \tag{8-21}$$

当式（8-21）中的虚部为零时，可求出对应的角频率为

$$\omega_o = \frac{1}{RC} \tag{8-22}$$

则式（8-21）可写成

$$\dot{F} = \frac{1}{3 + j\left(\dfrac{\omega_o}{\omega} - \dfrac{\omega}{\omega_o}\right)} \tag{8-23}$$

根据式（8-23）可分别画出 RC 串并联网络的幅频特性和相频特性，如图 8.14 所示。从图中可以看出，当 $\omega = \omega_o$ 时，幅频可取得最大值 1/3，且在 $\omega = \omega_o$ 时，相移角 $\varphi_F = 0°$，满足相位平衡条件，即可实现正反馈。所以 RC 串并联网络具有选频特性，且电路的振荡频率为

$$f_o = \frac{1}{2\pi RC} \tag{8-24}$$

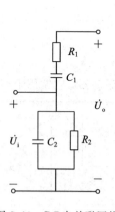

图 8.13　RC 串并联网络

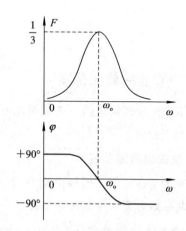

图 8.14　RC 串并联网络频率特性

3）工作原理

（1）起振条件。由图 8.14 已经知道，在 $\omega = \omega_o$ 时，$\varphi_F = 0°$，即满足了相位平衡条件，振荡电路为了满足振幅起振条件，要满足式（8-1），也就是满足式（8-23）即可：

$$AF > 1 \tag{8-25}$$

图 8.13 为电压串联负反馈，则 A 为

$$A = 1 + \frac{R_F}{R_3} \tag{8-26}$$

又由图 8.14 可知

$$F_{max} = \frac{1}{3} \tag{8-27}$$

则联合式(8-25)、(8-26)、(8-27)可得

$$R_F > 2R_3 \tag{8-28}$$

(2) 平衡条件。由于电路中存在的各种噪声，其频谱很宽，在电路接通电源的时候，RC 串并联选频网络选出频率 f_0，经过放大并经正反馈，使得输出愈来愈大。而电路中的 R_F 和 R_3 组成电压串联负反馈网络，又使得 $A_{uF} = 3$，电路则处在等幅振荡状态。为了克服环境等因素对电路的影响，反馈电阻 R_F 通常选用负温度系数的热敏电阻，当输出幅值增大时，流经 R_F 上的电流增大，其温度升高，阻值随之减小，电路的放大倍数 A_{uF} 下降，输出幅值减小，反之亦然，即实现了电路的稳定平衡。

文氏电桥振荡器的仿真电路及输出波形如图 8.15 所示，其中二极管 VD_1 和 VD_2 起到稳幅的作用，从输出波形的左边可以看出电路的起振过程。

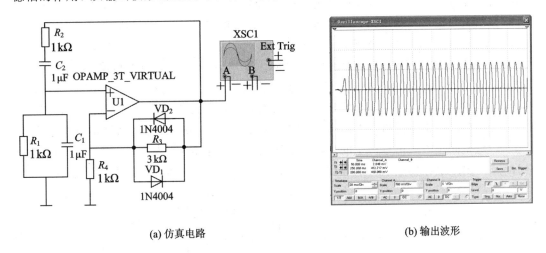

(a) 仿真电路　　　　　　　　　　　　　(b) 输出波形

图 8.15　文氏电桥振荡器的仿真电路及输出波形

2. RC 移相式振荡器

1) RC 移相网络及原理

根据阻容元件位置的不同，RC 移相网络常分为滞后移相网络和超前移相网络两种，如图 8.16 和图 8.17 所示。

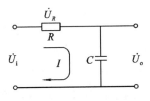

图 8.16　RC 滞后移相电路

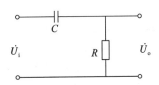

图 8.17　RC 超前移相电路

　　从前面的电路知识已经知道，电容上的电流和电压相位相差 90°，并且是流经电容的电流 I_C 超前电容上的电压 U_C 90°。

　　以 RC 滞后移相电路为例(图 8.16)，电路中 $\dot{U}_i$ 是输入电压，$\dot{U}_o$ 是经滞后移相电路后的输出电压，I 是流经电阻 R 和电容 C 的电流。画出该电路的矢量图，如图 8.18 所示，从 RC 滞后移相电路可以明显看出，有 $\dot{U}_i = \dot{U}_R + \dot{U}_o$，其中又有 $\dot{U}_o = \dot{U}_C$，即 $\dot{U}_i = \dot{U}_R + \dot{U}_C$，则输入电压 $\dot{U}_i$ 的矢量图如图 8.18 所示。明显可以看出，$\dot{U}_i$ 和 $\dot{U}_C$ 之间是有夹角 α 的，并且是 $\dot{U}_i$ 超前 $\dot{U}_C$ α 角度，也就是 $\dot{U}_C$ 和 $\dot{U}_i$ 滞后 α 角度，所以该电路具有滞后移相的作用。

　　超前移相电路只是电路中的电阻 R 和电容 C 改变了位置，输出电压取自电阻 R，根据滞后移相电路容易画出其矢量图，而且也容易得到输出电压会超前输入电压一个角度。

　　从图 8.18 中可以看出，电容上的电压滞后输入电压角 α 明显小于 90°，而我们已经知道，要构成振荡电路，正反馈是必不可少的环节，而其中构成振荡器的放大环节常采用分立元件构成的共射极放大器或反相集成运算放大器来实现，无论是共射极放大或是反相集成运放，它们都具有反相作用，所以要靠 RC 移相电路来达到正反馈，则两

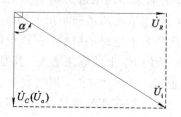

图 8.18 　RC 滞后移相电路矢量图

节 RC 网络就可以实现相位角 180° 的改变，进而是反馈信号达到正反馈，满足相位条件。

　　2）RC 移相式正弦波振荡器

　　RC 移相式正弦波振荡电路如图 8.19 所示，其中 RC 构成超前移相网络，前面两节 RC 移相网络已经能使相移达到 180°，但当相移角达到 180° 时，超前移相 RC 网络的频率非常低，使得输出电压接近于零，使得振荡电路的振幅起振条件无法满足；为此，在后面又增加了一节 RC 超前移相网络，这就构成了图 8.19 所示的三节 RC 移相网络正弦波振荡器；三节 RC 对不同频率的信号产生的相移是不同的，但只对某一个频率信号产生的相移刚好为 180°，再加之反相集成运放的相移的 180°，既满足相位平衡条件，又满足振幅起振条件。

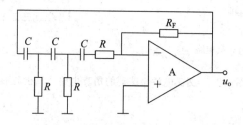

图 8.19 　RC 移相正弦波振荡电路

　　该电路的振荡频率为

$$f_o = \frac{1}{2\pi\sqrt{6}\,RC} \tag{8-29}$$

　　振幅起振条件为

$$A_{uF} > 29 \tag{8-30}$$

　　RC 正弦波振荡电路的振荡频率与 R、C 的乘积成反比，如果要得到比较高的振荡频率，则必须减小 R、C 的数值；而减小 R 将使得放大电路的负载加重，减小 C 将使得振荡频率产生寄生干扰；再加之放大环节的运放的带宽比较窄，进而限制了振荡频率的提高，

所以 RC 正弦波振荡电路通常作为低频振荡器使用；若需要比较高的振荡频率，则常采用 LC 正弦波振荡电路。

技能训练

RC 正弦波振荡器仿真测试电路如图 8.20 所示，电路中各元器件参数见图中所示。

测试步骤如下：

(1) 按图 8.20 搭建仿真电路。观察示波器上的输出电压波形，测试输出电压幅度，此时应有 $U_{om}=$ _____，测试输出电压频率，此时应有 $f_o=$ _____。与理论值相比较，分析误差原因。

(2) 保持步骤(1)，调节 R_{P1}，测试输出电压幅度，此时应有 $U_{om}=$ _____，测试输出电压频率，此时应有 $f=$ _____。

(3) 保持步骤(1)，改变电阻 R_1，R_3 值为 5.1 kΩ，测试输出电压幅度，此时应有 $U_{om}=$ _____，测试输出电压频率，此时应有 $f_o=$ _____。

结论：RC 振荡器的频率主要和 _____ 有关。

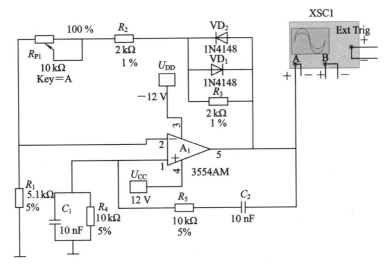

图 8.20　RC 正弦波振荡器仿真测试电路

【任务 2】　LC 正弦波振荡器与应用

学习目标

◆ 熟悉振荡电路的结构组成和起振条件。

◆ 掌握 LC 正弦波振荡电路的产生条件、组成和典型应用。

◆ 掌握正弦波振荡电路频率的估算方法。

技能目标

◆ 会用示波器观察振荡波形的频率和幅度。

◆ 学会振荡电路振荡频率的调整方法。

相关知识

  LC 正弦波振荡电路是指用电感 L 和电容 C 组成选频网络的用于产生较高频率的正弦波振荡电路。常见的 LC 正弦波振荡电路有变压器反馈式振荡电路、电感三点式振荡电路和电容三点式振荡电路。这三种 LC 正弦波振荡电路的共同点是选频网络全采用 LC 并联谐振回路。下面先来学习 LC 并联谐振回路的选频特性。

8.2.1 LC 并联谐振回路的选频特性

  LC 并联谐振回路如图 8.21 所示。其中 R 表示电感 L 和回路其他损耗总的等效电阻，$\dot{I}$ 是输入电流，$\dot{I}_L$ 是流经 L、R、C 的回路电流。

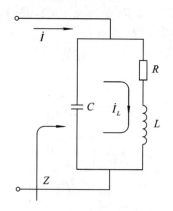

图 8.21　LC 并联谐振回路

1. 谐振频率 $f_\circ$

从图 8.21 左端看进去的等效阻抗 Z 为

$$Z = (R + \mathrm{j}\omega L) \mathbin{/\!/} \frac{1}{\mathrm{j}\omega C} \tag{8-31}$$

一般情况下，回路的损耗非常小，即有 $R \ll \omega L$，则式(8-31)的表达式可变为

$$Z \approx \frac{\dfrac{L}{C}}{R + \mathrm{j}\omega L + \dfrac{\mathrm{j}}{\omega C}} = \frac{\dfrac{L}{C}}{R + \mathrm{j}\left(\omega L - \dfrac{1}{\omega C}\right)} \tag{8-32}$$

  当式(8-32)中的虚部为零时，LC 并联谐振回路的阻抗为纯电阻，且为最大值，此时回路的电压和电流同相位，电路处于谐振状态。我们把电路处于谐振状态时流经电路的交流电所对应的频率，称为谐振频率。

  由式(8-32)可解出谐振状态时的谐振角频率 $\omega_\circ$ 为

$$\omega_\circ = \frac{1}{\sqrt{LC}} \tag{8-33}$$

则谐振频率 $f_\circ$ 为

$$f_\circ = \frac{1}{2\pi\sqrt{LC}} \tag{8-34}$$

为了表征 LC 并联谐振回路的性质,通常用品质因数 Q 来加以衡量。品质因数 Q 是指谐振回路谐振时的感抗值或容抗值与其等效损耗电阻的比值,即有

$$Q = \frac{\omega_\text{o} L}{R} = \frac{1}{\omega_\text{o} RC} \tag{8-35}$$

则谐振时,LC 并联谐振回路的等效阻抗为

$$Z_\text{max} = \frac{L}{RC} = \frac{Q}{\omega_\text{o} C} = \omega_\text{o} L \tag{8-36}$$

2. 频率特性

由式(8-32)可画出 LC 谐振回路的幅频、相频特性,如图 8.22 所示。从图 8.22 可以明显地看出,在谐振频率处,LC 谐振回路的阻抗最大,且为纯电阻,也就是说 LC 谐振回路具有选频特性。品质因数 Q 值越大,回路的谐振阻抗越大,幅频特性越尖锐,即选频特性越好。

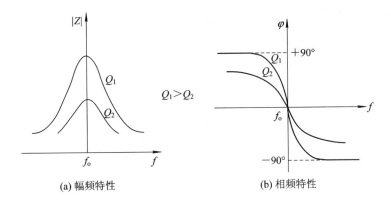

(a) 幅频特性　　　　　　　(b) 相频特性

图 8.22　LC 并联谐振回路的幅频和相频特性

8.2.2　变压器反馈式 LC 振荡器

1. 电路组成

图 8.23 所示为一典型的变压器反馈式 LC 振荡器,其中三极管 VT 构成共射极放大器;变压器初级 L 与电容 C 组成选频网络;反馈网络由变压器的次级 L_F 实现;其中变压器上的点号表示变压器的同名端。

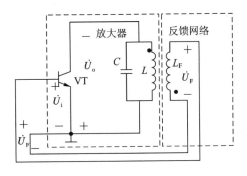

图 8.23　变压器反馈式 LC 正弦波振荡电路

2. 振荡频率

接通电源，由于 LC 选频网络的存在，会选出对应的频率，经变压器的反馈，作用到三极管 VT 的基极，作为第一次的输入信号，此信号经三极管放大后，再经变压器反馈，作用到三极管，构成正反馈，在经过"放大→反馈→放大→反馈"的多次循环后，一个正弦波就产生了。

由上面的分析可知，由于只有在 LC 并联回路产生谐振时电路才满足相位平衡条件，所以其振荡频率 $f_。$ 就是 LC 并联回路的谐振频率 $f_。$，即有

$$f_。 = \frac{1}{2\pi \sqrt{LC}} \tag{8-37}$$

变压器反馈式 LC 振荡电路的特点是：易起振，易实现阻抗匹配，效率较高，且可通过改变电容 C 的大小在较宽的频率范围内调节振荡频率，但是需注意绕组的同名端不能接错。变压器的使用使得电路整体体积和总量增加，所以经常使用三点式振荡电路。

3. 三点式振荡器的组成原则

通常所说的三点式（又称三端式）振荡器，是指选频网络 LC 回路的三个端点与晶体管的三个电极分别连接而成的电路，如图 8.24 所示。X_1、X_2、X_3 三个电抗元件两两之间的端点分别连接到了三极管的三个电极 B、C、E，故称为三点式。X_1、X_2、X_3 三个电抗元件构成谐振回路来决定振荡频率，同时也构成了正反馈网络，反馈电压 $\dot{U}_F$ 取自电抗元件 X_1 两端。

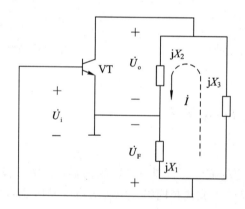

图 8.24　三点式振荡电路的基本形式

由前述内容知道，只有反馈电压 $\dot{U}_F$ 为正反馈时，电路才能产生振荡。设回路谐振时的电流为 $\dot{I}$，则 $\dot{U}_F = -j\dot{I}X_2$，$\dot{U}_。 = j\dot{I}X_1$。已知 $\dot{U}_i$ 与 $\dot{U}_。$ 反相，只要 X_1、X_2 的电抗性质相同，就保证了 $\dot{U}_F$ 为正反馈，即 $\dot{U}_F$ 与 $\dot{U}_i$ 同相位；另外，电路振荡时选频网络回路等效阻抗相当于一纯电阻，即 $X_1 + X_2 + X_3 = 0$，也就是 X_3 与 X_1（或 X_2）电抗性质要相反。

由此可得出三点式振荡器的组成原则为：与晶体管发射极 E 相连接的电抗 X_1、X_2 性质相同；不与晶体管发射极 E 相连接的电抗 X_3 的性质与 X_1（或 X_2）相反。

根据三点式振荡器的组成原则，当与晶体管发射极 E 相连接的电抗 X_1、X_2 性质同为容性时，叫电容三点式振荡器；X_1、X_2 性质同为感性时，叫电感三点式振荡器。

8.2.3　电容三点式振荡器

电容三点式振荡器又叫考毕兹(Colpitts)振荡器，图 8.25(a)所示为电容三点式振荡器原理图，图中，R_{B1}、R_{B2}、R_C 和 R_E 为直流偏置电阻；C_E 为发射极高频旁路电容，C_B 为隔直流电容，对高频呈现短路；三极管 VT 为放大管，L、C_1、C_2 构成选频网络。图 8.25(b)是它的交流等效电路，与三极管 E 相连接的电抗 X_1、X_2 同为电容，反馈电压取自 C_1。

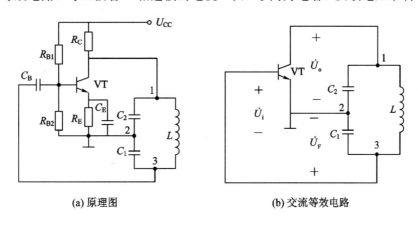

(a) 原理图　　　　　　　　　(b) 交流等效电路

图 8.25　电容三点式振荡器

其工作频率近似等于谐振回路的振荡频率 f_o，即

$$f_o = \frac{1}{2\pi \sqrt{LC}} \tag{8-38}$$

其中，$C = \dfrac{C_1 C_2}{C_1 + C_2}$ 为谐振回路的串联总电容。

反馈系数为

$$\dot{F} = \frac{\dot{U}_F}{\dot{U}_o} = -\frac{\dot{I}\,\dfrac{1}{j\omega C_1}}{\dot{I}\,\dfrac{1}{j\omega C_2}} = -\frac{C_2}{C_1} \tag{8-39}$$

式中，负号表示 $\dot{U}_F$ 与 $\dot{U}_o$ 反相。

电容三点式振荡器的优点是输出波形好，工作频率较高，这主要是由于反馈信号取自 C_1，它对高次谐波的阻抗小，所以反馈信号中高次谐波分量少；其缺点是不易调整，因为调节 C_1、C_2 的值可以方便地改变振荡频率，但同时也改变了反馈系数，会改变起振条件，容易停振。

8.2.4　电感三点式振荡器

电感三点式振荡器又叫哈特莱(Hartley)振荡器，图 8.26(a)所示为电感三点式振荡器原理图，图中，R_{B1}、R_{B2}、R_C 和 R_E 为直流偏置电阻；C_E 为发射极高频旁路电容，C_B 为隔直流电容，对高频呈现短路；三极管 VT 组成共射极放大电路，C、L_1、L_2 构成选频网络。图 8.26(b)是它的交流等效电路，与三极管 E 相连接的电抗 X_1、X_2 同为电感，反馈电压取自 L_1。

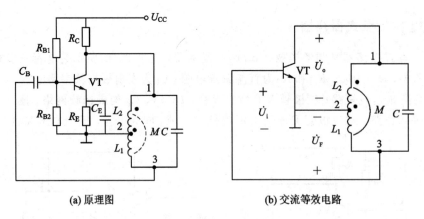

(a) 原理图　　　　　　**(b) 交流等效电路**

图 8.26　电感三点式振荡器

其工作频率近似等于谐振回路的振荡频率 $f_。$，即

$$f_{工作} \approx f_。 = \frac{1}{2\pi\sqrt{(L_1 + L_2 + 2M)C}} \tag{8-40}$$

其中，M 为两部分电感之间的互感系数。

反馈系数

$$\dot{F} = \frac{\dot{U}_F}{\dot{U}_。} = -\frac{j\dot{I}\omega(L_1 + M)}{j\dot{I}\omega(L_2 + M)} = -\frac{L_1 + M}{L_2 + M} \tag{8-41}$$

式中，负号表示 $\dot{U}_F$ 与 $\dot{U}_。$ 反相。

电感三点式振荡器的缺点是，由于反馈信号取自 L_1，它对高次谐波呈高阻抗，不能抑制高次谐波，故输出波形较差；优点是电感 L_1、L_2 两者之间有很好的耦合，所以容易起振。

为了提高振荡器频率的稳定度，目前普遍采用的是改进型的三点式振荡器。改进型振荡器有串联改进型和并联改进型两种类型。

1. 串联改进型振荡器

串联改进型振荡器又叫克拉波(Clapp)振荡器，是在考比兹振荡器的选频网络中的电感支路串联了一个小容量的可调电容 C_3，通常 C_3 取值有 $C_3 \ll C_1$，$C_3 \ll C_2$。克拉波振荡器原理图如图 8.27(a)所示，图(b)所示为其交流等效电路。根据三点式振荡器组成原则，很容易知道电感 L 和小电容 C_3 串联支路的电抗性质应呈感性。

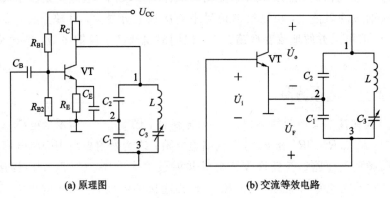

(a) 原理图　　　　　　**(b) 交流等效电路**

图 8.27　克拉波振荡器

回路的总电容 C_Σ 为

$$\frac{1}{C_\Sigma} = \frac{1}{C_1} + \frac{1}{C_2} + \frac{1}{C_3} \approx \frac{1}{C_3}$$

其振荡频率 f_o 为

$$f_o = \frac{1}{2\pi \sqrt{LC_\Sigma}} \approx \frac{1}{2\pi \sqrt{LC_3}} \qquad (8-42)$$

由此可见，振荡频率主要由电感 L 和电容 C_3 决定。C_3 越小，振荡频率越高，若取值过小，振荡器就可能因为不满足振幅起振条件而停振。

2. 并联改进型振荡器

并联改进型振荡器又叫西勒(Seiler)振荡器，是在克拉波振荡器的选频网络中的电感支路再并联了一个小容量的可调电容 C_4，一般与 C_3 同数量级，用来调整振荡频率。C_3 采用固定电容，且满足 $C_3 \ll C_1$，$C_3 \ll C_2$。西勒振荡器原理图如图 8.28(a)所示，图(b)所示为其交流等效电路。

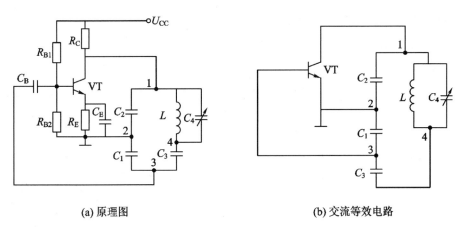

(a) 原理图　　　　　　　　　　　　(b) 交流等效电路

图 8.28　西勒振荡器

回路的总电容 C 为

$$C = C_\Sigma + C_4 \approx C_3 + C_4$$

其中，对于 C_Σ 有

$$\frac{1}{C_\Sigma} = \frac{1}{C_1} + \frac{1}{C_2} + \frac{1}{C_3} \approx \frac{1}{C_3}$$

则其振荡频率 f_o 为

$$f_o = \frac{1}{2\pi \sqrt{LC}} \approx \frac{1}{2\pi \sqrt{L(C_3 + C_4)}} \qquad (8-43)$$

与克拉波振荡器相比，西勒电路不仅频率稳定度高，输出幅度稳定，频率调节方便，而且振荡频率范围宽，振荡频率高，是目前应用较为广泛的一种三点式振荡电路。

技能训练

LC 正弦波振荡器仿真测试电路如图 8.29 所示，电路中各元器件参数见图中。

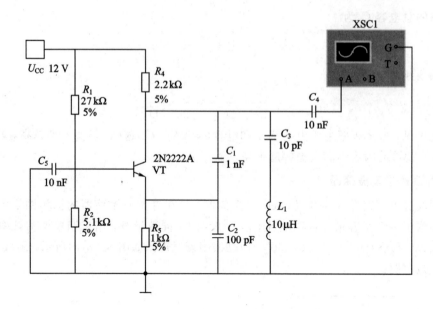

图 8.29　LC 正弦波振荡器仿真测试电路

测试步骤如下：

（1）按图 8.29 搭建仿真电路。观察示波器上的输出电压波形，用示波器观察电感 L_1 两端的输出电压波形，用频率计测量其输出频率，记录所测频率并与计算值 f_o 作比较。此时应有 $f_o =$ _____。

结论：反馈式 LC 正弦波振荡电路 _____（能/不能）在无外加输入信号的情况下产生正弦波信号。从接通电源到振荡电路输出较稳定的正弦波振荡信号 _____（需要/不需要）经过一段时间，即 LC 正弦波振荡器 _____（存在/不存在）起振与平衡两个阶段。

（2）频率可调范围的测量：改变电容 C_2，调整振荡器的输出频率，并找出振荡器的最高频率 f_{max} 和最低频率 f_{min}，将结果填入表 8 - 1 中。

表 8 - 1　LC 正弦波振荡器的测试

C_2/pF	100	220	470	1000	2200	4700
f/kHz						

（3）振幅稳定度的测量：由图 8.29 可知电容三点式振荡器的反馈系数 $F = C_1/C_2$。按表 8 - 1 改变电容 C_2 的值，在振荡器输出端测量振荡器的输出幅度 U_o（保持 $U_E = 1$ V），记录相应的数据，并绘制 $U_o = f(C)$ 曲线。

结论：电容三点式振荡器 _____（能/不能）在无外加输入信号的情况下产生正弦波信号。电容三点式振荡器的频率可调范围 _____（较小/较大），适用作 _____（变频/固频）振荡器，输出信号的频率稳定度 _____（较好/较差）。当改变电容大小，调整振荡频率时，输出信号的振幅稳定度 _____（较好/较差）。

【任务3】　石英晶体正弦波振荡器与应用

学习目标

◆ 了解石英晶体振荡器的基本形式。
◆ 熟悉晶体振荡器的组成原则和典型电路。

技能目标

◆ 能正确使用石英晶体振荡器。

相关知识

LC 振荡器的频率稳定度大约为 $10^{-2} \sim 10^{-3}$ 数量级，如果要求较高的频率稳定度，就必须采用石英晶体振荡器，因为石英晶体振荡器的稳定度可达 $10^{-9} \sim 10^{-10}$ 数量级。

8.3.1　石英晶体振荡器

石英晶体振荡器简称石英晶体。将二氧化硅（SiO_2）结晶体按一定的方向切割成很薄的晶片，再将晶片两个对应的表面抛光和涂敷银层，并作为两个极引出引脚，加以封装，就构成了石英晶体振荡器。其结构示意图和符号如图 8.30 所示。

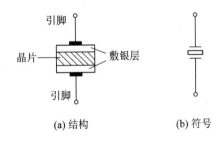

引脚

晶片　敷银层

引脚

(a) 结构　　　　(b) 符号

图 8.30　石英晶体结构示意图和符号

1. 压电效应

在石英晶体两个引脚加交变电场时，就会产生与电场强度成正比的机械形变；反之，当石英晶体受到机械力作用而发生形变时，晶体内将产生一定的交变电场。此现象称为压电效应。因此，若在石英晶体两端加一高频交流电压，就会产生机械形变，而这种机械振动又会产生交变电场，当交变电场的频率为某一特定值时，产生共振（谐振），振幅最强，这一特定频率就是石英晶体的固有频率，也称谐振频率。

2. 石英晶体的等效电路和谐振频率

石英晶体的等效电路如图 8.31 所示。当石英晶体不振动时，可等效为一个普通电容 C_o 称为静态电容；其值决定于晶片的几何尺寸和电极面积，一般约为几 pF 到几十 pF。当晶体产生振动时，机械振动的惯性等效为动态电感 L_q，其值为几 mH。晶片的弹性等效为电容 C_q，其值仅为 $0.01 \sim 0.1$ pF，因此，$C_q \ll C_o$。晶片的摩擦损耗等效为电阻 R_q，其值约为 $100\ \Omega$。

当加在晶体两端的信号频率很低时，两个支路的容抗都
很大，电路总的等效阻抗为容性，随着信号频率的增加，容抗
减小，当 C_q 的容抗等于 L_q 的感抗时，L_q、C_q 支路发生串联
谐振，此时的谐振频率称为晶体的串联谐振频率，用 f_s 表示。
可得

$$f_s = \frac{1}{2\pi\sqrt{L_q C_q}} \qquad (8-44)$$

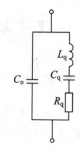

随着频率继续升高，L_q、C_q 支路呈感性，当串联总感抗
刚好等于 C_o 的容抗时，电路再次发生谐振，此时的谐振频率
称为晶体的并联谐振频率，用 f_p 表示，可得

图 8.31　石英晶体等效电路

$$f_p = \frac{1}{2\pi\sqrt{L_q \dfrac{C_o C_q}{C_o + C_q}}} = f_s\sqrt{1 + \frac{C_q}{C_o}} \approx f_s \qquad (8-45)$$

当频率继续升高时，支路的容抗减小，对回路的分流起主要作用，回路总的电抗又呈
容性。根据以上分析，可得石英晶体的频率—电抗特性曲线如图 8.32 所示。由上式可知，
虽然 f_s 和 f_p 相差很小，但石英晶体就是工作在这个频率范围狭窄的感性区域内的。

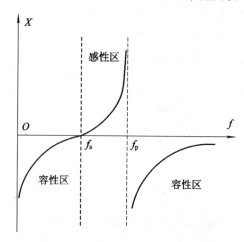

图 8.32　石英晶体频率—电抗特性曲线

3. 石英晶体振荡器

由石英晶体构成的振荡器称为石英晶体振荡器。根据石英晶体在振荡器中应用的方式
不同，分为并联型石英晶体正弦波振荡器和串联型石英晶体正弦波振荡器两种。

8.3.2　石英晶体正弦波振荡器

1. 并联型石英晶体振荡器

并联型石英晶体振荡器的工作原理和一般的三点式 LC 振荡器相同，只是把其中的一
个电感元件用晶体置换，并与回路其他元件一起按照三点式振荡器的构成原则组成振荡
器。目前应用较广泛的是类似于考毕兹的皮尔斯晶体振荡器，如图 8.33(a)所示，晶体在电
路中相当于一个电感，图(b)为其交流等效电路。可以看出，此电路实质上是一个西勒电

路。其中 C_3 用来微调振荡频率，使振荡器振荡在晶体的固有频率上，并减少石英晶体与晶体管之间的耦合。由式(8-43)可得石英晶体的振荡频率 f_o 为

$$f_o = \frac{1}{2\pi \sqrt{L_q \dfrac{C_q(C_o + C_3)}{C_q + C_o + C_3}}} = \frac{1}{2\pi \sqrt{L_q C_q}} \sqrt{1 + \frac{C_q}{C_o + C_3}} = f_s \sqrt{1 + \frac{C_q}{C_o + C_3}}$$

$$(8-46)$$

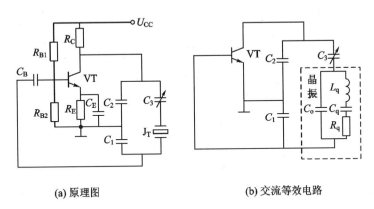

(a) 原理图　　　　　　　　　　　　(b) 交流等效电路

图 8.33　并联型石英晶体振荡器

又知 $C_q \ll (C_o + C_3)$，故有 $f_o \approx f_s$。

可见，该振荡器的频率近似等于晶体的串联谐振频率 f_s，与其他参数关系不大，所以说并联型晶体振荡器的频率稳定度很高。

2. 串联型石英晶体振荡器

图 8.34(a)所示是一种串联型晶体振荡电路，图(b)为它的等效电路。由图可见，该电路与电容三点式振荡器十分相似，只是反馈信号要经过石英晶体后，才送到输入端，只有电路的频率等于晶体的串联谐振频率 f_s 时，反馈支路发生串联谐振，此时支路阻抗很小，可认为是短路，正反馈最强，电路满足自激振荡条件而产生振荡。所以，振荡器频率以及频率稳定度完全取决于石英晶体。振荡器的频率稳定度得以大大提高。

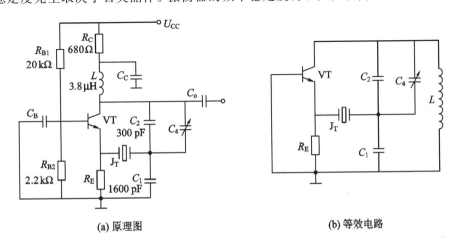

(a) 原理图　　　　　　　　　　　　(b) 等效电路

图 8.34　串联型石英晶体振荡器

【任务4】 集成函数发生器与应用

学习目标

◆ 熟悉 ICL8038 的结构与功能。

◆ 掌握 ICL8038 的典型应用。

技能目标

◆ 会利用 ICL8038 组建相应的函数发生器。

函数发生器一般是指能产生正弦波、方波、三角波等电压波形的电路或仪器设备，主要用于生产测试、仪器维修、实验教学和工业控制等方面。其电路组成可以由运放及分离元件构成，也可以采用单片集成函数发生器实现。

相关知识

随着大规模集成电路的迅速发展，目前市场上的集成函数发生器种类繁多，ICL8038就是其中最为常见的一种。

8.4.1 ICL8038 集成电路结构及引脚排列

1. ICL8038 电路结构简介

ICL8038 的内部组成框图如图 8.35 所示，其中电压比较器 A 和比较器 B 的阈值电压分别为 $\frac{2}{3}(U_{CC}+U_{EE})$ 和 $\frac{1}{3}(U_{CC}+U_{EE})$，电流源 I_1 与电流源 I_2 的大小可以通过外接电阻调节，但要保证 $I_2 > I_1$。当触发器的输出为低电平时，电流源 I_2 断开，电流源 I_1 给电容 C 充

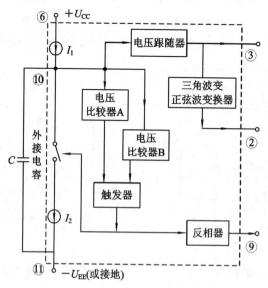

图 8.35 ICL8038 的内部组成框图

电，电容两端的电压 u_C 随时间上升，当上升到 $\frac{2}{3}(U_{CC}+U_{EE})$ 时，电压比较器 A 的输出电压发生跳变，使得触发器的输出电压变为高电平，电源 I_2 接通。由于 $I_2>I_1$，因此电容放电，u_C 随时间下降，当下降到 $\frac{1}{3}(U_{CC}+U_{EE})$ 时，电压比较器 B 的输出电压发生跳变，使触发器又变为低电平，此时，它又控制电子开关断开电流源 I_2，I_1 再次给电容 C 充电，u_C 随时间上升，如此反复，在第③引脚产生振荡波。

若取 $I_2=2I_1$，则电容 C 充放电时间常数相等，触发器输出方波，经反相器由第⑨引脚输出方波电压，则 u_C 上升与下降的时间相等，通过电压跟随器由第③引脚输出三角波。三角波电压通过电路内部的三角波变正弦波变换电路，由第②引脚输出正弦波电压。

若 $I_1<I_2<2I_1$，则 C 充放电时间常数不相等，即 u_C 上升和下降时间不等，这时由第③引脚输出锯齿波电压，由第⑨引脚输出矩形波电压。

可见，ICL8038 可输出方波、三角波、锯齿波和正弦波等电压波形。

2. 引脚排列

ICL8038 为塑封双列直插式集成电路，其引脚排列如图 8.36 所示。各引脚功能为：①和⑫为正弦波失真度调整端，改变外加电压值，可以改善正弦波失真；②为正弦波输出端；③为三角波输出端；⑨为矩形波输出端，因其为集电极开路形式，因此一般在它和外接正电源两端接一个电阻，通常取 10 kΩ 左右；④和⑤外接电阻，可以调整三角波的上升和下降时间；⑧为频率调节电压输入端，调频电压是指加在⑥和⑧之间的电压，它的值不应超过 $\frac{1}{3}(U_{CC}+U_{EE})$；⑦为频率偏置电压输出端，调频偏置电压是指⑥和⑦之间的电压，值为 $\frac{1}{5}(U_{CC}+U_{EE})$，可以作为⑧的输入电压，使用时⑦和⑧可直接相连。

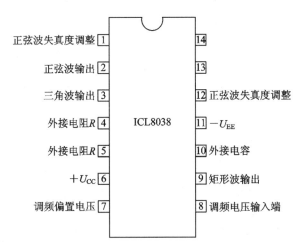

图 8.36 ICL8038 引脚排列

8.4.2 ICL8038 集成多功能信号发生器电路特点

ICL8038 是一款性能优良的集成函数发生器，由于其只需要很少的外部条件，故易于使用。其构成的电路特点有：

（1）既可用单电源供电，也可由双电源供电。单电源供电时，将引脚⑪接地，⑥脚接$+U_{CC}$，其值为 10～30 V；双电源供电时，引脚⑪接$-U_{EE}$，引脚⑥接$+U_{CC}$，$+U_{CC}$、$-U_{EE}$取值范围为 $\pm 5\sim \pm 15$ V。

（2）振荡频率范围宽，频率稳定性好。频率范围是 0.001 Hz～300 kHz，发生温度变化时产生低的频率漂移，频率温漂仅 50 ppm/℃（1 ppm=10^{-6}）。

（3）输出波形的失真小。正弦波输出具有低于 1% 的失真度；三角波输出具有 0.1% 的高线性度。

（4）矩形波占空比的调节范围很宽，$D=1\%\sim 99\%$，由此可获得窄脉冲、宽脉冲或方波。

（5）外围电路非常简单，易于制作。通过调节外部阻容元件值，即可改变振荡频率，产生正弦波、矩形波、三角波等波形。

8.4.3 ICL8038 集成多功能信号发生器的应用

1. ICL8038 的基本接法

ICL8038 集成多功能信号发生器有两种工作方式，即输出函数信号的频率调节电压可以由内部供给，也可以由外部供给。如图 8.37 所示为 ICL8038 最常见的由内部供给偏置电压调节的两种基本接法，由于 ICL8038 第⑨引脚，也就是矩形波输出端为集电极开路形式，所以常常需要外接电阻 R_L 到电源电压$+U_{CC}$。

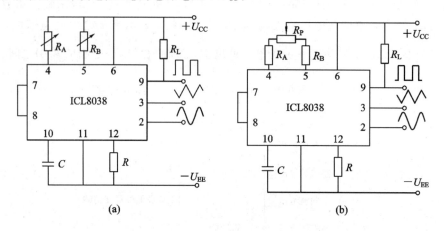

图 8.37　TCL8038 的两种基本接法

图 8.37(a)所示 R_A 和 R_B 作为固定电阻，分别接在 ICL8038 的第④和第⑤引脚上。图 8.37(b)所示 R_A 和 R_B 作为可调电阻，它们之间串接了一个可调电阻 R_P，R_P 调节端与电源相连，R_A 和 R_B 的另一端分别接在 ICL8038 的第④和第⑤引脚上。

因为图 8.37(a)中 R_A 和 R_B 分别独立，所以得到的波形比较好，其中 R_A 控制着三角波、正弦波的上升段和矩形波的高电平。根据 ICL8038 内部电路和外接电阻 R_A 和 R_B 及外接电容 C，可以推导出三角波、正弦波的上升段和矩形波的高电平持续时间 t_1 的表达式为

$$t_1 = \frac{R_A C}{0.66} \tag{8-47}$$

三角波、正弦波的下降段和矩形波的低电平持续时间 t_2 的表达式为

$$t_2 = \frac{R_A R_B C}{0.66(2R_A - R_B)} \tag{8-48}$$

由式(8-47)、(8-48)可得到基于 ICL8038 的三角波、正弦波和矩形波的频率计算公式为

$$f = \frac{1}{t_1 + t_2} = \frac{1}{\dfrac{R_A C}{0.66}\left(1 + \dfrac{R_B}{2R_A - R_B}\right)} \qquad (8-49)$$

如果令 $R_A = R_B = R$，则可以得到对称的三角波、方波和正弦波的频率为

$$f = \frac{0.33}{RC} \qquad (8-50)$$

为了减小正弦波输出失真，在引脚⑪和⑫之间的电阻 R 最好是可调电阻。通过细调这一电阻，可使正弦波失真小于 1%。

2. ICL8038 的典型应用

ICL8038 函数发生器所产生的正弦波是由三角波经非线性网络变换而获得的。该芯片的第①脚和第⑫脚就是为调节输出正弦波失真度而设置的。图 8.38 为一个调节输出正弦波失真度的典型应用，其中第①脚调节振荡电容充电时间过程中的非线性逼近点，第⑫脚调节振荡电容在放电时间过程中的非线性逼近点；在实际应用中，两只 100 kΩ 的电位器应选择多圈精密电位器，反复调节，可以达到很好的效果，调整它们可使正弦波失真度减小到 0.5%。在 R_A 和 R_B 不变的情况下，调整 R_{P1} 可使电路振荡频率最大值与最小值之比达到 100:1。在引脚⑧与引脚⑥之间直接加输入电压调节振荡频率，最高频率与最低频率之差可达到 1000:1。图中在 R_A 和 R_B 之间串接了一个 1 kΩ 的电位器 R_P，其作用是调节正弦波的失真度和改变方波占空比。当电位器的移动端处于中间位置使 $R_A = R_B$ 时，产生占空比为 50% 的方波信号。

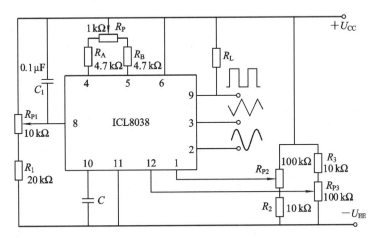

图 8.38　ICL8038 的典型应用

小　　结

信号发生器一般称为振荡器，它用于产生一定频率和幅值的电信号，通常分为正弦波振荡器和非正弦波振荡器两大类。正弦波振荡器一般分为 RC 振荡器、LC 振荡器和石英晶体振荡器。非正弦波振荡器一般分为方波振荡器、三角波振荡器和锯齿波振荡器等。

正弦波振荡器是利用选频网络,通过正反馈产生自激振荡的反馈型电路,它一般由放大电路、正反馈网络、选频网络以及稳幅电路所组成。

RC 正弦波振荡器一般用于产生 1 MHz 以下的低频信号,通常有文氏电桥振荡器和移相式振荡器。其中,文氏电桥振荡器是最常用的一种 RC 振荡器。

LC 正弦波振荡器一般用于产生 1 MHz 以上的正弦波信号,通常有变压器耦合式、电容三点式和电感三点式三种电路形式,其输出信号频率基本由 LC 谐振回路的谐振频率所决定,三点式振荡电路在实际应用中较为常用。

三点式振荡电路的组成特点是:三极管的 BE、CE 间接相同性质的电抗,而 BC 间则接与 BE、CE 间电抗特性相反的电抗,只要电路连接正确,一般就可以产生振荡。

石英晶体振荡器是利用频率稳定度极高的石英晶体谐振器作为选频网络,从而使电路输出频率非常稳定。它是一种极为常用的振荡器,一般有串联型和并联型两种电路形式。

ICL8038 多功能集成函数发生器既可以产生方波信号,也可以产生三角波和正弦波信号,而且可以通过外部控制电路,产生占空比可调的矩形波和锯齿波信号,它们的振荡频率还可以通过外加直流电压进行调节,是一种压控集成信号发生器。因此,ICL8038 有着广泛的应用领域。

习　题　八

8.1　判断下列说法是否正确:

(1) 对 LC 正弦波振荡器,反馈系数越大,必然越易起振。(　　)

(2) 西勒振荡器的优点是波段范围较宽。(　　)

(3) 对于正弦波振荡器,只要不满足相位平衡条件,即使放大电路的放大系数很大,也不可能产生正弦波振荡。(　　)

(4) 电容三点式振荡电路输出的谐波成分比电感三点式的大,因此波形较差。(　　)

(5) 晶体振荡器频率稳定度之所以比 LC 振荡器高,是因为晶体本身参数稳定。(　　)

8.2　产生正弦波振荡的条件是什么?

8.3　正弦波振荡电路由哪几部分组成?各部分的作用是什么?

8.4　试将图 8.39 所示各图中各点正确连接,使它们成为要求的正弦波振荡电路。

(1) 使图(a)成为电感三点式 LC 正弦波振荡电路。

(2) 使图(b)成为变压器反馈式正弦波振荡电路,且振荡频率 $f_o = \dfrac{1}{2\pi \sqrt{L_1 C}}$。

8.5　图 8.40 所示是 RC 桥式振荡电路,已知 $R_F = 10 \text{ k}\Omega$。

(1) 为保证振荡电路正常工作,R_3 应为多少?

(2) 求振荡频率 f_o。

(3) 若用一个热敏电阻 R_t 取代电阻 R_3,则 R_t 应具有怎样的温度特性?

8.6　已知电容三点式振荡器如图 8.41 所示,其中,$R_C = 2 \text{ k}\Omega$,$C_1 = 500 \text{ pF}$,$C_2 = 1000 \text{ pF}$,谐振频率 $f_o = 1 \text{ MHz}$,求:

(1) 回路的电感 L;

(2) 电路的反馈系数 F。

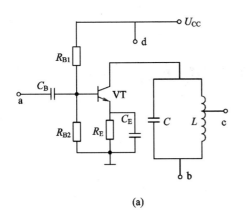

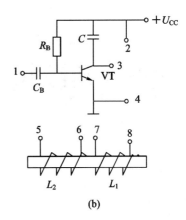

(a)   (b)

图 8.39 题 8.4 图

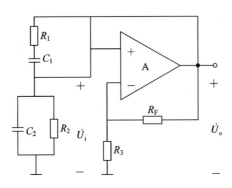

图 8.40 题 8.5 图

8.7 振荡电路如图 8.42 所示，已知 $L=25\ \mu\mathrm{H}$，$C_1=500\ \mathrm{pF}$，$C_2=1000\ \mathrm{pF}$，C_3 为可变电容，且调节范围为 $10\sim30\ \mathrm{pF}$，求振荡器频率 f_o 的范围。

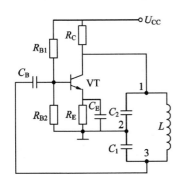

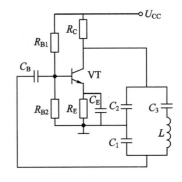

图 8.41 题 8.6 图   图 8.42 题 8.7 图

8.8 若石英晶体的参数为 $L_q=4\ \mathrm{H}$，$C_q=9\times10^{-2}\ \mathrm{pF}$，$C_o=3\ \mathrm{pF}$，$R_q=100\ \Omega$，求：

(1) 串联谐振频率；

(2) 并联谐振频率与串联谐振频率相差多少？求出它们的相对频差。

项目九　功率放大电路

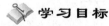 **学习目标**

- 掌握功率放大器的技术指标。
- 掌握互补对称功率放大电路的工作原理，并能进行功率估算。
- 熟悉常用集成功率放大器的型号和特性。
- 掌握集成功率放大器的典型应用。

技能目标

- 能识别常见的集成功率放大器。
- 能正确识别集成功放，知晓集成功放的用途。
- 能按照电路正确连接和使用集成功放。

【任务1】　音频功率放大器的设计

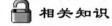 **学习目标**

- ◆ 了解功率放大器的特点及分类。
- ◆ 熟悉乙类互补对称功率放大电路的组成、分析计算。
- ◆ 正确理解甲乙类互补对称功放电路的工作原理。

技能目标

- ◆ 能安装功放电路，并能正确调试和测试。
- ◆ 会正确选择功放管。

相关知识

9.1.1　功率放大电路的特点和分类

前面章节中我们已经学习了电压放大器，它的主要技术指标有电压放大倍数、输入电阻和输出电阻等，其输入信号为小信号。而在电子电路设备的输出级（末级）一般都要将信号放大到足够的能量以驱动不同类型的负载，如我们所熟悉的收音机电路的输出级（末级）需要一定的能量来驱动扬声器使之发出声音。我们将输出级中能向负载提供一定能量的放大电路称为功率放大器，简称功放。从能量控制转换的角度来看，功率放大电路与前面介绍过的电压放大电路都是能量控制电路，只是它们各自完成的任务不同而已。

1. 功率放大电路的特点

由于功率放大器的主要任务是提供给负载比较大的输出功率，所以相对于前面介绍的电压放大电路具有如下特点：

1）输出功率（P_o）要足够大

输出功率 P_o 是指输出的交变电压和交变电流的乘积，也就是交流功率。功率放大器的主要任务是在具有一定的失真（或失真尽可能小）的情况下向负载提供充足的输出功率，以驱动负载。也就是说，输出信号中不仅要求电压幅值要大，电流幅值也要大，而且要尽可能失真小。因此，功率放大器中的三极管往往工作在接近极限参数的状态下。若令经过某功率放大电路后的输出信号的表达式为 $u_o(t) = U_{om}(\cos\omega_o t + \varphi_o)$，则输出功率 P_o 的表达式为

$$P_o = \frac{U_{om}}{\sqrt{2}} \times \frac{I_{om}}{\sqrt{2}} = \frac{1}{2}U_{om}I_{om} = U_o I_o \tag{9-1}$$

式中，U_{om}、I_{om} 分别表示在负载 R_L 上的输出电压和输出电流的振幅，U_o、I_o 分别表示输出电压、输出电流的有效值。

在实际使用中，我们尽可能地希望在负载上得到最大的输出功率，但在得到最大输出功率的同时电路内部消耗和电源提供的能量也大，所以在选用功放时，也要考虑转换效率和散热的问题。

2）转换效率（η）要高

功率放大器输出端的交流功率实质是将电源供给的直流能量转换成交流信号而得到的。如果功率放大器的效率不高，不仅会造成能量的浪费，而且消耗在电路内部的功率将转换为热量，使某些元器件和三极管损坏。故此，引入转换效率 η 来定量反映功率放大电路能量转换效率的高低。

功率放大电路的转换效率 η 定义为

$$\eta = \frac{P_{om}}{P_V} \times 100\% \tag{9-2}$$

式中，P_{om} 为信号的最大输出功率；P_V 为直流电源向电路提供的直流功率。效率 η 反映了功率放大器把电源的直流功率转换成输出交流信号功率的能力。转换效率越高，转换能力越强。

3）非线性失真（non-linear distortion）要小

由于三极管是非线性器件，且功率放大器一般置于电路的末级，所以功放三极管均处在大信号工作状态下，加之三极管器件本身的非线性问题，因而输出信号不可避免地会产生一定的非线性失真。谐波成分愈大，表明非线性失真愈大，通常用非线性失真系数 γ 表示，它等于谐波总量和基波成分之比；通常情况下，输出功率愈大，非线性失真就愈严重。因此，对于功率放大器来讲，在保证最大输出功率的同时，尽可能减小其非线性失真，应根据负载的要求将输出功率限制在规定的失真度范围之内。

4）散热要好

在功率放大电路中，电源提供的直流功率，一部分转换为负载的有用功率，而另一部分则消耗在功率管上，使功放管发热，导致功放管性能变差，甚至烧坏。为了使功放管输

出足够大的功率，又保证其安全可靠地工作，大部分的功放管都需要额外安装散热片来加以保护。

综上所述，对于功率放大电路，要求其输出波形失真要尽可能地小，效率尽可能地高，同时在功率三极管安全的前提下，输出功率尽可能地高。

2. 功率放大电路的分类

功率放大电路的电路形式很多，有各种不同的划分方式。

1）按放大信号频率分

按放大信号频率，功率放大器可分为低频功率放大器（简称低放）和高频功率放大器（简称高放）。低放主要用于放大音频信号（几十赫兹～几十千赫兹），如扬声器发出的声音等；高放主要用于放大射频信号（几百千赫兹～几千千赫兹甚至几万兆赫兹），如手机信号塔、广播电视台发射的信号等。高放在本书中不做介绍。

2）按导通角分

所谓导通角，亦即导通时间，是指信号在一个周期内使得功放管导通的时间或角度。功率放大器按照导通角可分为甲类、乙类、甲乙类和丙类四种。

此处以共射极放大电路为例加以说明。甲类功率放大器的特征是静态工作点 Q 设在放大区的中部，在输入信号的整个周期内，三极管都导通，即导通角为 $2\theta = 360°$（$\theta = 180°$ 称为通角），如图 9.1(a) 所示；乙类功率放大器的静态工作点设置在截止区，在输入信号的整个周期内，三极管仅在半个周期内导通，即导通角为 $2\theta = 180°$（$\theta = 90°$），如图 9.1(b) 所示；

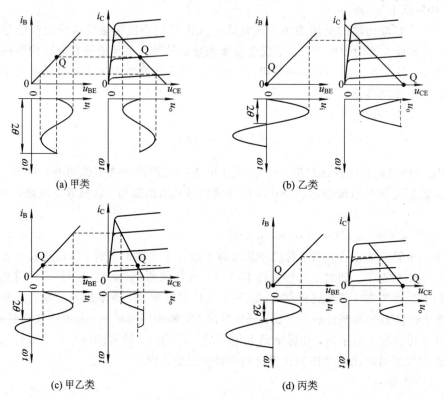

图 9.1　共射极放大电路

甲乙类功率放大器介于甲类和乙类放大器之间，在输入信号的整个周期内，三极管在大半个周期内导通，即导通角为 $180°<2\theta<360°(90°<\theta<180°)$，如图 9.1(c)所示；丙类功率放大器的特征是在输入信号的整个周期内，三极管在小半个周期内导通，即导通角为 $0°<2\theta<180°(0°<\theta<90°)$，如图 9.1(d)所示。

3）按构成器件分

按构成器件，功率放大器可分为分立元器件功率放大器和集成功率放大器。分立元器件功放调试比较复杂，容易受到外界干扰；而集成功放则使用方便，调试简单，应用广泛。

4）按电路结构分

按电路结构，功率放大器可分为单管功率放大器、变压器耦合推挽功率放大器和互补式无变压器耦合的对称功率放大器。单管功率放大器的效率低，而变压器耦合推挽功放体积大、笨重、频率特性差且不便于集成，因此两者的使用受到一定的限制。互补式无变压器耦合的对称功率放大器具有结构简单、体积小、易于集成的特点，因而得到广泛应用。互补式无变压器耦合的对称功率放大器常见的有 OTL 和 OCL 两种形式。

9.1.2 互补对称功率放大电路

互补对称功率放大电路是互补式无变压器耦合的对称功率放大器的简称，它常见的形式有双电源互补对称功率放大电路 OCL(Output Capacitorless，无输出电容)和单电源互补对称功率放大电路 OTL(Output Transformerless，无输出变压器)。

1. 双电源互补对称功率放大电路 OCL

1）电路组成及工作原理

双电源互补对称功率放大电路 OCL 如图 9.2 所示，图中 VT$_1$ 为 NPN 型三极管，VT$_2$ 为 PNP 型三极管。VT$_1$、VT$_2$ 的基极和发射极分别连接在一起，输入信号 u_i（正弦信号）从两个管子的共基极输入，输出信号 u_o 从两个管子的共射极输出，R_L 为负载电阻。很明显，OCL 实际上是两个射极输出器的组合。

双电源互补对称
放大电路

为保证工作状态良好，要求电路具有良好的对称性，即 VT$_1$ 和 VT$_2$ 管特性相同，且正电源 $+U_{CC}$ 和负电源 $-U_{CC}$ 也对称。当 $u_i=0$ 时，偏置为零，也就是说 VT$_1$、VT$_2$ 工作在乙类工作状态。在图 9.2 所示的 OCL 电路中，当 $u_i=0$（静态）时，由于 VT$_1$ 和 VT$_2$ 均无偏置，因此两个管子均处在截止状态，输出 $u_o=0$。

当 $u_i>0$ 时，在输入信号 u_i 的正半周，假设为上正下负，VT$_1$ 和 VT$_2$ 的共基极电压升高，VT$_1$ 此时为正向偏置导通，VT$_2$ 此时为反向偏置截止。所以 VT$_1$ 的集电极电流 i_{C1} 从电源 $+U_{CC}$ 经 VT$_1$ 的集电极流向发射极，再流经负载 R_L 到公共端，R_L

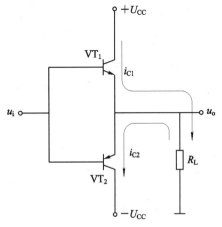

图 9.2 OCL 电路

上得到被放大了的负半周信号，此时输出电压 $u_o<0$ 为图 9.3 所示的前半周期。

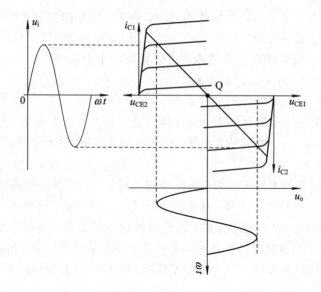

图 9.3　OCL 电路图解

当 $u_i < 0$ 时，在输入信号 u_i 的负半周，假设上负下正，VT_1 和 VT_2 的共基极电压降低，VT_1 此时为反向偏置截止，VT_2 此时为正向偏置导通。所以 VT_2 的集电极电流 i_{C2} 从公共端经负载 R_L 流向 VT_2 的发射极，再流到负电源 $-U_{CC}$，R_L 上得到被放大了的正半周信号，此时输出电压 $u_o > 0$，为图 9.3 所示的后半周期。

由上可见，在输入信号 u_i 变化的一个周期内，VT_1 和 VT_2 分别放大信号的正、负半周，使负载 R_L 上获得一个周期的完整的正弦波形 u_o。由于电路中的 VT_1 和 VT_2 交替工作，我们把这种交替工作的方式也称为推挽工作状态，又两个管子为乙类工作状态，所以把这种电路称为乙类推挽功率放大器。

2）性能指标估算

（1）输出功率 P_o。

由图 9.3 可知输出功率 P_o 为

$$P_o = \frac{U_{cem}}{\sqrt{2}} \times \frac{I_{cm}}{\sqrt{2}} = \frac{1}{2} U_{cem} I_{cm} = \frac{1}{2} \frac{U_{cem}^2}{R_L} \tag{9-3}$$

当考虑功放管的饱和压降 U_{ces} 时，功放电路输出电压的最大幅值为 $U_{cem} = U_{CC} - U_{ces}$，此时输出功率为最大不失真输出功率 P_{om}：

$$P_{om} = \frac{U_{CC} - U_{cem}}{\sqrt{2}} \times \frac{I_{cm}}{\sqrt{2}} = \frac{1}{2}(U_{CC} - U_{cem})I_{cm} = \frac{1}{2} \frac{(U_{CC} - U_{cem})^2}{R_L} \tag{9-4}$$

当进行估算时，即理想状态下，$U_{ces} = 0$，则有

$$P_{om} = \frac{U_{CC} - 0}{\sqrt{2}} \times \frac{I_{cm}}{\sqrt{2}} = \frac{1}{2} U_{CC} I_{cm} = \frac{1}{2} \frac{U_{CC}^2}{R_L} \tag{9-5}$$

（2）转换效率 η。由式（9-2）可知，要求输出功放的转换效率 η，先要求出电源供给的功率 P_V。在乙类互补推挽功率放大电路中，两个功放管是交替工作的，每个功放管的集电极电流的波形如图 9.4 所示，则其平均值 I_{AV} 为

$$I_{AV} = \frac{1}{T} \int_0^T i_C \, d(\omega t) = \frac{1}{2\pi} \int_0^{2\pi} I_{cm} \sin\omega t \, d(\omega t) = \frac{1}{\pi} I_{cm} \tag{9-6}$$

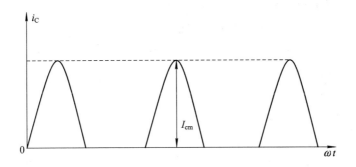

图 9.4　OCL 电路图解

由于上面的平均值 I_{AV} 是单个电源提供的，因此在一周期内的平均电流为两个电源提供的总功率 P_V 为

$$P_{\mathrm{V}} = 2 \times U_{\mathrm{CC}} I_{\mathrm{AV}} = 2 \times U_{\mathrm{CC}} \times \frac{1}{\pi} I_{\mathrm{cm}} = \frac{2}{\pi} U_{\mathrm{CC}} I_{\mathrm{cm}} = \frac{2}{\pi} \frac{U_{\mathrm{CC}} U_{\mathrm{cem}}}{R_{\mathrm{L}}} \tag{9-7}$$

将式(9-5)和式(9-7)带入式(9-2)，可得到乙类互补推挽功率放大器在理想状态下的转换效率为

$$\eta = \frac{P_{\mathrm{om}}}{P_{\mathrm{V}}} \times 100\% = \frac{\dfrac{1}{2} U_{\mathrm{CC}} I_{\mathrm{cm}}}{\dfrac{2}{\pi} U_{\mathrm{CC}} I_{\mathrm{cm}}} \times 100\% = \frac{\pi}{4} \times 100\% \approx 78.5\% \tag{9-8}$$

（3）管耗 P_{T}。

根据能量守恒定律，每个管子的管耗为

$$P_{\mathrm{T}} = \frac{1}{2}(P_{\mathrm{V}} - P_{\mathrm{o}}) = \frac{1}{2} \times \left(\frac{2}{\pi} U_{\mathrm{CC}} I_{\mathrm{cm}} - \frac{1}{2} \frac{U_{\mathrm{cem}}^2}{R_{\mathrm{L}}} \right) = \frac{1}{2} \left(\frac{2}{\pi} \times \frac{U_{\mathrm{CC}} U_{\mathrm{cem}}}{R_{\mathrm{L}}} - \frac{1}{2} \frac{U_{\mathrm{cem}}^2}{R_{\mathrm{L}}} \right)$$

$$= \frac{1}{R_{\mathrm{L}}} \left(\frac{U_{\mathrm{CC}} U_{\mathrm{cem}}}{\pi} - \frac{U_{\mathrm{cem}}^2}{4} \right) \tag{9-9}$$

将式(9-9)两边同时对 U_{cem} 求导数，并令其为零，可得到

$$\frac{\mathrm{d} P_{\mathrm{T}}}{\mathrm{d} U_{\mathrm{cem}}} = \frac{1}{R_{\mathrm{L}}} \left(\frac{U_{\mathrm{CC}}}{\pi} - \frac{U_{\mathrm{cem}}}{2} \right) = 0 \tag{9-10}$$

根据式(9-9)可求得，当 $U_{\mathrm{cem}} = 2U_{\mathrm{CC}}/\pi \approx 0.64U_{\mathrm{CC}}$ 时，管耗最大，可见最大管耗并不发生在输出最大时，而是发生在 $U_{\mathrm{cem}} \approx 0.64U_{\mathrm{CC}}$ 处，代入式(9-9)可得到每个管子的最大管耗为

$$P_{\mathrm{Tm}} = \frac{1}{R_{\mathrm{L}}} \left(\frac{2U_{\mathrm{CC}}^2}{\pi^2} - \frac{U_{\mathrm{CC}}^2}{\pi^2} \right) = \frac{2}{\pi^2} \frac{U_{\mathrm{CC}}^2}{R_{\mathrm{L}}} \tag{9-11}$$

将 P_{Tm} 与理想状态下($U_{\mathrm{ces}} = 0$)的最大不失真输出功率 P_{om} 联立，可求得

$$P_{\mathrm{Tm}} = \frac{1}{\pi^2} \frac{U_{\mathrm{CC}}^2}{R_{\mathrm{L}}} = \frac{1}{\pi^2} P_{\mathrm{om}} \approx 0.2 P_{\mathrm{om}} \tag{9-12}$$

上式表明，最大管耗的功率约为最大不失真($U_{\mathrm{ces}} = 0$)输出功率 P_{om} 的 0.2 倍。也就是说，最大管耗出现并不是输出功率最大时，而是发生在输出功率为 $0.2 P_{\mathrm{om}}$ 时。

从以上分析可知，若想得到预期的最大输出功率，则功放管的选择需满足以下原则：

（1）每个功放管的最大允许管耗 $P_{\mathrm{Tm}} \geqslant 0.2 P_{\mathrm{om}}$。

（2）功放管集电极和发射极的最大电压 $U_{\mathrm{ceo}} \geqslant 2U_{\mathrm{CC}}$。

（3）功放管的最大集电极电流 $I_{cm} \geqslant I_{om}$，以保护功放管。

【例 9.1】 在图 9.2 所示的电路中，已知：$+U_{CC} = -U_{CC} = 12$ V，$R_L = 8$ Ω，在理想状态下（$U_{ces} = 0$），求 P_{om} 以及此时的 P_{Tm}、P_V 及转换效率 η，并选择合适的功放管。

解 在理想状态下（$U_{ces} = 0$），由式（9-5）得

$$P_{om} = \frac{1}{2} \frac{U_{CC}^2}{R_L} = \frac{1}{2} \times \frac{12^2}{8} = 9 \text{ W}$$

由式（9-7）得

$$P_V = \frac{2}{\pi} \frac{U_{CC} U_{cem}}{R_L} = \frac{2}{\pi} \frac{U_{CC}(U_{CC} - U_{ces})}{R_L}$$

$$\approx \frac{2}{\pi} \frac{U_{CC}^2}{R_L} = \frac{4}{\pi} \times P_{om} = \frac{4}{\pi} \times 9 = 11.5 \text{ W}$$

$$\eta = \frac{P_{om}}{P_V} \times 100\% = \frac{9}{11.5} \times 100\% \approx 78.5\%$$

由式（9-12）得

$$P_{Tm} \approx 0.2 P_{om} = 0.2 \times 9 = 1.8 \text{ W}$$

功放管的选择只需满足 $U_{ceo} \geqslant 2U_{CC} = 2 \times 12 = 24$ V，$P_{Tm} \geqslant 0.2 P_{om} = 1.8$ W，$I_{cm} \geqslant I_{om} = \dfrac{U_{CC}}{R_L} = \dfrac{12}{8} = 1.5$ A 即可。

3）交越失真

在图 9.3 的分析中，我们将三极管特性曲线进行了折线化处理，而实际功放管的特性曲线为非线性，且发射结上存在着导通压降，在输入电压小于导通压降时，功放管截止，输出为零。在输出波形正负半周的交界处将造成波形失真，如图 9.5 所示。由于这种失真出现在通过零值处，故称为交越失真。

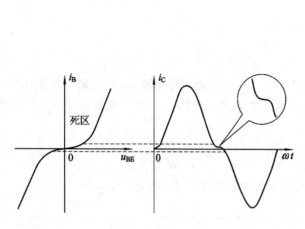

图 9.5 交越失真

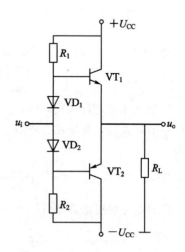

图 9.6 消除交越失真电路

交越失真的存在是乙类互补对称推挽功率放大器的严重不足，为了克服交越失真，就必须想办法克服功放管的死区电压，使每一个功放管处于微导通状态。输入信号一旦加入，功放管马上可以进入线性放大区。为此引入如图 9.6 所示的电路，偏置电路中使用了关键性元件二极管 VD_1、VD_2，当电路为静态（$u_i = 0$）时，由于二极管 VD_1、VD_2 正向导通，

在其上各自产生了一个导通电压,在二极管 VD_1、VD_2 三极管 VT_1 和 VT_2 构成的回路中,在二极管上产生的导通电压恰好用来克服三极管的死区电压,从而使得功放管 VT_1 和 VT_2 在静态时就处于微导通状态,只要输入信号稍有变化,功放管随即导通,进而消除了交越失真。我们将这种消除交越失真的功率放大电路称为甲乙类功率放大电路。

2. 单电源互补对称功率放大电路 OTL

双电源互补对称功率放大电路需要正、负两个电源为其提供能量,在实际中有时使用起来极不方便,而且资源比较浪费。因此实际应用中,常采用单电源供电的互补对称功率放大器。如图 9.7 所示,其中 VT_1 为前置放大。和甲乙类OCL 电路相比,此处仅用了一个正电源 $+U_{CC}$,功放管 VT_1 和 VT_3 两管的发射极通过一个大电容 C 接到负载 R_L 上。只要适当选择 R_1、R_2 和 R_E 的数值,二极管 VD_1、VD_2 提供基极偏置电压,即可使功放管 VT_1 和 VT_3 工作在甲乙类状态。静态时($u_i = 0$),由于输出功放管的对称

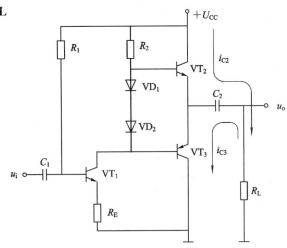

图 9.7 OTL 电路

性,两管的共发射极处的电位为 $U_{CC}/2$,电容 C 被充电至 $U_{CC}/2$。由于电容 C 的隔直作用,R_L 上无电流流过,输出电压 $u_o = 0$。

其工作过程如下:当 $u_i > 0$ 时,VT_2 管导通,电流如图中 i_{C2} 所示,U_{CC} 通过 VT_2 和 R_L 对 C 进行充电;当 $u_i < 0$ 时,VT_3 管导通,电流如图中 i_{C3} 所示,C 通过 VT_3 和 R_L 进行放电;这样在一个周期内,通过电容 C 的充、放电,在负载上得到完整的电压波形。

从单电源互补对称功率放大电路的工作原理可以得出,电容的放电起到了负电源的作用,从而相当于双电源工作。只是输出电压的幅度减少了一半,因此,最大输出功率、效率也都相应降低了。

3. 复合管 OTL 电路

功率放大电路要求输出功率越大越好,也就是其输出电流也要非常大。而一般功率管的电流放大倍数不是很大,为了得到较大的输出电流,往往利用复合管来实现这一目标。在 OTL 电路中,要使输出信号的正负半周对称,就要求 NPN 与 PNP 两个互补管的特性基本一致。一般小功率管容易配对,但是大功率管就非常困难,因此常用复合管来实现,组成互补对称功率放大电路。

复合管

所谓复合管就是将两个或两个以上的功放管采用一定的方式连接,以实现电流放大作用或互补管一致性的要求,作为一个管子使用。其具体的连接如图 9.8 所示。

复合管的组成原则是:

(1)要确保两只管子的各电极电流都能按正常的方向流通。

(2)前管的集电极、发射极只能与后管的基极、集电极连接。

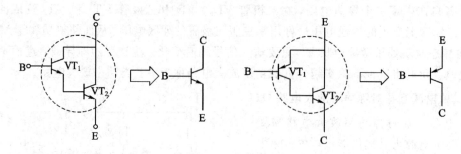

图 9.8　复合管

复合管的两个特点是：

(1) 复合管的电流放大系数近似为各个管的放大系数之积。

(2) 复合管的管型取决于第一个管子的管型。

技能训练

乙类和甲乙类互补对称仿真测试电路如图 9.9 所示。

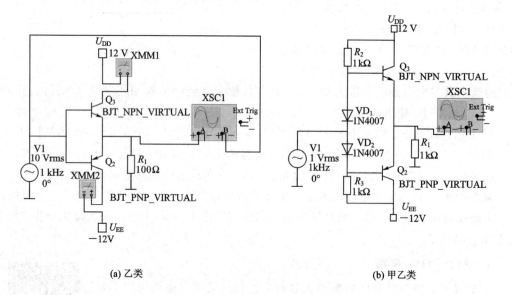

(a) 乙类　　　　　　　　　　　　　　　　　(b) 甲乙类

图 9.9　乙类、甲乙类互补对称仿真测试电路

测试步骤如下：

(1) 使 $u_i = 0$，测量两管集电极静态工作电流，并记录：$I_{C1} =$ ＿＿＿＿ ，$I_{C2} =$ ＿＿＿＿ 。

结论：互补对称电路的静态功耗＿＿＿＿＿＿＿（为零/较大）。

(2) 改变 u_i，使其 $f_i = 1$ kHz，$U_{im} = 10$ V，用示波器同时观察 u_i、u_o 的波形，并记录波形。

结论：互补对称电路的输出波形＿＿＿＿＿＿（不失真/失真）。

(3) 不接 VT_2，用示波器同时观察 u_i、u_o 的波形，并记录波形。

结论：晶体管 VT_1 基本工作在＿＿＿＿＿＿＿（甲类/乙类）状态。

(4) 不接 VT_1，接入 VT_2，用示波器同时观察 u_i、u_o 的波形，并记录波形。

（5）再接入 VT_1，用示波器测量 u_o 的幅度 U_{om}，计算输出功率 P_o 并记录：$P_o=$ ____。

（6）用万用表测量电源提供的平均直流电流 I_o，计算电源提供的功率 P_V、管耗 P_T 和转换效率 η，并记录：$P_T=$ ____，$\eta=$ ____。

结论：互补对称电路相对于甲类放大电路，其效率 _____（较高/较低）。

（7）在甲乙类互补对称电路中，使其 $f_i=1\ kHz$，$U_{im}=1\ V$，用示波器同时观察 u_i、u_o 的波形，并记录波形。

结果表明，甲乙类单电源互补对称电路 ____（可以/不可以）实现正常放大，但其不失真输出动态范围与甲乙类双电源互补对称电路相比 ____（小/接近/大）。

【任务 2】 集成功率放大器与应用

学习目标

◆ 熟悉常用集成功率放大器的型号和特性。
◆ 掌握集成功率放大器的典型应用。

技能训练

◆ 熟悉几种常用集成功放的组成和使用方法。

相关知识

由于集成功率放大器具有使用方便、成本不高、体积小、重量轻等优点，因而被广泛应用在收音机、录音机、电视机、直流伺服电路等功率放大电路中。当前国内外的集成功率放大器已有多种型号的产品。它们都具有体积小、工作稳定、易于安装和调试等特点。对于使用者来说，只要熟悉其外部特性和掌握了其外部线路的正确连接方法，就能方便地使用它们。

9.2.1 集成功率放大器介绍

1. TDA2030 集成功率放大电路

TDA2030 的电气性能稳定，并在内部集成了过载和热切断保护电路，能适应长时间连续工作，由于其金属外壳与负电源引脚相连，所以在单电源使用时，金属外壳可直接固定在散热片上并与地线（金属机箱）相接，无需绝缘，使用很方便。

TDA2030 的主要性能参数如下：

- 电源电压 $\pm 3 \sim \pm 18\ V$
- 输出峰值电流 $3.5\ A$
- 输入电阻 $>0.5\ M\Omega$
- 静态电流 $<60\ mA$
- 电压增益 $30\ dB$
- 频响 $0 \sim 140\ kHz$

TDA2030 外部引脚的排列如图 9.10 所示。其中引脚 1 为反相输入端，引脚 2 为同相输入端，引脚 3 为输出端，引脚 4、5 分别为负、正电源接入端。TDA2030 集成功放的典型应用如图 9.11 所示。

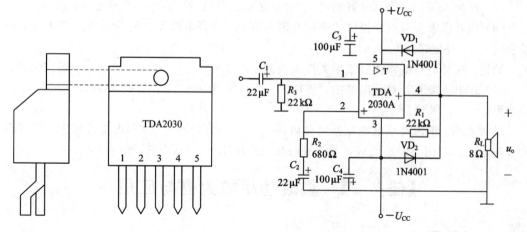

图 9.10 TDA2030 外部引脚的排列

图 9.11 TDA2030 构成的 OCL 电路

输入信号 u_i 由同相端输入，R_1、R_2、C_2 构成交流电压串联负反馈，因此，闭环电压放大倍数为

$$A_{uF} = 1 + \frac{R_1}{R_2} = 33$$

为了保持两输入端直流电阻平衡，使输入级偏置电流相等，选择 $R_3 = R_1$。VD_1、VD_2 起保护作用，用来释放 R_L 产生的感生电压，将输出端的最大电压钳位于 $(U_{CC} + 0.7\ V)$ 和 $(U_{CC} - 0.7\ V)$ 上。C_3、C_4 为"去耦电容"，用于减少电源内阻对交流信号的影响。C_1、C_2 为耦合电容。

2. LM386 集成功率放大电路

LM386 是一种音频集成功放，主要应用于低电压消费类产品中。为使外围元件最少，电压增益内置为 20。在 1 脚和 8 脚之间增加一只外接电阻和一只电容，便可将电压增益调为任意值，直至 200。由于它能灵活地应用于许多场合，所以通常又被称为万用放大器。

LM386 的外形和引脚排列如图 9.12 所示。它采用 8 脚双列直插式塑料封装，其额定工作电压范围为 4～16 V；当电源电压为 6 V 时，静态工作电流为 4 mA，因而极适合用电池供电；1 脚和 8 脚之间用外接电阻、电容元件来调整电路的电压增益；电路的频响范围较宽，可达到 300 kHz；最大允许功耗为 660 mW，使用时不需散热片；工作电压为 4 V，负载电阻为 4 Ω 时，输出功率约为 300 mW。LM386 集成功放的典型应用如图9.13 所示。

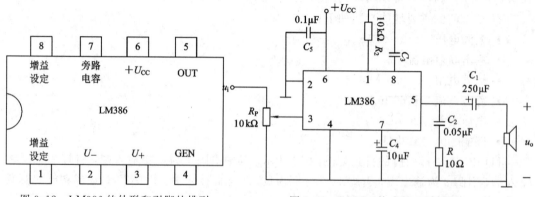

图 9.12 LM386 的外形和引脚的排列

图 9.13 LM386 构成的 OTL 电路

图 9.13 所示的电路是集成功率放大器 LM386 的典型用法。C_1 为输出电容，构成 OTL 电路。可调电位器 R_P 可调节扬声器的音量，R 和 C_2 串联构成校正网络来完成频率补偿，抵消电感高频的不良影响，以防止自激，R_2 用来改变电压增益，C_5 为电源滤波电容，C_4 为旁路电容。

3. LA4100 系列集成功率放大电路

LA4100 系列是日本三洋公司生产的 OTL 集成功放，它广泛用于收录机等电子设备中。

LA4100 系列集成功放的引脚排列如图 9.14 所示，它是带散热片的 14 脚 DIP（双列直插式）塑料封装结构。其中引脚 1 为功放输出端；引脚 2、3 为公共端；引脚 4、5 为消振端，通常在它们之间接一个小电容；引脚 6 为反馈端；引脚 7 和 11 为悬空端；引脚 8 为输入差分放大管的发射极引出端，一般悬空不用；引脚 9 为信号输入端；引脚 10 为纹波抑制端；引脚 12 为供前级电源端；引脚 13 为自举端；引脚 14 为电源端。LA4100 集成功放的典型应用如图 9.15 所示。

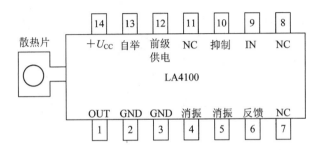

图 9.14 LA4100 的引脚排列

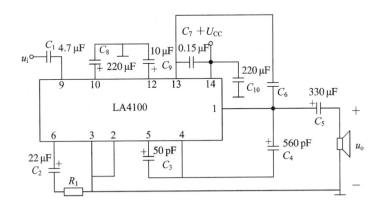

图 9.15 LA4100 构成的 OTL 电路

其中引脚 1 输出的信号经电容 C_5 耦合送到扬声器负载；引脚 4、5 间接的小电容 C_3 用来防止放大器产生高频自激振荡；引脚 6 外接的电容 C_2、电阻 R_1 与内部电路元件构成交流负反馈网络，调节 R_1，可适当改变放大倍数；引脚 13 外接自举电容 C_6，可以使输出管的动态范围增大。

9.2.2　应用集成功率放大器应注意的问题

功率放大电路中的功率管既要流过很大电流，又要承受很高的电压，所以为了保证功率放大电路中功率管的安全使用，在实际使用电路中，通常要注意以下几点。

1. 功率管的散热

在功率放大电路中，直流电源提供的功率一部分提供给负载；另一部分则由功率管主要以热能形式自身消耗。由于功率管在极限运用状态下工作，集电极的工作电流大，使集电结的结温升高，如果不采取措施把这些热量散发出去来降低结温，就会使功率管过热而损坏。如果采取适当措施散热，不仅可以提高功率管的输出功率，而且管子的使用寿命得以延长，所以功率管的散热问题是功率管使用中的一个重要问题，必须引起足够的重视。

通常的散热措施是给功放管加装散热片。散热片一般由导热性良好的金属材料制成，尺寸越大，散热能力越强。图 9.16 所示为常用散热片。

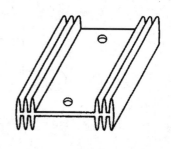

图 9.16　常用散热片示意图

散热片的散热效果与散热片的面积和其表面颜色有关，即面积、颜色与散热效果成正比，所以常把散热片涂成黑色，以提高散热效果。

2. 二次击穿

功率管在正常工作时，往往温度不是很高时会出现功放突然失效的现象，这种现象多数是因为功放管的"二次击穿"引起的。

图 9.17 所示为晶体三极管的二次击穿曲线。当集电极电压 u_{CE} 从 0 点逐渐增大至 A 点时，出现一次击穿。一次击穿是由于 u_{CE} 过大而引起的正常的雪崩击穿。当一次击穿出现时，只要立即采取措施，适当控制功率管的集电极电流 i_C，且进入一次击穿的时间也不长，功率管一般不会损坏，即可以恢复原状。这就是所谓的一次击穿。但是一次击穿出现后，如果没有及时采取有效措施，使 i_C 继续增大，功率管将迅速进入低电压大电流区（BC 段），这种现象称为二次击穿。二次击穿不可逆，功率管将彻底损坏。

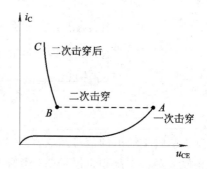

图 9.17　晶体三极管的二次击穿曲线

小　结

功率放大器的特点是：工作在大信号状态下，输出电压和输出电流都很大。要求在允许的失真条件下，尽可能提高输出功率和效率。

互补对称功率放大器的分类和区别是：互补对称功率放大器有 OCL、OTL 两种，是由两个管型相反的射极输出器组合而成的；两管轮流导通，然后在负载上合成一个完整的正弦波。两种电路的区别在于，OCL 用双电源供电，OTL 用单电源供电。

集成功率放大器的特点是：集成功率放大器具有体积小、重量轻、安装调试方便、外围电路简单等优点，是目前功率放大器发展的主要方向。

功率放大管的散热和保护十分重要，直接关系到功率放大器能否输出足够大的功率和功放管安全工作的问题。

习　题　九

9.1　功率放大器有哪些特点？功率放大器分为哪几类？

9.2　功率放大器与电压放大器的主要区别是什么？

9.3　乙类互补对称功率放大器为什么会产生交越失真？怎样消除交越失真？

9.4　组成复合管时应遵循哪些原则？复合管有什么特点？

9.5　功率放大器有哪些主要性能指标？

9.6　功率放大电路如图 9.18 所示，且运放为理想器件，电源电压为 ±12 V。

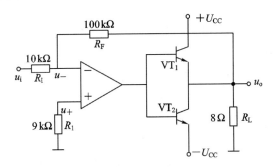

图 9.18　题 9.6 图

(1) 试分析 R_F 引入的反馈类型；

(2) 试求电压放大倍数；

(3) 试求 $U_i = \sin 3t$ V 时的输出功率 P_o、电源供给功率 P_V 及转换效率 η。

9.7　应用功率放大电路时应注意哪些问题？

9.8　功放电路如图 9.2 所示，设 $U_{CC} = 24$ V，$R_L = 8$ Ω，BJT 的极限参数为 $I_{cm} = 4.5$ A，$U_{ceo} = 75$ V，$P_{Tm} = 10$ W，试求：

(1) 最大输出功率 P_{om} 及最大输出时的 P_V 值，并检验所给 BJT 是否能安全工作。

(2) 放大电路在 $\eta = 0.65$ 时的输出功率 P_o 的值。

项目十 直流稳压电源与可控整流电路

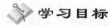 **学习目标**

■ 了解稳压电路的稳压系数。
■ 理解稳压电路的工作原理。
■ 掌握稳压电路的性能及元器件的选择。
■ 熟悉三端集成稳压器的性能及使用方法。
■ 了解可控整流电路的结构和工作特性。

技能目标

■ 能够设计简单的直流稳压电源，并能正确分析。
■ 会对三端集成稳压器的性能进行分析和使用。

【任务1】 直流稳压电源的设计

学习目标

◆ 理解稳压电路的作用。
◆ 掌握稳压电路的主要性能指标。

 相关知识

电子电路必须有直流电源才能工作，如何获得质量优良的直流电源，是我们要解决的问题。通常获得直流电源的方法较多，如干电池、蓄电池、直流电机等，但相比而言，最经济实用的是利用交流电源变换而成的直流电源。一般情况下，获取中小功率直流电源的方法是利用电网 220 V 交流电压，经过降压变压器降压，经整流和滤波电路后，得到一个幅值比较平滑的直流电压，再利用稳压电路使输出的直流电压稳定在负载需要的电压值上。其过程如图 10.1 所示。

电力电子技术研究的是以晶闸管为主体的一系列功率半导体器件的应用技术。由于晶闸管具有容量大、效率高、控制特性好、寿命长、体积小等优点而获得了快速发展。晶闸管的应用一般可分为可控硅整流、逆变与变频、交流调压、直流斩波调压及无触点开关等方面。

交流电经过整流、滤波电路后，可以得到平滑的直流电。但是，由于电压变压器、整流电路、滤波电路都具有一定的阻抗，当电网电压波动或负载变化时，输出的平滑直流电压值仍将发生波动，所以，通常在整流、滤波电路后再接上稳压电路。稳压电路的作用就是：

当电网电压波动或负载变化时，能够使得输出的直流电压保持稳定。常用的稳压电路有稳压管稳压电路、串联型稳压电路及开关型稳压电路等。

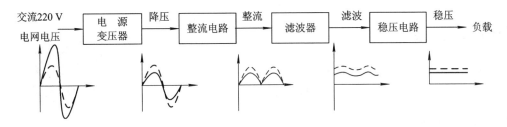

图 10.1　直流稳压电源结构框图及信号变化流程图

稳压电路的主要性能指标一般分为特性指标和质量指标两种。特性指标一般有允许的输入电压、输出电压、输出电流和输出电压调节范围等；质量指标是用来衡量输出直流电压的稳定程度的，一般包括稳压系数、输出电阻、温度系数以及纹波电压等参数。下面介绍几个主要的质量指标。

1. 稳压系数 S

稳压系数 S 是指当环境温度和负载不变时，稳压电路输出电压的相对变化量与稳压电路输入电压的相对变化量之比，即

$$S = \frac{\Delta U_o / U_o}{\Delta U_i / U_i} \quad (R_L \text{ 为常数，} T \text{ 为常数}) \tag{10-1}$$

稳压系数反映了稳压电路克服因输入电压变化而引起输出电压变化的能力。此值越小越好，S 值越小，说明电路稳压性能越好。

2. 输出电阻 R_o

输出电阻 R_o 是指当稳压电路的输入电压与环境温度不变时，稳压电路输出电压的变化量与稳压电路输出电流的变化量之比，即

$$R_o = \frac{\Delta U_o}{\Delta I_o} \quad (U_i \text{ 为常数，} T \text{ 为常数}) \tag{10-2}$$

输出电阻反映了稳压电路克服因负载变化而引起输出电压变化的能力。此值越小越好，R_o 值越小，这种能力越强。

3. 输出电压的温度系数 S_T

S_T 是指在规定的温度范围内，当稳压电路的输入电压、负载不变时，单位温度变化所引起的输出电压的变化量，即

$$S_T = \frac{\Delta U_o}{\Delta T} \quad (U_i \text{ 为常数，} R_L \text{ 为常数}) \tag{10-3}$$

S_T 反映了稳压电路克服因温度变化而引起输出电压变化的能力。S_T 值越小，这种能力越强。

4. 输出纹波电压 $\widetilde{U}_o$

输出纹波电压 $\widetilde{U}_o$ 是指稳压电路输出端交流分量的有效值，一般为毫伏数量级，表示输出电压的微小波动。

当然，衡量稳压电路性能的还有其他指标，请参阅其他参考资料。

【任务 2】 硅稳压管稳压电路与应用

 学习目标

◆ 了解硅稳压管稳压电路的组成。
◆ 掌握硅稳压管稳压电路的工作原理及特性。

技能目标

◆ 能够对硅稳压管稳压电路选择合适的元器件。

硅稳压二极管稳压电路

相关知识

硅稳压二极管是应用在伏安特性反向击穿区的特殊二极管。其伏安特性曲线、符号和主要参数在项目一的特殊二极管中已经做了详细介绍，这里在之前介绍稳压二极管的基本知识的基础上，主要讲解硅稳压二极管的稳压电路及应用。

1. 电路结构

硅稳压管稳压电路是一种最简单的直流稳压电路，它是利用二极管反向击穿时的伏安特性进行稳压的，当二极管反向击穿时，尽管击穿电流增加很多，但其两端的电压基本保持不变，这样，只要控制二极管反向击穿时电流不致过大，其两端的压降就基本不变。

常见的稳压管稳压电路如图 10.2 所示。它是由负载 R_L、稳压管 VD_Z 及调压电阻 R 组成的。U_i 是输入的直流电压，由整流滤波电路提供。

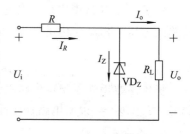

图 10.2　稳压管稳压电路

2. 工作原理

当输入电压 U_i 不变时，若负载 R_L 减小，则输出电流 I_o 增大，而 $I_R = I_Z + I_o$，故 I_R 增大。又 I_R 的增大使 U_R 增大，从而使 U_o 减小（$U_o = U_i - U_R$）。又 $U_o = U_Z$，故 U_o 减小，使 I_Z 减小，I_Z 减小，使 I_R 和 U_R 减小，U_o 增大，从而使 U_o 基本稳定不变。其稳压过程可描述如下：

$$R_L \downarrow \rightarrow I_o \uparrow \rightarrow I_R \uparrow \rightarrow U_R \uparrow \rightarrow U_o \downarrow \rightarrow I_Z \downarrow \rightarrow I_R \downarrow \rightarrow U_R \downarrow \rightarrow U_o \uparrow$$

反之，若输入电压 U_i 不变，负载 R_L 增大，稳压电路亦能保证 U_o 基本不变。其稳压过程如下：

$$R_L \uparrow \rightarrow I_o \downarrow \rightarrow I_R \downarrow \rightarrow U_R \downarrow \rightarrow U_o \uparrow \rightarrow I_Z \uparrow \rightarrow I_R \uparrow \rightarrow U_R \uparrow \rightarrow U_o \downarrow$$

当负载 R_L 不变时，若输入电压 U_i 增大或减小，稳压管稳压电路亦能使 U_o 基本不变，其稳压过程如下。

当 U_i 增大时：

$$U_i \uparrow \rightarrow U_o \uparrow \rightarrow I_Z \uparrow \rightarrow I_R \uparrow \rightarrow U_R \uparrow \rightarrow U_o \downarrow$$

当 U_i 减小时：

$$U_i \downarrow \rightarrow U_o \downarrow \rightarrow I_Z \downarrow \rightarrow I_R \downarrow \rightarrow U_R \downarrow \rightarrow U_o \uparrow$$

从上述稳压过程可知，电阻 R 在稳压过程中起到了调整电压的作用，故称为调压电阻。只有稳压二极管的稳压作用与电阻 R 的调压作用相配合，才能得到良好的稳压效果。此外，由于输出电压 U_o 由稳压管决定，所以不能调整。同时，由于 I_Z 的分流作用，所以二极管稳压电路不能输出大电流，因而，带负载能力差。

3. 稳压性能估算

1）稳压电路的输出电阻 R_o

根据输出电阻 R_o 的定义，当温度及输入电压不变时，$R_o = \Delta U_o / \Delta I_o$，且可以把图 10.2 所示的稳压电路根据戴维南定理等效为图 10.3 所示的等效电路。其中，r_Z 为稳压二极管的动态电阻，一般为十几欧姆到几十欧姆；而 U_Z 则为稳压二极管起稳压作用时的等效压降。由等效电路可求得输出电阻 R_o 为

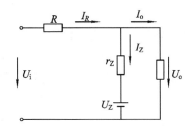

图 10.3　硅稳压二极管稳压电路的等效电路

$$R_o = R \mathbin{/\mkern-5mu/} r_Z \approx r_Z \tag{10-4}$$

R_o 也就是稳压电路的内阻。R_o 值越小，表示在负载电流 I_o 变化 ΔI_o 时，输出电压变化的量 ΔU_o 越小，即稳压电路的带负载能力越强。

2）稳压电路的稳压系数 S

根据稳压系数的定义，当环境温度及负载不变时，$S = (\Delta U_o / U_o)/(\Delta I_o / I_o)$，由等效电路图 10.3 可求得

$$\Delta U_o = \frac{\Delta U_i}{R + r_Z \mathbin{/\mkern-5mu/} R_L}(r_Z \mathbin{/\mkern-5mu/} R_L)$$

由此有

$$\frac{\Delta U_o}{\Delta U_i} = \frac{r_Z \mathbin{/\mkern-5mu/} R_L}{R + r_Z \mathbin{/\mkern-5mu/} R_L}$$

所以，稳压系数为

$$S = \frac{\Delta U_o / U_o}{\Delta U_i / U_i} = \frac{\Delta U_o}{\Delta U_i} \frac{U_i}{U_o} = \frac{r_Z \mathbin{/\mkern-5mu/} R_L}{R + r_Z \mathbin{/\mkern-5mu/} R_L} \frac{U_i}{U_o} \approx \frac{r_Z}{R} \frac{U_i}{U_o} \tag{10-5}$$

因为稳压系数 S 越小，则稳压性能越好，所以，由式（10-5）可见，为了减小稳压系数 S，应尽量减小稳压二极管的动态电阻 r_Z，加大限流电阻 R。但是，若 R 过大，则它的压降会过大，也不太经济。

4. 电路元件及参数的选择

为了使稳压二极管工作在反向击穿状态时具有足够小的动态电阻 r_Z，则流过稳压管的工作电流应满足手册上所规定的 $I_{Zmin} < I_Z < I_{Zmax}$，即稳压二极管的工作电流不能太大，也不能过小。也就是说，限流电阻 R 必须保证当电网电压波动或负载变化时，能够使得稳压二极管始终工作在它的稳压区内。因此，R 值不能过大，也不能过小。由电路可知，R 值的确定必须考虑稳压电路的两种最不利的极端情况。若出现两种极端情况时，稳压电路能正常稳压，则稳压电路就能正常工作。

一种情况是：当整流滤波后的电压 U_i 达到最大值 U_{imax} 而负载电流 I_o 却为最小值 I_{omin}

时，由图 10.2 电路可知，此时流经稳压二极管的电流 I_Z 最大；若电路要能正常稳压，则此时稳压二极管的工作电流 I_Z 必须小于其在稳压范围内的最大工作电流 I_{Zmax}，由电路有

$$\frac{U_{imax} - U_o}{R} - I_{omin} < I_{Zmax}$$

即

$$R > \frac{U_{imax} - U_o}{I_{Zmax} + I_{omin}}$$

另一种情况是：当整流滤波后的电压 U_i 为最小值而负载电流 I_o 却为最大值时，流过稳压二极管的电流 I_Z 最小。同理，若电路能正常稳压，则此时稳压二极管的工作电流 I_Z 必须大于稳压二极管稳压范围内的最小工作电流 I_{Zmin}，根据电路可求得

$$\frac{U_{imin} - U_o}{R} - I_{omax} > I_{Zmin}$$

即

$$R < \frac{U_{imin} - U_o}{I_{Zmin} + I_{omax}}$$

由以上分析可知，限流电阻 R 必须满足以下关系式：

$$\frac{U_{imax} - U_o}{I_{Zmax} + I_{omin}} < R < \frac{U_{imin} - U_o}{I_{Zmin} + I_{omax}} \tag{10-6}$$

这里应该指出的是，稳压二极管稳压电路应严防限流电阻 R 被短路，也不能随意断开负载 R_L。因为负载断开，就意味着稳压二极管电流在此时所增加的值几乎就等于负载电流，若此时的稳压管总电流超过其 I_{Zmax}，则稳压管就会损坏。

同时，一般限流电阻 R 的额定功率按下式选择：

$$P = (2 \sim 3) \frac{(U_{imax} - U_o)^2}{R} \tag{10-7}$$

通常，稳压二极管的最大反向电流 I_{Zmax} 应大于负载电流最大值 I_{omax}，所以，稳压二极管一般按以下公式选择：

$$U_Z = U_o \tag{10-8}$$

$$I_{Zmax} = (1.5 \sim 3) I_{omax} \tag{10-9}$$

又由于限流电阻 R 上有压降，因此，稳压电路的输入电压应大于负载电压 U_o，若 R 上电压降过小，则 R 的电压调节范围也较小，电路的稳压效果就较差；但是，若 R 上压降过大，则能量损失会偏大。一般电路按以下公式确定稳压电路的输入电压 U_i：

$$U_i = (2 \sim 3) U_o \tag{10-10}$$

【任务 3】　串联型稳压电路与应用

学习目标

◆ 了解串联型晶体三极管稳压电路的组成。

◆ 掌握串联型晶体三极管稳压电路的工作原理及特性。

◆ 了解串联型晶体三极管稳压电路的过载保护措施。

技能目标

◆ 理解串联型晶体三极管稳压电路的工作性能，并能正确分析。

◆ 理解串联型晶体三极管稳压电路的过载保护原理，并能够实际应用。

串联型三极管
稳压电路

相关知识

由于稳压管稳压电路不能输出大电流，输出电压不可调，因此，在要求输出大电流、输出电压连续可调的情况下，就需要采用串联型三极管稳压电路。

10.3.1　串联型三极管稳压电路的组成

串联型晶体三极管稳压电路的组成框图如图 10.4 所示，一般由电压调整环节、比较放大电路、基准电源和采样电路四部分组成。采样电路的作用是把输出电压及其变化量采集出来加到比较放大电路的输入端。基准电源的作用是为稳压电路提供稳定的基准电压。比较放大电路用于将采样电路采集的电压与基准电压进行比较并放大，并推动电压调整环节工作。电压调整环节是在比较放大电路的推动下，根据调整量改变输出电压，使输出电压保持稳定。

常见的串联型晶体管稳压电路如图 10.5 所示。R_1、R_2 构成采样电路；R_1、VD_Z 为基准电源电路；VT_1、R_4 构成比较放大电路；VT_2 为电压调整环节，R_L 为负载。由于 VT_2 的电流与负载电流 I_o 近似相等，故可将 VT_2 与负载 R_L 看成串联关系，所以此电路称为串联型稳压电路。

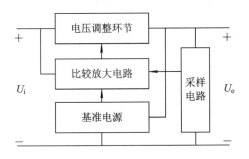

图 10.4　串联型晶体管稳压电路组成框图

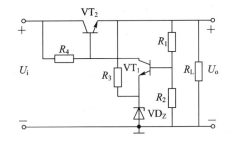

图 10.5　常见的串联型晶体管稳压电路

10.3.2　串联型三极管稳压电路的工作原理

从图 10.5 可以看出，当 U_i 固定不变时，若负载 R_L 增大，则输出电压 U_o 下降，通过 R_1、R_2 的分压作用，使 VT_1 基极电压 U_{B1} 下降，从而使 $U_{BE1}(=U_{B1}-U_{E2})$ 减小，而 U_{BE1} 的减小使 I_{C1} 减小、U_{C1} 升高。又 $U_{C1}=U_{B2}$，VT_2 组成的放大电路为射极跟随器，$U_{E2}\approx U_{B2}$，$U_{E2}=U_o$，所以 U_o 升高，即通过调整，U_o 基本不变。其稳压过程可表示如下：

$$R_L \uparrow \rightarrow U_o \downarrow \rightarrow U_{B1} \downarrow \rightarrow U_{BE1} \downarrow \rightarrow I_{C1} \downarrow \rightarrow U_{C1} \uparrow \rightarrow U_o \uparrow$$

同理，当负载减小时，U_o 升高，通过电路的反馈作用，U_o 基本保持不变。

当负载 R_L 不变时，若输入电压 U_i 升高，U_o 将升高，通过 R_1、R_2 的分压作用，VT_1

的 U_{B1} 升高，U_{BE1} 升高，I_{C1} 增大，U_{C1} 减小，即 U_{B2} 减小，进而 U_{E2} 减小，U_o 下降，U_o 基本不变。其过程如下：

$$U_i\uparrow \to U_o\uparrow \to U_{B1}\uparrow \to U_{BE1}\uparrow \to I_{C1}\uparrow \to U_{C1}\downarrow \to U_{B2}\downarrow \to U_{E2}\downarrow \to U_o\downarrow$$

同理，当 U_i 下降时，U_o 下降，通过电路的反馈作用，U_o 基本保持不变。

通过上述过程的分析，串联型晶体三极管稳压电路输出电压是稳定的，且其稳定度随比较放大电路倍数的增大而提高。同时，由于输出电压 U_o 取决于采样电路的分压比和基准电压值，与输出电压、负载大小无关，这样通过改变采样电路的分压比就可以改变输出电压的大小，即输出电压连续可调。

10.3.3　串联型三极管稳压电路输出电压的计算

下面分析线性稳压电路输出电压 U_o 与其基准电压 U_Z 之间的关系。由图 10.5 电路可求得

$$U_{B2} = \frac{U_o}{R_1 + R_2 + R_P}(R_2 + R_{P2})$$

$$U_{B2} = U_{BE2} + U_Z$$

所以有

$$\frac{U_o}{R_1 + R_2 + R_P}(R_2 + R_{P2}) = U_{BE2} + U_Z$$

即

$$U_o = \frac{R_1 + R_2 + R_P}{R_2 + R_{P2}}(U_{BE2} + U_Z) \tag{10-11}$$

由式（10-11）可以看出，输出电压 U_o 与基准电压 U_Z 成正比，而与采样电路中直接决定取样值大小的电阻 $R_2 + R_{P2}$ 值成反比。

当电位器 R_P 调至最低点，即 $R_{P2} = 0$，R_{P2} 值最小时，输出电压 U_o 达到最大值 U_{omax}，其值为

$$U_{omax} = \frac{R_1 + R_2 + R_P}{R_2}(U_{BE2} + U_Z) \tag{10-12}$$

当电位器 R_P 调至最高点，即 $R_{P2} = R_P$，R_{P2} 值最大时，输出电压 U_o 达到最小值 U_{omin}，其值为

$$U_{omin} = \frac{R_1 + R_2 + R_P}{R_2 + R_P}(U_{BE2} + U_Z) \tag{10-13}$$

因此，带放大环节的三极管串联型线性稳压电路可输出的稳定的输出电压 U_o 值的范围为

$$\frac{R_1 + R_2 + R_P}{R_2 + R_P}(U_{BE2} + U_Z) \leqslant U_o \leqslant \frac{R_1 + R_2 + R_P}{R_2}(U_{BE2} + U_Z) \tag{10-14}$$

从以上分析可以看出，输出电压值取决于采样电路和基准电压值，而与输入电压 U_i、负载 R_L 的大小无关。

10.3.4　串联型三极管稳压电路的过载保护措施

在串联型稳压电路中，由于负载电流全部流过调整管，因而当负载发生短路时，将使

调整管因电流过大、发热而损坏。因此，必须设置保护措施，当负载电流过大超限时，保护电路起作用，使调整管不致因功耗过大而损坏。通常采用限流型保护和截流型保护两种保护措施。限流型保护是当负载电流过大超限时，利用限流保护电路限制功率调整管流过的电流，从而达到保护电路的目的。截流型保护是当负载电流过大超限时，利用截流保护电路使功率调整管截止，从而达到保护电路的目的。下面介绍一种限流型保护电路的工作原理，如图 10.6 所示。

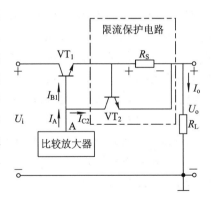

图 10.6　限流型保护电路

图中，R_S 为检测电阻。正常工作时，负载电流 I_o 在 R_S 上形成的压降 U_{RS} 小于 VT_2 导通电压 V_{BE2}，

VT_2 截止，稳压电路正常工作。当负载电流 I_o 增大超过允许值时，U_{RS} 增大，使 VT_2 导通，比较放大电路输出电流 I_A 被 VT_2 分流，使流入调整 VT_1 的基极电流受到限制，从而使输出电流 I_o 受到限制，进而保护了调整管 VT_1 及整个电路。

【任务 4】　三端稳压器与应用

学习目标

◆ 了解三端集成稳压器的类型和基本应用。
◆ 掌握不同类型三端集成稳压器的特点和性能。

技能目标

◆ 掌握三端集成稳压器的性能，并能够运用。

相关知识

10.4.1　三端集成稳压器

1. 三端集成稳压器的特点与类型

1）三端集成稳压器的特点

把稳压电路及其保护电路等制作在一块硅片上，就形成了集成稳压电路。它具有体积小、重量轻、使用调整方便、运行可靠和价格低廉等一系列优点，因而得到了广泛应用。目前集成稳压电源的规格种类繁多，具体电路结构也有差异。最简单的是三端集成稳压电路，它只有三个引线端，即输入端、输出端及公共端，故称为三端稳压管。

2）三端集成稳压器的类型

三端集成稳压器分为两大类，即固定式和可调式。固定式三端集成稳压器的输出电压固定不变，不用调节。它的型号主要有 W78×× 和 W79×× 两个系列。其中，最后两位数"××"表示稳压器的输出电压，如"05"表示输出电压为 5 V，"12"表示输出电压为 12 V，等等。通常三端集成稳压器输出的电压等级主要有 5 V、6 V、9 V、12 V、15 V、18 V、

24 V 等。W78××系列为正电压输出，W79××系列为
负电压输出。如 W7805 表示输出电压稳压值为 +5 V，
W7905 表示输出电压稳压值为 −5 V。W78××系列的
1 端为输入端，2 端为输出端，3 端为公共端。W79××
系列的 1 端为公共端，2 端为输出端，3 端为输入端。三
端稳压器的外形如图 10.7 所示。

可调式三端集成稳压器的输出电压在一定范围内连
续可调，其外型及表示符号与固定式完全相同，只是型
号不同。可调式集成稳压器常见的国内型号有 CW117/

图 10.7　三端集成稳压器的外形

CW217/CW317 和 CW137/CW237/CW337，对应的国外型号为 LM117/LM217/LM317 和
LM137/LM237/LM337。其中，17 系列为正电压稳压器，37 系列为负电压稳压器。

2. 三端集成稳压器的基本应用电路

三端集成稳压器的基本应用电路如图 10.8 所示。其中电容 C_1 是在输入引线较长时用
于抵消其电感效应，以防止产生自激。电容 C_2 用来减小输出脉动电压并改善负载的瞬态
效应。使用时，应防止公共端开路。

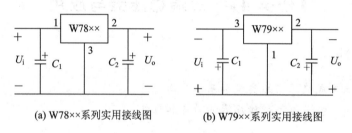

(a) W78××系列实用接线图　　　　　(b) W79××系列实用接线图

图 10.8　三端集成稳压器实用接线图

10.4.2　开关式稳压电路

在前面介绍的串联型晶体管稳压电路中，由于调整管工作在线性放大区，功耗很大，
不仅效率低，而且需要散热，因此体积较大，且又笨重。这种稳压电源已无法满足集成度
日益增高、体积日益减小的电子设备，如计算机的需要。为此，开关式稳压电路应运而生。

开关式稳压电路是将串联型稳压电路中的调整管由线性工作状态改为开关工作状态，
即只有饱和与截止两种状态。这样，当调整管饱和时，有大电流流过，但其饱和压降很小，
因而管耗很小。当调整管截止时，尽管压降大，但流过的电流很小，因而管耗也很小。因
此，开关电源可以做成功耗小、体积小、重量轻的电源。

开关式稳压电路的工作原理示意图如图 10.9 所示。

在图 10.9(a)中，开关 S 表示工作于开关状态的调整管，称为调整开关。调整开关以一
定的频率导通和关断，并在负载上输出脉冲电压，如图 10.9(b)所示，其输出电压平均
值为

$$u_o = \frac{t_1}{T}U_i = qU_i \qquad\qquad (10-15)$$

式中，t_1 为脉冲宽度，即开关接通的时间。T 为脉冲的周期，即开关的工作周期。U_i 为输

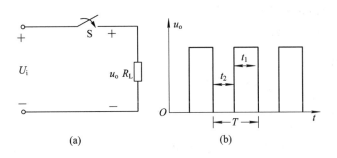

图 10.9　开关式稳压电路工作原理示意图

入电压。q 为占空比，即 $q = t_1/T$。

从式(10-15)可以看出，要想改变输出电压，可通过改变脉冲的占空比来实现，具体有两种方法：一种是固定开关的频率，改变脉冲的宽度 t_1，使输出电压变化，这种方式称为脉宽调制型开关电源，通常用 PWM 表示；另一种是固定脉冲宽度而改变脉冲的周期，使输出电压变化，这种方式称为脉冲率调制型开关电源，通常用 PFM 表示。目前较为流行的是 PWM 调节方式。

与线性电源相同，开关电源也是用电路本身形成的反馈回路来实现自动调节的，只是在电路中，除了有采样环节、基准电源、比较放大电路以外，还增加了电压—脉冲转换电路。它是由把比较放大器的输出电压转换成脉冲宽度的脉宽调制器和一个固定频率的脉冲振荡器组成的。图 10.10 所示电路就是一个 PWM 型开关电源电路。图中 I_S 是恒流源，VT_1 是调整开关，VT_2 是驱动管，VD 是续流二极管，L 是储能器并与 C 组成滤波器，R 和 VD_2 是基准电源，R_1、R_P 和 R_2 组成采样电路，A 是比较放大器，PWM 是电压—脉冲转换电路。电路工作原理本书不作叙述。

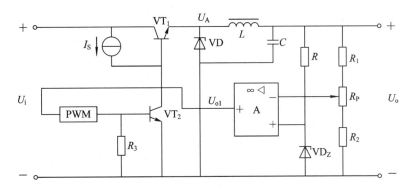

图 10.10　脉宽调制型开关电源

【任务 5】　认 识 晶 闸 管

学习目标

◆ 了解晶闸管的结构。

◆ 掌握晶闸管的工作特性。

◆ 理解晶闸管的伏安特性。

◆ 熟悉晶闸管的主要参数。

 技能目标

◆ 能识别不同封装的二极管。

相关知识

可控整流电路是输出电压大小可以控制的电路，实现这种控制的半导体器件是晶闸管。晶闸管(习惯称为可控硅管)是在硅整流二极管的基础上发展起来的新型大功率变流器件。晶闸管具有可控的导电特性，能以小功率信号控制大功率系统，从而使电子技术从弱电领域进入强电领域。它具有体积小、重量轻、效率高、无火花、无机械磨损、开关速度高、维护简便等许多优点，因此自 20 世纪 50 年代发明以来，晶闸管的制造和应用技术发展很快，在可控整流、交流调压、逆变、变频等技术中得到了广泛应用。

1. 晶闸管的结构

晶闸管由 PNPN 四层半导体构成，有三个 PN 结(J_1、J_2、J_3)和三个电极(阳极 A，阴极 K，门极 G)，其结构示意图和电路符号如图 10.11 所示。

大功率晶闸管的外形有螺栓型(如图 10.12(a)所示)和平板型两种。200 A 以下的晶闸管采用螺栓型，其带有螺栓的一端是阳极 A，利用它可以和散热器固定，另一端引线粗的为阴极 K，引线细的为门极 G。200 A 以上的晶闸管采用平板型，如图 10.12(b)所示。小功率晶闸管多采用管式，外形与普通小功率三极管相似，如图 10.12(c)、(d)所示。

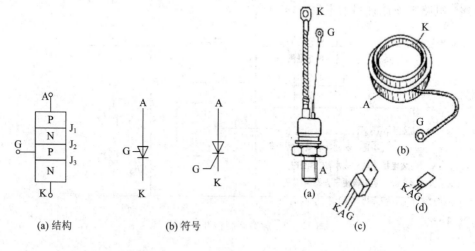

图 10.11　晶闸管的结构和符号　　　图 10.12　晶闸管的外形

2. 晶闸管的工作特性

为了直观地说明晶闸管的工作特性，可以用图 10.13 所示电路来进行实验。

如图 10.13(a)所示，晶闸管阳极接电源的正极，阴极经灯泡接电源负极，晶闸管承受正向电压，门极电路开关 S 断开，这时灯 L 不亮，说明晶闸管 VD 不导通。

如图 10.13(b)所示，晶闸管的阳极和阴极之间加正向电压，开关 S 闭合，门极相对于阴极也加正向电压,这时灯泡 L 亮,说明晶闸管 VD 导通。

晶闸管导通后,将图 10.13(b)中的开关 S 断开,去掉门极上的电压,灯泡仍然亮,表明晶闸管导通后,门极就失去了控制作用。

如图 10.13(c)所示,在晶闸管的阳极和阴极之间加反向电压,无论门极加或不加正向电压,灯泡 L 都不亮,晶闸管 VD 不导通。

如果门极加反向电压,无论晶闸管的阳极与阴极之间加正向电压还是反向电压,晶闸管均不导通。

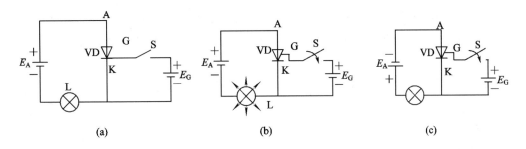

图 10.13　晶闸管导通实验电路

由以上实验可以得出晶闸管有以下导电特性:

(1)要使晶闸管导通,必须同时具备两个条件:

① 阳极与阴极之间加正向电压。

② 门极与阴极之间加适当的正向电压(实际应用中,门极加正向触发脉冲)。

(2)晶闸管一旦导通,门极即失去控制作用。

(3)要使导通的晶闸管关断,必须减小阳极电流,使之小于维持晶闸管导通的最小阳极电流,或者在阳极和阴极之间加反向电压。

3. 晶闸管的阳极伏安特性

在门极电流 I_G 一定的条件下,晶闸管阳极电压 U_A 与阳极电流 I_A 之间的关系,称为晶闸管的阳极伏安特性,如图 10.14 所示。

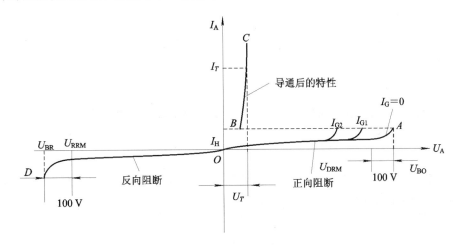

图 10.14　晶闸管的阳极伏安特性

1) 正向阻断特性

在门极电流 $I_G=0$，阳极和阴极之间的正向电压小于某一数值时，管子只有很小的正向阳极漏电流，晶闸管处于正向阻断状态。

2) 正向导通特性

当正向电压上升到 U_{BO}（曲线上 A 点对应电压）时，漏电流突然增大，晶闸管由正向阻断状态转化为正向导通，此时对应的电压 U_{BO} 称为正向转折电压。晶闸管导通后，管压降大约为 1 V 左右，对应曲线 BC 段，其特性与二极管正向特性相似。

当门极加有正向触发电压后，即 $I_G>0$ 时，晶闸管从正向阻断状态转化为正向导通状态，所需的阳极电压比 U_{BO} 要小，并且 I_G 越大，管子由阻断变为导通所需的阳极电压越小。

晶闸管导通后，如果减小阳极电流 I_A，当 I_A 小于维持电流 I_H 时，晶闸管从导通转变为正向阻断。

3) 反向特性

晶闸管的反向特性与普通二极管相似，当反向电压小于 U_{BR} 时，管子的反向漏电流很小，晶闸管处于反向阻断状态；当反向电压大于 U_{BR} 后，反向漏电流突然增大，管子被反向击穿（造成永久损坏），电压 U_{BR} 称为反向转折电压。

4. 晶闸管的主要参数

1) 断态重复峰值电压 U_{DRM}

断态重复峰值电压 U_{DRM} 即在额定结温和门极开路，且晶闸管处于正向阻断的条件下，允许重复加在阳极和阴极之间的最大正向峰值电压。通常，$U_{DRM}=(U_{BO}-100)$ V。

2) 反向重复峰值电压 U_{RRM}

反向重复峰值电压 U_{RRM} 即在额定结温和门极断路的条件下，允许重复加在阳极和阴极之间的反向峰值电压。$U_{RRM}=(U_{BR}-100)$V，通常 U_{DRM} 和 U_{RRM} 数值基本相等，习惯上统称为峰值电压。

3) 通态平均电流 I_T

通态平均电流 I_T 即在规定的环境温度和标准散热条件下，晶闸管允许通过工频半波电流的平均值，也称为额定正向平均电流。

4) 维持电流 I_H

维持电流 I_H 即晶闸管导通后，在规定环境温度和门极开路的条件下，维持晶闸管持续导通的最小阳极电流。

5) 门极触发电压 U_G

门极触发电压 U_G 即在室温下，阳极和阴极之间加 6 V 正向电压，使晶闸管由阻断状态变为完全导通状态所需的最小门极直流电压，一般为 1~5 V。

6) 门极触发电流 I_G

门极触发电流 I_G 即在室温下，阳极与阴极之间加 6 V 正向电压，使晶闸管从阻断状态变为完全导通状态所需的最小门极直流电流，一般为几十到几百毫安。

【任务6】 可控整流电路与应用

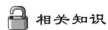 **学习目标**

◆ 了解单相、三相可控整流电路的基本结构和特点。

◆ 理解单相、三相可控整流电路的工作原理。

技能目标

◆ 能够对单相、三相可控整流电路进行分析，并能够运用。

相关知识

10.6.1 单相可控整流电路

用晶闸管全部或部分取代各类整流电流中的整流二极管，就能组成输出电压连续可调的可控整流电路。单相可控整流电路多用于小容量(10 kW 以下)的可控整流设备中。

1. 单相半波可控整流电路

单相半波可控整流电路如图 10.15(a)所示，u_2 是输入的交流电压，R_L 为负载电阻。

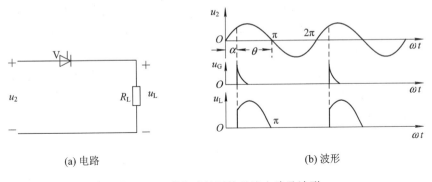

(a) 电路   (b) 波形

图 10.15 单相半波可控整流电路及波形

1) 工作原理

当 ωt 在 $0 \sim \alpha$ 范围内时，u_2 为正半周，晶闸管阳极与阴极之间受正向电压，但是门极无正向触发电压，因此晶闸管不导通；在 $\omega t = \alpha$ 时，给门极加上触发脉冲，晶闸管被触发导通，忽略晶闸管的管压降，负载上的电压 u_L 等于 u_2。

当交流电压 u_2 下降到接近零值时，晶闸管的阳极电流小于维持电流而关断。

在 u_2 的负半周时，晶闸管受反向电压，处于反向阻断状态，负载上的电压 u_L 等于零。

在 u_2 的第二个正半周内，第二个触发脉冲在 $\omega t = 2\pi + \alpha$ 时加在晶闸管门极，晶闸管再次导通。这样触发脉冲周期性地重复加在门极上，负载 R_L 上可以得到单向脉冲直流电压。R_L 上的电压波形如图 10.15(b)所示。

从波形图可知，只要改变门极触发脉冲出现的角度 α(α 叫控制角)，就能改变晶闸管导通的角度 θ(θ 叫导通角)，从而改变电压 u_L 的波形，这样就控制了输出电压的大小。

控制角 α 的变化范围是 $0\sim180°$，显然导通角 $\theta=\pi-\alpha$。

2）电路参数计算

（1）负载 R_L 上电压的平均值 U_L。

可以证明：

$$U_L = 0.45U_2 \times \frac{1+\cos\alpha}{2} \qquad (10-16)$$

式中，U_2 是变压器次级电压有效值。

（2）负载上流过的平均电流 I_L 为

$$I_L = \frac{U_L}{R_L} \qquad (10-17)$$

晶闸管阳极电流 I_A 为

$$I_A = I_L \qquad (10-18)$$

（3）晶闸管承受的最大反向电压 U_{AKM} 为

$$U_{AKM} = \sqrt{2}U_2 \qquad (10-19)$$

2. 单相半控桥式整流

图 10.16(a) 为单相半控桥式整流电路，它是将单相桥式整流中的两只二极管换成晶闸管组成的。

1）工作原理

在 u_2 正半周时，V_1 受正向电压，当 $\omega t=\alpha$ 时，给 V_1 和 V_2 同时加入触发脉冲，V_1 被触发导通，V_2 因为受反向电压处于反向阻断，而二极管 VD_2 受正向电压导通，VD_1 反向截止。电流回路是 $a\rightarrow V_1\rightarrow R_L\rightarrow VD_2\rightarrow b$，负载 R_L 上的电压 $u_L=u_2$。

在 u_2 负半周时，V_2 受正向电压，当 $\omega t=\pi+\alpha$ 时，第二个脉冲触发 V_2 导通，V_1 反向阻断，VD_1 受正向电压导通，VD_2 反向截止。电流回路是 $b\rightarrow V_2\rightarrow R_L\rightarrow VD_1\rightarrow a$，电压 $u_L=u_2$。工作波形如图 10.16(b) 所示。

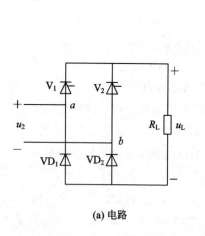

(a) 电路

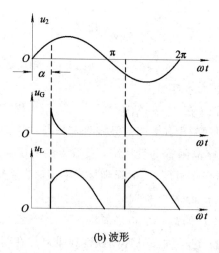

(b) 波形

图 10.16　单相半控桥式整流电路及波形

2）电路参数计算

（1）平均电压 U_L 为

$$U_L = 0.9U_2 \frac{1 + \cos\alpha}{2} \qquad (10-20)$$

式中，U_2 为 u_2 的有效值。

（2）平均电流 I_L 为

$$I_L = \frac{U_L}{R_L} \qquad (10-21)$$

晶闸管和二极管的平均电流 I_A、I_D 为

$$I_A = I_D = 0.5I_L \qquad (10-22)$$

（3）晶闸管和二极管承受的最大反向电压 U_{AKM}、U_{DRM} 为

$$U_{AKM} = U_{DRM} = \sqrt{2}U_2 \qquad (10-23)$$

10.6.2 三相半控桥式整流电路

图 10.17 为三相半控桥式整流电路，它是将三相桥式整流中的三只二极管换成晶闸管组成。

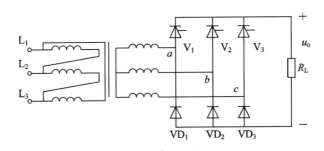

图 10.17 三相半控桥式整流电路

1）工作原理

因为电路的工作情况与控制角 α 有密切关系，故按照控制角的不同作如下分析。

在三相可控整流电路中，规定自然换相点为控制角 α 的起点。

当 $\alpha = 0°$ 时，触发脉冲由上自然换相点处依次加到晶闸管的门极，三只晶闸管轮流被触发导通，在上自然换相点处依次换流，三只二极管在下自然换相点处依次换流。工作情况与三相桥式整流一样，输出波形也相同，每只晶闸管的导通角 $\theta = 120°$。

当 $0° < \alpha \leqslant 60°$ 时，如 $\alpha = 30°$，在第一个触发脉冲出现时刻，晶闸管 V_1 被触发导通，此时 a 点电位最高，b 点电位最低。因此，晶闸管 V_2、V_3 反向阻断，二极管 VD_2 正向导通，VD_1 和 VD_3 反向截止，电流回路为 $a \rightarrow V_1 \rightarrow R_L \rightarrow VD_2 \rightarrow b$，负载电压为 u_{ab}。过自然换相点后，c 点电位最低，VD_2 和 VD_3 在换相点处换流，VD_3 导通，VD_2 截止，负载电压为 u_{ac}。当第二个触发脉冲出现时，晶闸管 V_2 被触发导通，V_2 导通后迫使 V_1 受反向电压而关断，负载电压为 u_{bc}。

由以上分析可得，三只共阴极的晶闸管在触发脉冲出现时刻强迫换流，而三只共阳极的二极管在下自然换相点换流，每只管子的导通角均为 $120°$。

在 $60° < \alpha \leqslant 180°$ 时，如 $\alpha = 90°$，当第一个触发脉冲出现时，晶闸管 V_1 被触发导通，此时 a 点电位最高，c 点电位最低，因此晶闸管 V_2、V_3 反向阻断，二极管 VD_3 导通，而 VD_1 和 VD_2 反向截止，负载电压为 u_{ac}，当 a 相和 c 相电压相等时，晶闸管 V_1 自动关断，负载

电压等于零，相隔一段时间(30°)后，第二个脉冲触发晶闸管 V_2 导通，同时 VD_1 也正向导通，电路又重复以上工作过程。

由以上分析可知，当 $\alpha > 60°$ 时，输出电压波形不连续，出现间断，晶闸管和二极管的导通角 $\theta < 120°$。

2）电路参数计算

(1) 输出直流电压 U_L 和负载电流 I_L。

由数学知识可推出：

$$U_L = 2.34 U_2 \times \frac{1 + \cos\alpha}{2} \qquad (10-24)$$

式中，U_2 为变压器次级相电压有效值，α 为控制角。

$$I_L = \frac{U_L}{R_L} \qquad (10-25)$$

(2) 晶闸管的平均电流和正、最大反向电压为

$$I_A = \frac{1}{3} I_L \qquad (10-26)$$

$$U_{AKM} = U_{KAM} = \sqrt{3}\sqrt{2} U_2 = 2.45 U_2 \qquad (10-27)$$

(3) 二极管的平均电流和最大反向电压为

$$I_D = I_A = \frac{1}{3} I_L \qquad (10-28)$$

$$U_{DRM} = \sqrt{3}\sqrt{2} U_2 = 2.45 U_2 \qquad (10-29)$$

【任务7】 认识单结晶体管及其触发电路

学习目标

◆ 了解单结晶体管的结构和特点。

◆ 理解单结晶体管的伏安特性。

◆ 了解单结晶体管振荡电路和同步触发电路的组成和工作原理。

技能目标

◆ 能够识别单结晶体管，并能对单结晶体管所构成的电路进行简单运用。

相关知识

晶闸管由阻断变为导通，必须给门极加上适当的触发电压，改变触发脉冲的相位角 α 的大小，就可以改变输出电压的大小。能给晶闸管门极提供触发信号的电路，称为触发电路。根据晶闸管的性能和主电路的实际情况，对触发电路的基本要求如下：

(1) 触发电路要能够提供足够的触发功率，以保证晶闸管可靠导通。

(2) 触发脉冲要有足够的宽度，脉冲前沿应尽量陡直。

(3) 触发脉冲必须与主电路的交流电压同步，以保证主电路在每个周期里有相同的导通角。

（4）触发脉冲的相位角有一定的变化范围，以满足对主电路的控制要求。

触发电路的种类较多，本节只介绍实际应用中比较常见的单结晶体管触发电路。

1. 单结晶体管

1）结构

单结晶体管（简称单结管）外形与普通三极管一样，有三个电极，但它内部只有一个 PN 结，结构示意图如图 10.18 所示。它是在一块高电阻率的 N 型硅片一侧的两端引出两个欧姆接触的电极，分别称为第一基极 B_1 和第二基极 B_2，所以又称单结管为双基极二极管。在两个基极之间靠近 B_2 的另一侧掺入 P 型杂质，形成一个 PN 结，从 P 型区引出一个电极，称为发射极 E。

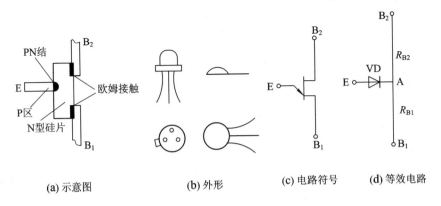

(a) 示意图　　　(b) 外形　　　(c) 电路符号　　　(d) 等效电路

图 10.18　单结晶体管

2）伏安特性

单结管发射极电流 I_E 与发射极电压 U_E 之间的关系曲线，称为伏安特性曲线。它可以通过图 10.19(a) 所示的测试电路得出。

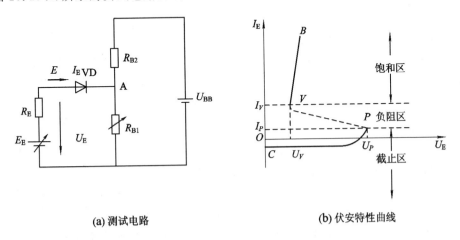

(a) 测试电路　　　　　　(b) 伏安特性曲线

图 10.19　测试伏安特性电路及伏安特性曲线

在 B_1 和 B_2 之间加直流电源 U_{BB}，在 E 和 B_1 之间接限流电阻 R_E 和可调直流电源 E_E。调节 E_E 使 U_E 和 I_E 变化，便可得到图 10.19(b) 所示的曲线。

当发射极 E 开路时，图 10.19(a) 中 A 点对 B_1 间的电压为 U_A，即

$$U_A = \frac{R_{B1}}{R_{B1} + R_{B2}} \times U_{BB} = \eta U_{BB}$$

式中，η 是单结管的重要参数，称为分压比，它由管子的结构决定，其值在 0.3～0.8 之间。

当发射极电压 $U_E < U_A = \eta U_{BB}$ 时，图中的等效二极管 VD 反偏截止，发射极只有很小（1 μA 以下）的反向电流，随着 U_E 的增大，在 $U_E = U_A$ 时，二极管处于零偏置，此时 $I_E = 0$。U_E 继续增大，二极管变为正偏，在 $U_E < U_A$ 时，I_E 数值很小，因此对应曲线的 CP 段称为单结管的截止区。

当 U_E 增大到 $U_E = U_P$ 时，二极管 VD 完全导通，I_E 迅速增加，单结管由截止转为导通。P 点所对应的电压 U_P 和电流 I_P 分别称为单结管的峰点电压和峰点电流，对应曲线的 VB 段称为单结管的饱和区。

峰点电压 $U_P = U_A + U_D$（U_D 为二极管的压降）。

综上所述，单结管具有如下工作特性：

（1）当发射极电压 U_E 小于峰点电压 U_P 时，单结管为截止状态；当 U_E 上升到等于峰点电压 U_P 时，单结管由截止转为饱和导通。

（2）单结管导通后，若发射极电压 U_E 小于谷点电压 U_V，单结管由导通转为截止状态。

（3）峰点电压 U_P 与管子的分压比 η 及外加电压 U_{BB} 有关。

2. 单结晶体管振荡电路

单结晶体管振荡电路如图 10.20(a)所示，单结管与电阻、电容组成自激振荡电路，产生间隔相等、周期可调的脉冲电压。

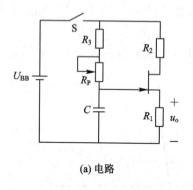

(a) 电路

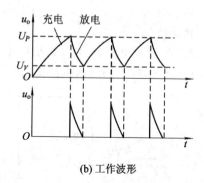

(b) 工作波形

图 10.20　单结晶体管振荡电路

闭合开关 S 后，电源 U_{BB} 经电阻 R_3、R_P 向电容 C 充电，电容电压 u_C 按指数规律上升，且 u_C 上升的快慢决定于 RC 的数值。在 $u_C < U_P$ 时，单结管截止，R_1 上无脉冲电压；当电压 u_C 上升到等于 U_P 时，单结管突然由截止转入导通，电容经 E 与 B_1 间电阻向外接电阻 R_1 放电，因放电速度比充电速度快得多，u_C 迅速下降，当 u_C 下降到谷点电压 U_V 时，单结管截止。这样电路完成一次振荡，电阻 R_1 上就输出一个正向尖脉冲电压。

此后，电容又开始充电，电路重复以上工作过程。显然，调整电位器 R_P 可改变电容充电时间，从而改变输出脉冲的周期。比如 R_P 增大时，周期增大；反之 R_P 减小，周期变小，工作波形见图 10.20(b)。

3. 单结晶体管同步触发电路

由触发电路的基本要求可知，触发脉冲必须与主电路的交流电源同步，即要求触发脉冲在晶闸管每个导通周期内的固定时刻发出，以保证晶闸管在每个导电周期内具有相同的导通角，只有这样，才能保证输出电压平均值稳定。

使触发脉冲与主电路同步的方法很多，图 10.21 是常用的采用同步变压器获得同步的单结管同步触发电路。其工作原理如下：

同步变压器 T 与主电路共用一交流电源，副边输出电压经桥式整流，稳压管削波限幅，得到的电压作为单结管振荡电路的电源。当交流电压过零时，单结管基极 B_1 和 B_2 间电压 U_{BB} 也过零，单结管内部 A 点电位 $U_A = 0$，可使电容上的电荷很快放掉，在下一半周开始电容又从零开始充电，这样保证了每周期触发电路送出的第一个脉冲距离过零时刻的相位角一致，达到同步的目的。

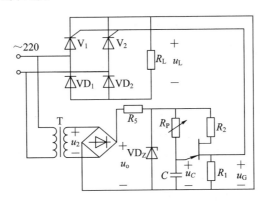

图 10.21　单结管同步触发电路

电路中的稳压管 VD_Z 和限流电阻 R_5 起削波作用，把桥式整流输出电压顶部削掉，变成梯形波。其工作波形如图 10.22 所示。

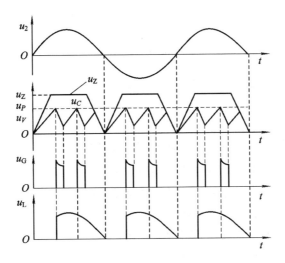

图 10.22　单结管同步触发电路波形图

小　结

　　直流稳压电源是电子设备中的重要组成部分，用来将交流电转变为稳定的直流电。它一般由电源变压器，整流、滤波电路和稳压电路等组成。对直流稳压电源的主要要求是：输入电压变化或负载变化时，输出电压应保持稳定。直流稳压电源的性能可用特性指标和质量指标来衡量。

　　为了保证输出电压不受电网电压、负载和温度的变化而产生波动，一般在整流、滤波后再接入稳压电路，在小功率供电系统中，通常采用串联型稳压电路，而对于中、大功率稳压电源一般则采用开关稳压电路。

　　硅稳压二极管稳压电路的结构简单，但输出电流小，稳压特性不够好，一般用于要求不高的小电流稳压电路中。

　　三极管串联型稳压电路是利用三极管作为调整器件与负载串联，从输出电压中取出一部分电压，与基准电压进行比较，产生误差电压，该误差电压放大后去控制调整管，从而使输出电压稳定。它一般由采样电路、基准电路、比较放大电路和调整电路组成。

　　三端集成稳压器具有体积小、安装方便、工作可靠等优点。它有固定电压输出和可调电压输出以及正电压输出和负电压输出之分。78×× 系列为固定正电压输出，79×× 系列为固定负电压输出。使用时应注意稳压器引脚排列的差异。

　　开关稳压电源是通过控制开关管的导通时间来使输出电压稳定的，它具有效率高、稳压效果好等优点，在中、大功率电源中得到了广泛应用。

　　晶闸管由 PNPN 四层半导体构成，有三个 PN 结(J_1、J_2、J_3)和三个电极(阳极 A，阴极 K，门极 G)，具有正向截止、正向导通和反向阻断的特性，可构成单相可控整流和三相可控整流电路。

　　单结晶体管(简称单结管)外形与普通三极管一样，有三个电极，但它内部只有一个 PN 结。

习　题　十

10.1　获取中小功率直流电源常用的途径是什么？

10.2　试分析稳压管稳压电路的工作原理。

10.3　串联型稳压电路主要由哪几部分组成？它实质上依靠什么原理来稳压？

10.4　串联型稳压电路中基准电源的作用是什么？

10.5　试分析串联型稳压电路存在的不足。

10.6　串联型晶体管稳压电路的过载保护有哪些措施？

10.7　三端集成稳压器有哪几种类型？并说说各种类型中的主要系列。

10.8　试举一例三端集成稳压器的应用电路。

10.9　简述开关式稳压电路的工作原理。

10.10　晶闸管导通的条件是什么？导通后流过晶闸管的电流由哪些因素决定？晶闸管的关断条件是什么？如何实现？晶闸管处于阻断状态时其两端电压由什么决定？

10.11　型号为 KP100—3 的晶闸管，维持电流 $I_H = 4$ mA，使用在图 10.23 电路中是否合理？说明理由。（不考虑电压、电流裕量）

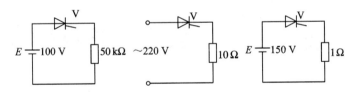

图 10.23　题 10.11 图

10.12　温度升高时，晶闸管的触发电流、正反向漏电流、维持电流以及正向转折电压、反向击穿电压各将如何变化？

10.13　三相半控桥式整流电路中，变压器次级相电压有效值 $U_2 = 220$ V，控制角 $\alpha = 60°$，负载 $R_L = 50$ Ω，求输出直流电压 U_o、直流电流 I_L、流过每只可控硅的平均电流 I_A 和每只可控硅承受的最大反向电压 U_{KAM}。

10.14　单相交流晶闸管调压器如图 10.24 所示，试分析其工作原理，并画出 $\alpha = 90°$ 时 u_L 的波形。

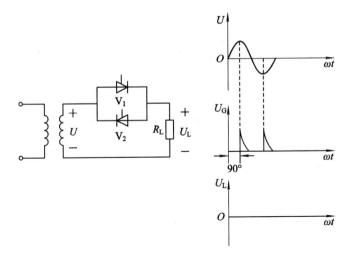

图 10.24　题 10.14 图

项目十一　数字电路基础

 学习目标

- 了解数字电路中逻辑的基本概念。
- 掌握基本逻辑运算关系，熟悉复合逻辑运算关系。
- 理解集成逻辑门电路的组成及意义。
- 熟悉并掌握逻辑函数的几种表示及转换方法。
- 了解逻辑函数的代数化简法，掌握卡诺图化简法。

技能目标

- 掌握各种逻辑关系，并能够对逻辑函数的几种表示方法进行相互转换。
- 会对任意逻辑函数进行卡诺图化简。

【任务 1】　掌握各种逻辑运算

 学习目标

- ◆ 了解数字电路中逻辑的基本概念。
- ◆ 掌握基本逻辑运算关系，熟悉复合逻辑运算关系。
- ◆ 理解集成逻辑门电路的组成及意义。

技能目标

- ◆ 能够区分模拟、数字信号，并能理解模拟、数字信号的含义及实际应用。
- ◆ 掌握各种逻辑运算关系。
- ◆ 能够理解构成集成逻辑门电路中各元器件的作用。

 相关知识

11.1.1　逻辑的基本概念

电子电路按其所处理信号的不同，通常分为模拟电路和数字电路两大类。模拟电路处理的是模拟信号，即信号的变化在时间和幅值上是连续的。数字电路处理的是数字信号，即信号的变化在时间和数值上都是离散的、不连续的，一般用逻辑的"0"和"1"来描述。

1. 逻辑变量与逻辑函数

所谓逻辑，是指事物的因果关系所遵循的规律。在日常生活和社会实践中经常会遇到完全对立又相互依存的两个逻辑状态，如开关的"通"与"断"，门的"开"与"关"，电位的"高"与"低"，灯的"亮"与"灭"，等等。这些逻辑状态所对应的逻辑结果是完全不同的。这里引入逻辑变量的概念来描述因果状态。把表示原因的量称为输入逻辑变量，表示结果的量称为输出逻辑变量，这样输出逻辑变量（用 F 表示）与输入逻辑变量（用 A，B，C，…表示）之间的关系就可以用逻辑表达式来描述。当输入逻辑变量 A，B，C，…的取值确定后，输出逻辑变量 F 的值也就唯一确定了，那么称 F 是 A，B，C，…的逻辑函数，记作：

$$F = f(A, B, C, \cdots)$$

通常，我们利用逻辑代数来研究和描述逻辑函数的输出与输入变量之间的逻辑关系。逻辑代数又称布尔代数或开关代数。由于逻辑变量通常只有两个状态，因此常用"0"和"1"来表示。例如，用"1"表示开关的通，"0"表示开关的断；"1"表示灯泡的亮，"0"表示灯泡的灭；等等。这里的"0"和"1"仅代表不同的逻辑状态，而没有数量的含义，不代表数的大小。这也是逻辑代数的出发点。

能实现逻辑关系的电路就是逻辑电路，即数字电路。

2. 真值表

逻辑函数除了用逻辑函数式表示外，还可用真值表、逻辑图和卡诺图等表示。下面介绍真值表的定义。

将输入逻辑变量在所有的取值下对应的逻辑输出量的值找出来，列成表格，即为该逻辑函数的真值表。例如，描述一个开关与灯泡的逻辑关系，电路如图 11.1 所示，设"1"表示开关 A 的通和灯泡 F 的亮，"0"表示开关 A 的断和灯泡 F 的灭，则逻辑函数 $F = f(A)$ 的真值表如表 11-1 所示。很明显，真值表很清楚地反映了 F 与 A 之间的逻辑关系。有时，真值表也称为功能表。

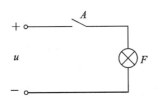

图 11.1　灯泡与开关电路

表 11-1　真　值　表

输入变量 A	输出变量 F
1	1
0	0

11.1.2　三种基本逻辑运算

逻辑代数中基本的逻辑运算有三种：与运算、或运算、非运算。

基本门电路

1. 与运算

当决定一事件的全部条件都具备时，事件才发生，否则事件就不会发生，这样的因果关系称为与逻辑关系。如图 11.2 所示电路中，灯泡 F 与开关 A、B 之间的关系，只有当两个开关同时闭合（记为"1"）时，灯泡 F 才会亮（记为"1"），真值表如表 11-2 所示。

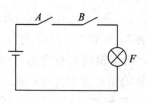

图 11.2　与逻辑电路

表 11-2　与逻辑真值表

A	B	F
0	0	0
0	1	0
1	0	0
1	1	1

用符号式表示 F、A、B 间关系时，与运算可采用以下四种形式之一：

$$F = A \cdot B$$
$$F = A \times B$$
$$F = A \wedge B$$
$$F = AB$$

上式可读做"F 等于 A 与 B"。实现与逻辑的门电路称为与门，其逻辑符号如图 11.3 所示。

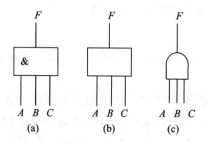

图 11.3　与门符号

与逻辑的运算法则为

$$0 \cdot 0 = 0, \quad 0 \cdot 1 = 0, \quad 1 \cdot 0 = 0, \quad 1 \cdot 1 = 1$$

2. 或运算

如果决定某一事件发生的多个条件中，只要有一个或一个以上条件具备，事件便可发生，则这种因果关系称为或逻辑。如图 11.4 所示电路中，灯泡 F 与开关 A、B 之间的关系，只要有一个开关闭合（为"1"状态），灯泡 F 就会亮（为"1"状态）。其真值表如表 11-3 所示，记为

$$F = A + B \quad \text{或} \quad F = A \vee B$$

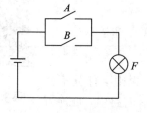

图 11.4　或逻辑电路

表 11-3　或逻辑真值表

A	B	F
0	0	0
0	1	1
1	0	1
1	1	1

上式读做"F 等于 A 或 B"。实现或逻辑的门电路称为或门，其逻辑符号如图 11.5 所示。

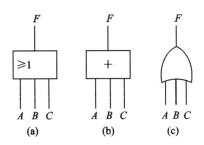

图 11.5　或门符号

"或"逻辑的运算法则为

$$0+0=0,\quad 0+1=1,\quad 1+0=1,\quad 1+1=1$$

3. 非运算

非就是反,就是否定,即事件的发生取决于条件不具备。如图 11.6 所示灯泡 F 与开关 A 之间的关系,当开关 A 打开时("0"状态),灯泡亮("1"状态);当开关 A 闭合时("1"状态),灯泡灭("0"状态)。其真值表如表 11-4 所示,记为

$$F=\overline{A}$$

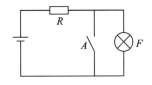

图 11.6　非逻辑电路

表 11-4　非逻辑真值表

A	F
0	1
1	0

上式读做"F 等于 A 非"。实现非逻辑的门电路称为非门,其逻辑符号如图 11.7 所示。

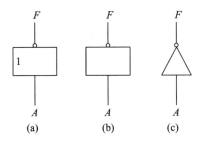

图 11.7　非门符号

"非"逻辑的运算法则为

$$\overline{0}=1,\quad\quad \overline{1}=0$$

11.1.3　复合逻辑运算

在数字逻辑电路中,除了与、或、非三种基本的逻辑运算之外,更多的是由这三种运算组成的复合逻辑运算。

1. 与非运算

与非运算的逻辑表达式为

$$F = \overline{ABC\cdots}$$

两输入变量与非门的逻辑表达式为

$$F = \overline{AB}$$

其逻辑真值表如表 11 - 5 所示，逻辑符号如图 11.8(a)所示。

表 11 - 5   与非门真值表

A	B	F
0	0 或 1	1
1	0	1
1	1	0

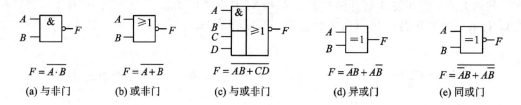

(a) 与非门   (b) 或非门   (c) 与或非门   (d) 异或门   (e) 同或门

图 11.8   常用门电路的逻辑符号

2. 或非运算

或非运算的逻辑表达式为

$$F = \overline{A + B + C + \cdots}$$

两输入变量或非门的逻辑表达式为

$$F = \overline{A + B}$$

其逻辑真值表如表 11 - 6 所示，逻辑符号如图 11.8(b)所示。

表 11 - 6   或非门真值表

A	B	F
0	1	0
1	0 或 1	0
0	0	1

3. 与或非运算

与或非运算的一般形式为

$$F = \overline{AB + CD + \cdots}$$

四输入变量与或非门的逻辑表达式为

$$F = \overline{AB + CD}$$

其真值表如表 11 - 7 所示，逻辑符号如图 11.8(c)所示。

表 11 - 7　与或非门真值表

A	B	C	D	F
0	0	0	0	1
0	0	0	1	1
0	0	1	0	1
0	0	1	1	0
0	1	0	0	1
0	1	0	1	1
0	1	1	0	1
0	1	1	1	0
1	0	0	0	1
1	0	0	1	1
1	0	1	0	1
1	0	1	1	0
1	1	0	0	0
1	1	0	1	0
1	1	1	0	0
1	1	1	1	0

4. 异或运算

异或运算常见的表达式为

$$F = \overline{A}B + A\overline{B}$$

即输入不同时有输出，其真值表如表 11 - 8 所示，逻辑符号如图 11.8(d)所示。

表 11 - 8　异或门真值表

A	B	F
0	0	0
0	1	1
1	0	1
1	1	0

5. 同或运算

同或运算常见的逻辑表达式为

$$F = \overline{A}\,\overline{B} + AB = \overline{\overline{A}B + A\overline{B}}$$

即输入相同时有输出，是异或运算的非，其真值表如表 11 - 9 所示，逻辑符号如图 11.8(e)所示。

表 11 - 9 同或门真值表

A	B	F
0	0	1
0	1	0
1	0	0
1	1	1

在以上逻辑运算中，我们对不同逻辑状态进行赋值时，习惯用"1"表示是、真、高、有、开、合等状态，用"0"表示非、假、低、无、关、断等状态。这种逻辑赋值称为"正逻辑"，反之称为"负逻辑"。一般数字电路中如不作特别说明，都是正逻辑。

11.1.4 集成逻辑门电路

把数字逻辑门电路中的全部元件和连线都制作在一块半导体材料芯片上，再加上封装，就构成了一个集成逻辑门电路，一般统称为集成电路(Integrated Circuit，IC)。集成电路由于具有体积小、耗电少、重量轻、可靠性高等优点而被广泛应用。目前，集成电路主要有双极型集成电路和单极型集成电路两种。双极型集成电路主要有 TTL(晶体管—晶体管集成电路)、ECL(射极耦合逻辑电路)、HTL(高阈值集成电路)等。单极型集成电路主要有 NMOS、PMOS 和 CMOS 集成电路等。下面就这两类集成电路举例进行介绍。

1. TTL 集成门电路

TTL(Transistor-Transistor Logic)集成门电路是一种单片集成电路。这种数字集成电路的输入回路和输出回路都采用了半导体晶体管，故称晶体管—晶体管逻辑电路，简称 TTL 电路。下面以 TTL 与非门为例，介绍 TTL 集成电路工作的基本情况。

1) TTL 与非门

图 11.9 是一个 TTL 与非门集成电路原理图，电路由三部分组成。第一部分是由多发射极晶体管 VT_1 构成的输入与逻辑；第二部分是由 VT_2 构成的反相放大器；第三部分是由 VT_3、VT_4、VT_5 组成的推拉式输出电路，用来提高电路的带负载能力和抗干扰能力。

该电路实现的逻辑功能为

$$F = \overline{ABC}$$

从电路中可以看出，只要有一个输入为低

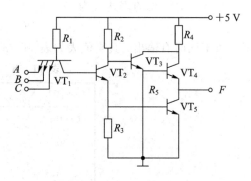

图 11.9 TTL 与非门电路原理图

电平(0 V)，VT_1 就饱和导通，VT_2、VT_5 截止，VT_3、VT_4 导通，F 就为高电平(5 V)。只有在输入全为高电平(5 V)时，VT_1 倒置，使 VT_1 的集电极变为发射极，发射极变为集电极，VT_2、VT_5 导通，VT_3、VT_4 截止，F 为低电平(0 V)。可见，该电路实现的是一个与非逻辑。

在图 11.9 中将 VT_5 的集电极开路，去掉 VT_3、VT_4 和 R_5，则构成了集电极开路 (OC)的与非门。

同样也可用类似的结构构成 TTL 与门、或门、或非门、与或非门、异或门等，这里不再介绍。与集成运放一样，一般 TTL 集成电路的结构也由输入级、中间级和输出级三部分组成。

2）TTL 器件型号

TTL 集成电路中，主要有两大系列，54 系列和 74 系列。其中 54 系列为军品（工作温度为 −55～125℃），74 系列集成电路为民品（工作温度为 0～70℃）。国际上，54/74 系列集成电路按以下四部分进行命名：① 厂家器件型号前缀；② 54/74 族号；③ 系列规格；④ 集成电路的功能编号。

例如 HD74LS00 集成电路型号中，"HD"是器件型号前缀，"74"是族号，"LS"是系列规格，"00"是集成电路功能编号。综合起来。HD74LS00 为日本 HITACHI 公司生产的 74 系列低功耗、四二输入与非门。

3）TTL 集成门产品介绍

TTL 集成门电路只占数字集成电路中很少的一部分，它们都采用塑封双列直插形式。目前 TTL 集成电路主要有 74、74H、74S、74AS、74LS、74ALS 等系列产品。TTL 系列产品及特性对照见表 11 - 10。

表 11 - 10　TTL 系列产品及特性对照

系　　列	特　　　点
74 系列	最早产品，中速器件，目前仍在使用
74H 系列	74 系列改进型，功耗较大，目前不大使用
74S 系列	速度较高，品种不是很多
74AS 系列	74S 系列的后继产品，速度功耗有改进
74LS 系列	低功耗，品种、生产厂家多，价格低，为目前主要产品系列
74ALS 系列	74LS 后继产品，速度、功能有较大改进，但价格较 74LS 系列贵

下面介绍几种常用的 TTL 集成逻辑门电路。

（1）74LS00。74LS00 是一个四二输入与非门电路，即电路内部集成了 4 个独立二输入与非门，其片内逻辑及引脚如图 11.10 所示。

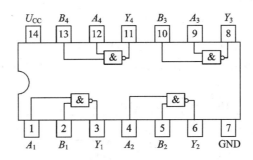

图 11.10　74LS00 引脚图

其实现的功能为

$$Y_1 = \overline{A_1 B_1}, \quad Y_2 = \overline{A_2 B_2}$$
$$Y_3 = \overline{A_3 B_3}, \quad Y_4 = \overline{A_4 B_4}$$

引脚 14 接电源正极 $+U_{CC}$，引脚 7 接电源负极 GND，即地。引脚编号顺序是：一般以芯片缺口向左为参考方向，下排最左引脚为 1 号，按逆时针方向从小到大编排。

（2）74LS02。74LS02 是一个四二输入或非门电路，内部有 4 个独立二输入或非门电路，片内逻辑及引脚如图 11.11 所示。

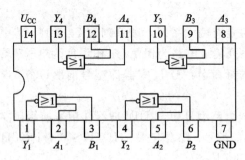

图 11.11　74LS02 引脚图

其实现的功能为

$$Y_1 = \overline{A_1 + B_1}, \quad Y_2 = \overline{A_2 + B_2}$$
$$Y_3 = \overline{A_3 + B_3}, \quad Y_4 = \overline{A_4 + B_4}$$

（3）74LS04。74LS04 是一个六非门电路，即内部集成了 6 个独立的非门电路，片内逻辑及引脚如图 11.12 所示。

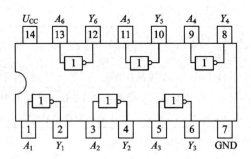

图 11.12　74LS04 引脚图

其完成的逻辑功能为

$$Y_1 = \overline{A_1}, \quad Y_2 = \overline{A_2}, \quad Y_3 = \overline{A_3}$$
$$Y_4 = \overline{A_4}, \quad Y_5 = \overline{A_5}, \quad Y_6 = \overline{A_6}$$

（4）74LS30。74LS30 是一个八输入与非门电路，其片内逻辑及引脚如图 11.13 所示。

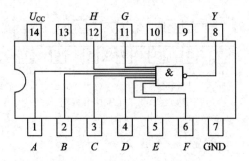

图 11.13　74LS30 引脚图

其实现的逻辑功能为

$$Y = \overline{ABCDEFGH}$$

4）TTL 集成门电路使用注意事项

在使用 TTL 集成门电路时，为了保证集成电路的逻辑功能和使用寿命，要注意以下几点：

（1）工作电压。TTL 集成电路的电源电压均有一定的工作范围，一般要在 4.75～5.25 V 之间，不允许超出其范围，否则会影响集成电路的正常工作或损坏集成电路。

（2）输入、输出高低电平。TTL 集成电路的输入、输出电平也有一定的范围，它是由输入高电平下限 $U_{IH(min)}$、输入低电平上限 $U_{IL(max)}$、输出高电平下限 $U_{OH(min)}$ 及输出低电平上限 $U_{OL(max)}$ 决定的，而这些参数是由各集成电路生产商给出的。一般 TTL 集成电路输入、输出电平的变化范围如下：

输入低电平：$0 \leqslant U_I \leqslant U_{IL(max)}$；

输入高电平：$U_{IH(min)} \leqslant U_I \leqslant 5$ V；

输出低电平：$0 \leqslant U_O \leqslant U_{OL(max)}$；

输出高电平：$U_{OH(min)} < U_O \leqslant 5$ V。

如果信号在高电平下限和低电平上限之间，既非高电平，又非低电平，这在使用时是不允许的。

（3）驱动负载。集成电路驱动负载时，关键是输出时的电流必须满足高低电平的要求，否则会发生逻辑错误。对于同系列的集成电路之间的驱动，一般驱动能力是足够的。但当 TTL 电路驱动 CMOS 电路时，由于 CMOS 电路的工作电压，输入高电平的范围较 TTL 集成电路高许多，因此，TTL 集成电路在驱动 CMOS 电路时，不能直接接 CMOS 电路，而是将 TTL 集成电路输出端接一上拉电阻 R 后与 CMOS 电路相连，如图 11.14 所示。

（4）其他注意事项。

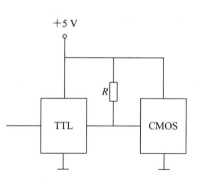

图 11.14 TTL 与 CMOS 接口电路图

① TTL 电路（OC 门和三态门除外）的输出端不允许并联使用，也不允许直接与+5 V 电源或地线相连。

② 对 TTL 电路多余的输入端，必须根据具体的电路功能进行悬空或接地，或与其输入端并联使用，以保证电路正常的逻辑功能。例如，或门、或非门等 TTL 电路的多余输入端不能悬空（悬空相当于接高电平），只能接地。

③ 注意集成电路电源的滤波，一般在电源输入端与地之间并接一个 100 μF 的电容作为低频滤波，而在每块集成块的电源输入端与地之间并接一个 0.01～0.1 μF 的电容作为高频滤波，以保证电路的抗干扰能力。

④ 严禁带电插拔和焊接集成电路，必须在电源切断后进行，否则容易引起集成电路的损坏。

2. CMOS 集成门电路

MOS 集成门电路是以 MOS 管作为开关器件，并具有一定逻辑功能的集成电路。它具有电压控制、功耗低、抗干扰能力强、电路简单、集成度高等优点，因而在数字电路中得到广泛的应用。MOS 集成门电路通常有 PMOS、NMOS 和 CMOS 三种门电路。其中，CMOS 门是目前使用最多的一种，它是将 PMOS 管和 NMOS 管按互补对称的形式构成的门电路，故 CMOS 电路即互补对称 MOS 电路。下面以 CMOS 与非门为例，介绍 CMOS 集成电路的工作情况。

1）CMOS 与非门电路及工作原理

图 11.15 是一个二输入端 CMOS 与非门电路，即

$$F = \overline{AB}$$

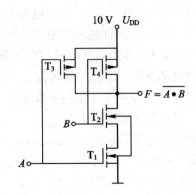

它是由两个串联的 N 沟道增强型 MOS 管和两个并联的 P 沟道增强型 MOS 管组成的。每个输入端都连接到一个 NMOS 管和一个 PMOS 管的栅极。从电路中不难看出，输入端 A、B 中只要有一个为低电平，就会使与它相连的 NMOS 管截止，PMOS 管导通，输出 F 为高电平。只有 A、B 全为高电平时，才会使两个 PMOS 管全截

图 11.15 二输入端 CMOS 与非门电路

止，两个 NMOS 管全导通，输出 F 为低电平。因此，电路实现的就是与非逻辑。对于有 N 个输入端的与非门必须有 N 个 NMOS 管串联，N 个 PMOS 管并联。

2）CMOS 门电路系列的表示符号及其意义

常用的 CMOS 集成电路有标准 CMOS4000B 系列、CMOS4500B 系列、高速 CMOS40H 系列、新型高速 COMS74HC 系列等，主要由美国的 RCA 公司（4000 系列）和 Motorola 公司（4500 系列）开发。

4000/4500 系列集成电路的命名规则由以下四部分组成：① 厂家器件型号前缀；② 系列号；③ 集成电路功能编号；④ 类号。

例如，CD4010B 中，CD 是美国 RCA 公司器件型号前缀，40 是系列号，10 是集成电路功能编号，即六同相驱动器，B 表示类别。4000/4500 系列集成电路分为 A、B 两类，采用塑封双列直插形式，引脚编号同 TTL 集成电路。其工作电压的变化范围为＋3～＋18 V。注意，4000/4500 系列中同编号的器件并不表示具有相同的逻辑功能。例如，4000B 与 4500B，4000B 是双三输入或非门加反相器，而 4500B 是一位微处理器。这与 54/74 族集成门电路不同。

3）CMOS 集成门电路使用注意事项

与 TTL 集成门电路一样，CMOS 集成门电路在使用时必须注意以下几点：

（1）工作电压。4000/4500 系列 CMOS 集成电路的工作电压范围是＋3～＋18 V，74HC 系列的工作电压范围是＋2～＋6 V。工作电压的正、负极不能接反。

（2）输入、输出高低电平。CMOS 集成电路输入、输出高低电平的判别如下：

高电平：$2/3\,U_{DD} \leqslant U_I$（或 U_O）$\leqslant U_{DD}$；

低电平：$0\ V \leqslant U_I$（或 U_O）$\leqslant (1/3)U_{DD}$。

（3）驱动负载。CMOS 集成门电路同系列之间的驱动一般可以满足负载要求，但不同系列之间的驱动则要注意。例如，CMOS 集成电路驱动 TTL 集成电路负载，由于 TTL 的

输入拉电流较大,一般 CMOS 的低电平输出电流不能满足要求,此时必须在二者之间增加 CMOS 接口电路,如增加 CC4010(六同相缓冲器/变换器)接口电路等,提高 CMOS 驱动 TTL 负载的能力。其电路如图 11.16 所示。

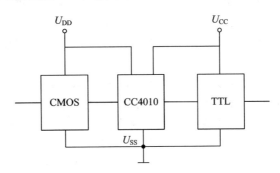

图 11.16 使用 CC4010 的驱动接口电路图

(4) 其他注意事项。

① 注意 CMOS 集成电路的防静电问题。

② 焊接时不能使用 25 W 以上电烙铁,防止温度过高,破坏电路内部结构。一般采用 20 W 内热式电烙铁为宜。

③ 输入、输出端不允许悬空,必须按逻辑要求接 U_{DD} 或 U_{SS},否则不仅会造成逻辑功能混乱,而且易损坏器件。

④ 严禁带电插拔和焊接集成块。

【任务 2】 逻辑函数的化简方法

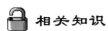 学习目标

◆ 熟悉逻辑代数的定律和运算规则。

◆ 了解逻辑函数的代数化简法。

◆ 掌握逻辑函数的卡诺图化简法。

技能目标

◆ 能够对任意逻辑函数进行卡诺图化简。

相关知识

逻辑代数又叫布尔代数或开关代数,是由英国数学家 George Boole 在 19 世纪中叶创立的。与普通的代数不同,逻辑代数研究的是逻辑函数与逻辑变量之间的关系,是分析和设计数字电路的基础。

11.2.1 逻辑函数的表示方法

逻辑函数有 5 种表示形式:真值表、逻辑表达式、逻辑图、波形图和卡诺图。只要知道其中一种表示形式,就可转

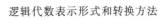

逻辑代数表示形式和转换方法

换为其他几种表示形式。

1. 真值表

真值表是由变量的所有可能取值组合及其对应的函数值所构成的表格。

真值表列写方法是每一个变量均有 0、1 两种取值，n 个变量共有 2^n 种不同的取值，将这 2^n 种不同的取值按顺序（一般按二进制递增规律）排列起来，同时在相应位置上填入函数的值，便可得到逻辑函数的真值表。

例如，要表示这样一个函数关系：当 3 个变量 A、B、C 的取值中有偶数个 1 时，函数取值为 1；否则，函数取值为 0。此函数称为判偶函数，可用真值表表示，如表 11 - 11 所示。

表 11 - 11 真 值 表

A	B	C	F
0	0	0	1
0	0	1	0
0	1	0	0
0	1	1	1
1	0	0	0
1	0	1	1
1	1	0	1
1	1	1	0

2. 逻辑表达式

逻辑表达式是由逻辑变量和与、或、非 3 种运算符连接起来所构成的式子。

逻辑表达式列写方法是输入变量值为 1 的表示成原变量，输入变量值为 0 的表示成反变量，取 $F=1$ 的组合，然后将各变量相乘，最后将各乘积项相加，即得到函数的与或表达式。将真值表 11 - 11 逻辑函数写成表达式：

$$F = \overline{ABC} + \overline{A}BC + A\overline{B}C + AB\overline{C}$$

由逻辑表达式列真值表的方法是把输入变量各种组合的取值分别代入逻辑表达式中进行运算，求出相应的逻辑函数值，即可列出真值表。例如，列出函数 $F=AB+BC+CA$ 的真值表，如表 11 - 12 所示。

表 11 - 12 真 值 表

A	B	C	F
0	0	0	0
0	0	1	0
0	1	0	0
0	1	1	1
1	0	0	0
1	0	1	1
1	1	0	1
1	1	1	1

3. 逻辑图

逻辑图是由表示逻辑运算的逻辑符号所构成的图形。

画出函数 $F=\overline{A}B\overline{C}+\overline{A}BC+A\overline{B}C+AB\overline{C}$ 的逻辑电路图，如图 11.17 所示。

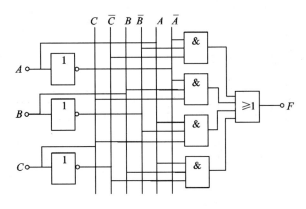

图 11.17 逻辑电路图

4. 波形图

波形图是由输入变量的所有可能取值组成的高、低电平及与其对应的输出函数值的高、低电平所构成的图形。

画出函数 $F=\overline{A}B\overline{C}+\overline{A}BC+A\overline{B}C+AB\overline{C}$ 的波形图，如图 11.18 所示。

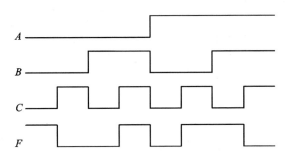

图 11.18 波形图

【例 11.1】 某逻辑函数的真值表如表 11-13 所示，试用其他 3 种方法表示该逻辑函数。

表 11-13 真 值 表

A	B	C	F
0	0	0	0
0	0	1	1
0	1	0	1
0	1	1	0
1	0	0	1
1	0	1	0
1	1	0	0
1	1	1	0

解　（1）根据真值表写出逻辑表达式：

$$F = \overline{A}\overline{B}C + \overline{A}B\overline{C} + A\overline{B}\overline{C}$$

（2）根据逻辑表达式画出逻辑电路图，如图 11.19 所示。

（3）根据真值表画出波形图，如图 11.20 所示。

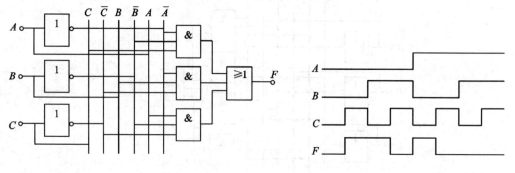

图 11.19　例 11.1 逻辑电路图　　　　　　图 11.20　例 11.1 波形图

【**例 11.2**】　某逻辑函数的逻辑图如图 11.21 所示，试用其他 3 种方法表示该逻辑函数。

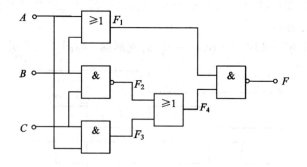

图 11.21　逻辑电路图

解　（1）根据逻辑电路图写逻辑表达式：

$$F_1 = A + B$$

$$F_2 = \overline{BC}$$

$$F_3 = AC$$

$$F_4 = F_2 + F_3 = \overline{BC} + AC$$

$$F = \overline{F_1 F_4} = \overline{(A+B)(\overline{BC} + AC)}$$

$$= \overline{A + B} + \overline{\overline{BC} + AC}$$

$$= \overline{A}\overline{B} + BC\,\overline{AC}$$

$$= \overline{A}\overline{B} + BC(\overline{A} + \overline{C})$$

$$= \overline{A}\overline{B} + \overline{A}BC$$

（2）根据逻辑表达式列出真值表，如表 11-14 所示。

（3）根据真值表画出波形图，如图 11.22 所示。

表 11－14 真 值 表

A	B	C	F
0	0	0	1
0	0	1	1
0	1	0	0
0	1	1	1
1	0	0	0
1	0	1	0
1	1	0	0
1	1	1	0

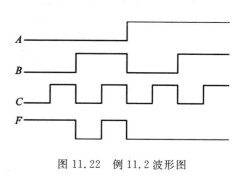

图 11.22 例 11.2 波形图

11.2.2 逻辑代数的定律和运算规则

1. 基本定律

根据逻辑代数中变量的取值只有 0 和 1，利用与、或、非三种最基本的逻辑运算规则，可推导出逻辑运算的基本定律，如表 11－15 所示。

表 11－15 逻辑代数的基本运算定律

加	乘	非
$A+0=A$ $A+1=1$ $A+A=A$ $A+\overline{A}=1$	$A \cdot 0=0$ $A \cdot 1=A$ $A \cdot A=A$ $A \cdot \overline{A}=0$	$A+\overline{A}=1$ $A \cdot \overline{A}=0$ $\overline{\overline{A}}=A$

结合律	$(A+B)+C=A+(B+C)$，　$(AB)C=A(BC)$
交换律	$A+B=B+A$，　$AB=BA$
分配律	$A(B+C)=AB+AC$ $A+BC=(A+B)(A+C)$
摩根定律(反演律)	$\overline{ABC\cdots}=\overline{A}+\overline{B}+\overline{C}+\cdots$，　$\overline{A+B+C+\cdots}=\overline{A}\,\overline{B}\,\overline{C}\cdots$
吸收律	$A+AB=A$ $A(A+B)=A$ $A+\overline{A}B=A+B$ $A(\overline{A}+B)=AB$ $(A+B)(A+C)=A+BC$
包含律	$AB+\overline{A}C+BC=AB+\overline{A}C$ $AB+\overline{A}C+BCD=AB+\overline{A}C$

表 11 - 15 中的定律均可采用真值表对比法来证明。

例如，证明吸收律：

$$A + \overline{A}B = A + B$$

解　利用真值表进行证明，如表 11 - 16 所示。

表 11 - 16　吸收律真值表

A	B	$A + \overline{A}B$	$A + B$
0	0	0	0
0	1	1	1
1	0	1	1
1	1	1	1

从真值表中可以看出：

$$A + \overline{A}B = A + B$$

从而得证。

2. 基本规则

逻辑代数有三个基本规则，具体如下：

1）代入规则

将逻辑等式两边所出现的变量 A 的位置都代之以一个逻辑函数 F，则等式仍然成立，这个规则叫做代入规则。由于任何一个逻辑函数只有 0 和 1 两种取值结果，所以代入规则是成立的。例如在等式 $A + \overline{A}B = A + B$ 中出现 A 的地方代之以函数 $F = C + D$，即

$$C + D + \overline{C + D} \cdot B = C + D + B$$

成立。

注意，在使用代入规则时，一定要把等式中所有需要代换的变量全部换掉，否则代换后的等式不成立。

2）反演规则

对于任意一个逻辑函数表达式 F，如果将 F 中所有的"·"换成"＋"，"＋"换成"·"，"0"换成"1"，"1"换成"0"，原变量换成反变量，反变量换成原变量，那么所得到的表达式就是 F 的反函数，这个规则叫做反演规则（反演律）。它主要用于方便地求出一个逻辑函数的反函数 $\overline{F}$。

例如，设 $F = A \cdot B + C \cdot D + 0$。运用反演规则，则

$$\overline{F} = (A + B) \cdot (C + D) \cdot 1$$

注意，在使用反演规则时，要使运算的顺序保持不变，有括号时先算括号，无括号时先与后或，必要时加括号。

3）对偶规则

对于任一个逻辑函数表达式 F，如果将 F 中所有的"＋"换成"·"，"·"换成"＋"，"1"换成"0"，"0"换成"1"，变量保持不变，则可以得到一个新的逻辑函数表达式 F'，称 F' 为 F 的对偶式。所谓对偶规则，就是指当某个逻辑恒等式成立时，其对偶式也成立。

例如，已知等式 $A+B \cdot C \cdot D = (A+B) \cdot (A+C) \cdot (A+D)$ 成立，则其对偶式

$$A \cdot (B+C+D) = A \cdot B + A \cdot C + A \cdot D$$

也成立。

11.2.3　逻辑函数的代数化简法

对于同一个函数，它可以有多种表达形式，如

$$F = AB + \overline{A}C$$

可以写成 $F = (A+C)(\overline{A}+B)$、$F = \overline{\overline{AB} + \overline{A}C}$ 等，但最终这些表达式实现的逻辑功能是一样的，而每种逻辑表达式所对应的逻辑电路都不同。很明显，逻辑函数表达式越简单，则逻辑电路组件就越简单，电路的性价比就越高，可靠性也就越高。怎样使得逻辑函数表达式为最简呢？这就要对逻辑函数进行化简。

通常逻辑函数化简的方法有两种：一是代数化简法；二是卡诺图化简法。下面介绍逻辑函数代数化简法。

逻辑函数的代数化简法就是利用逻辑代数中的基本定理（定律）、公式和规则将复杂的逻辑函数变化为最简单的具有相同逻辑功能的逻辑函数。通常有以下几种化简方法。

1. 并项法

并项法就是利用公式 $AB + A\overline{B} = A$ 消去变量 B。

【**例 11.3**】　化简函数 $F = A\overline{B} + AB\overline{C} + AC$。

解
$$
\begin{aligned}
F &= A\overline{B} + AB\overline{C} + AC \\
  &= A(\overline{B}+C) + A(\overline{\overline{B}+C}) \qquad \text{（分配律及反演律）} \\
  &= A \qquad\qquad\qquad\qquad\qquad\quad \text{（并项公式）}
\end{aligned}
$$

2. 消去法

消去法就是利用公式 $A + \overline{A}B = A + B$ 消去多余因子 $\overline{A}$。

【**例 11.4**】　化简函数 $F = \overline{A}B + \overline{B}C + AC$。

解
$$
\begin{aligned}
F &= \overline{A}B + \overline{B}C + AC \\
  &= \overline{A}B + (A+\overline{B})C \qquad\qquad \text{（分配律）} \\
  &= \overline{A}B + \overline{\overline{A}B}C \qquad\qquad\quad \text{（反演律）} \\
  &= \overline{A}B + C \qquad\qquad\qquad\quad \text{（消去公式）}
\end{aligned}
$$

3. 吸收法

吸收法就是利用公式 $AB + A = A$ 吸收掉 AB 项。

【**例 11.5**】　化简函数 $F = A\overline{B} + AB\overline{C} + BC$。

解
$$
\begin{aligned}
F &= A\overline{B} + A\overline{B}C + BC \qquad \text{（视 } A\overline{B} \text{ 为一项）} \\
  &= A\overline{B} + BC \qquad\qquad\quad \text{（吸收律）}
\end{aligned}
$$

4. 配项法

配项法就是利用公式 $A + \overline{A} = 1$ 给某个与项配项，试探性地进一步化简逻辑函数。

【**例 11.6**】　化简函数 $F = \overline{A}B + \overline{B}C + BC + A\overline{B}$。

解

$$F = \overline{AB} + \overline{BC} + BC + AB$$
$$= \overline{AB}(C + \overline{C}) + \overline{BC} + BC(\overline{A} + A) + AB \qquad \text{(配项公式)}$$
$$= \overline{ABC} + \overline{ABC} + \overline{BC} + \overline{ABC} + ABC + AB \qquad \text{(分配律)}$$
$$= \overline{BC} + \overline{AC}(\overline{B} + B) + AB \qquad \text{(吸收律)}$$
$$= \overline{BC} + \overline{AC} + AB \qquad \text{(并项公式)}$$

由以上各例可以看出用代数法化简函数，主要是利用逻辑代数的基本定律、公式和规则来进行化简的，往往直观性较差，难以判断所得结果是否最简，要得到直观性较强、化简结果最简的逻辑函数，就必须用卡诺图法进行化简。

11.2.4 逻辑函数的卡诺图化简法

1. 逻辑函数的最小项表达式

1）最小项的概念

利用卡诺图对逻辑函数进行化简时，逻辑函数必须要用最小项表达式。那么什么是逻辑函数的最小项呢？下面介绍最小项的概念。

设逻辑函数包含 3 个逻辑变量 A、B、C，则由这 3 个逻辑变量的原变量或反变量共同组成的乘积项，即由 A 原变量或反变量、B 原变量或反变量及 C 原变量或反变量所组成的乘积项，如 $\overline{ABC}$、$\overline{AB}C$、$A\overline{BC}$、ABC 等，称为逻辑函数的最小项。在最小项中包含逻辑函数的全部逻辑变量。但每一个逻辑变量的原变量和非变量不能同时出现在最小项中，只能出现其中的一种（原变量或非变量）。3 个逻辑变量的最小项有 8 个，即 $\overline{ABC}$、$\overline{AB}C$、$\overline{A}B\overline{C}$、$\overline{A}BC$、$A\overline{BC}$、$A\overline{B}C$、$AB\overline{C}$、$ABC$，而如 $A + BC$、AB、BC 等都不是最小项。对于有 n 个逻辑变量的逻辑函数，则有 2^n 个最小项。

卡诺图化简法

为了书写方便，通常给最小项进行编号。每个最小项对应的编号是 m_i。编号的方法是：当最小项中变量的次序确定后，乘积项中原变量记为 1，反变量记为 0。例如，$A\overline{BC}$ 记为 100，对应二进制编号是 100，十进制编号为 4，即 $m_4 = 4$。以 A、B、C 三个变量最小项为例，其 8 个最小项编号如下：

$$\overline{ABC} = 000 \qquad m_0 = 0$$
$$\overline{AB}C = 001 \qquad m_1 = 1$$
$$\overline{A}B\overline{C} = 010 \qquad m_2 = 2$$
$$\overline{A}BC = 011 \qquad m_3 = 3$$
$$A\overline{BC} = 100 \qquad m_4 = 4$$
$$A\overline{B}C = 101 \qquad m_5 = 5$$
$$AB\overline{C} = 110 \qquad m_6 = 6$$
$$ABC = 111 \qquad m_7 = 7$$

其他多变量最小项的编号方法依此类推。

2）逻辑函数的最小项表达式

通常逻辑函数的表达式不是唯一的。当它被表示成最小项之和时，这时的表达式就是逻辑函数的最小项表达式。

例如，$F(A, B, C)=\overline{A}B+\overline{B}C$ 化成最小项表达式：

$$F(A, B, C) = \overline{A}B + \overline{B}C = \overline{A}B(C+\overline{C}) + (\overline{A}+A)\overline{B}C$$
$$= \overline{A}BC + \overline{A}B\overline{C} + \overline{A}\overline{B}C + A\overline{B}C$$

上式最小项构成的逻辑函数表达式还可记为

$$F(A, B, C) = m_3 + m_2 + m_1 + m_5$$
$$= m_1 + m_2 + m_3 + m_5$$
$$= \sum m(1, 2, 3, 5)$$

通常将上式 $F(A, B, C) = \sum m(1, 2, 3, 5)$ 简化记作 $F(A, B, C) = \sum(1, 2, 3, 5)$。

任何逻辑函数都可以化成最小项表达式的形式，并且任何逻辑函数的最小项表达式都是唯一的。

2. 卡诺图化简逻辑函数

1) 卡诺图

将 n 个变量的全部最小项各用一个小方格表示，并使具有逻辑相邻性的最小项在几何位置上也相邻地排列起来，由此规则所得到的方格图形叫做 n 变量最小项卡诺图。由于这种方法是由美国工程师卡诺首先提出来的，所以叫做卡诺图。

逻辑相邻是指两个最小项只有一个变量互为反变量，其他变量都相同，如 $\overline{A}\overline{B}C$ 与 $\overline{A}\overline{B}\overline{C}$、$\overline{A}\overline{B}C$ 与 $A\overline{B}C$ 为逻辑相邻。图 11.23 画出了 2 到 5 个变量的卡诺图。变量遵循的次序为 A、B、C、D、E。

B \ A	0	1
0	0	2
1	1	3

(a)

C \ AB	00	01	11	10
0	0	2	6	4
1	1	3	7	5

(b)

CD \ AB	00	01	11	10
00	0	4	12	8
01	1	5	13	9
11	3	7	15	11
10	2	6	14	10

(c)

DE \ ABC	000	001	011	010	100	101	111	110
00	0	4	12	8	16	20	28	24
01	1	5	13	9	17	21	29	25
11	3	7	15	11	19	23	31	27
10	2	6	14	10	18	22	30	26

(d)

图 11.23　2 到 5 变量的卡诺图

2）逻辑函数的卡诺图表示

由于卡诺图中每一个方格代表一个最小项，当逻辑函数采用最小项表示时，则逻辑函数就可以用卡诺图来表示，具体方法是把逻辑最小项表达式中所包含的最小项按编号在卡诺图上对应位置填入“1”，其余位置填入“0”，就得到了该逻辑函数的卡诺图。

【例 11.7】 用卡诺图表示逻辑函数：

$$Y(A, B, C, D)=\sum(1, 3, 4, 7, 10, 12)$$

解　第一步，画出 4 变量的卡诺图，如图 11.24 所示。

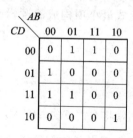

第二步，将逻辑函数最小项表达式中所包含的最小项用“1”填入对应的方格中，其余填“0”。这样就是逻辑函数的卡诺图表示法。

CD \ AB	00	01	11	10
00	0	1	1	0
01	1	0	0	0
11	1	1	0	0
10	0	0	0	1

图 11.24　逻辑函数卡诺图表示

3）用卡诺图化简逻辑函数

用卡诺图化简逻辑函数就是利用相邻最小项可以合并，消去不同的因子，从而对逻辑函数表达式进行简化，具体步骤如下：

(1) 将逻辑函数化为最小项表达式；

(2) 画出该逻辑函数的卡诺图；

(3) 找出可以合并的最小项，并将相邻的项圈起来，圈的面积越大，消去的变量越多，乘积项越简。

(4) 对选取的相邻项进行化简，并将结果写入表达式。

【例 11.8】 用卡诺图化简逻辑函数：

$$F(A, B, C, D)=\sum(1, 2, 4, 6, 9)$$

解　第一步，画出逻辑函数的卡诺图，如图 11.25 所示。

第二步，对相邻项进行合并。从图中可以看出：

1、9 相邻，合并结果为 $\overline{B}\overline{C}D$；

4、6 相邻，合并结果为 $\overline{A}B\overline{D}$；

2、6 相邻，合并结果为 $\overline{A}C\overline{D}$。

至此，所有能圈的项都已圈完。

第三步，整理合并结果。根据合并的结果，写出最简与或表达式：

$$F(A, B, C, D)=\overline{B}\overline{C}D+\overline{A}B\overline{D}+\overline{A}C\overline{D}$$

CD \ AB	00	01	11	10
00		1		
01	1			1
11				
10	1	1		

图 11.25　卡诺图

【例 11.9】 用卡诺图化简逻辑函数：

$$F(A, B, C, D)=A\overline{C}\overline{D}+A\overline{B\overline{C}}D+B\overline{C}D+\overline{A}BCD+A\overline{B}C$$

解　第一步，将函数表达式化成最小项表达式：

$$\begin{aligned}F(A, B, C, D)&=A(B+\overline{B})\overline{C}\overline{D}+A(\overline{B}+C)D+(A+\overline{A})B\overline{C}D+\overline{A}BCD+A\overline{B}C(D+\overline{D})\\&=AB\overline{C}\overline{D}+A\overline{B}\overline{C}\overline{D}+A\overline{B}D+ACD+AB\overline{C}D+\overline{A}B\overline{C}D\\&\quad+\overline{A}B\overline{C}D+A\overline{B}CD+A\overline{B}CD+A\overline{B}C\overline{D}\\&=AB\overline{C}\overline{D}+A\overline{B}\overline{C}\overline{D}+A\overline{B}(C+\overline{C})D+A(B+\overline{B})CD+AB\overline{C}D\\&\quad+\overline{A}B\overline{C}D+\overline{A}BCD+A\overline{B}CD+A\overline{B}C\overline{D}\end{aligned}$$

$$= \sum (5, 7, 8, 9, 10, 11, 12, 13, 15)$$

第二步，画出逻辑函数的卡诺图，如图 11.26 所示。

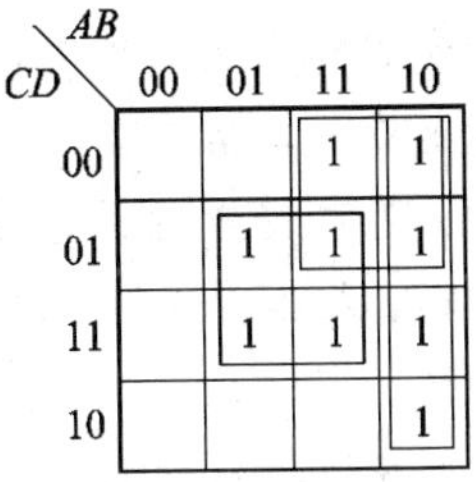

第三步，合并相邻项，由图可得：

5、7、13、15 四项相邻，合并结果为 BD；

8、9、12、13 四项相邻，合并结果为 $A\overline{C}$；

8、9、10、11 四项相邻，合并结果为 $A\overline{B}$。

至此，所有最小项都已圈完。

第四步，整理合并结果。根据合并结果，写出最简与或表达式：

图 11.26　卡诺图

$$F(A, B, C, D) = BD + A\overline{C} + A\overline{B}$$

3. 具有无关项的逻辑函数的化简

1）无关项的概念

在实际问题中，有时变量会受到实际逻辑问题的限制，使得某些取值不可能出现，或者对结果没有影响，这些变量的取值所对应的最小项就称为无关项（或任意项、约束项）。通常用 d 或 $\times$ 来表示无关项所对应的函数值，用 d_i 表示无关项。

2）含有无关项的逻辑函数化简

由于无关项为"1"或为"0"对实际的输出无影响，显然对于一个给定的逻辑函数，无关项是否加到函数式中并不影响该函数的逻辑功能，因此在化简逻辑函数时，可根据化简的需要来处理它们，可将无关项当做"0"或"1"来处理，但什么时候当做"0"，什么时候当做"1"，就需看选取的值是否有利于逻辑函数的进一步化简。

【例 11.10】　化简逻辑函数 $F(A, B, C, D) = \sum m(1, 3, 5, 7, 9) + \sum d(10, 11, 12, 13, 14, 15)$

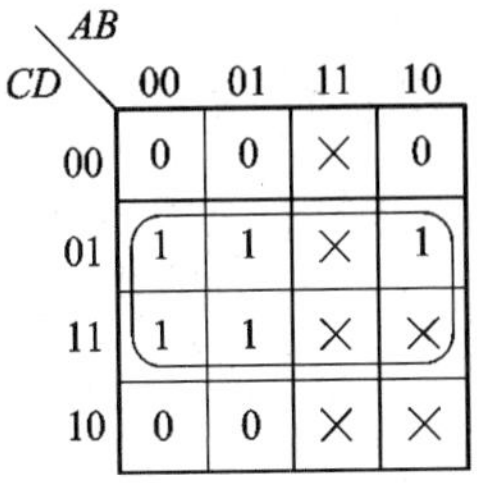

解　第一步，画出逻辑函数的卡诺图，并将无关项用 $\times$ 表示出来，如图 11.27 所示。

第二步，从卡诺图中可以看出，将无关项 11、13、15 看做 1，加入逻辑函数的化简，将使化简结果最简。

第三步，整理合并结果：

图 11.27　卡诺图

$$F = D$$

若将无关项当 0 处理，即不考虑无关项，则化简的结果为

$$F = \overline{A}D + \overline{B}CD$$

可见，充分利用无关项可使化简结果大大简化。

小　　结

在数字电路中，半导体器件一般都工作在开关状态，数字信号在传递时采用高、低电平二值信号，常使用二进制、八进制和十六进制表示，因此必须掌握它们之间的转换方法。

二进制代码不仅可以表示数值，而且可以表示符号及文字，使信息交换灵活方便。BCD 码是用 4 位二进制代码表示 1 位十进制数的编码，有多种 BCD 码形式，最常用的是

8421BCD 码。

  逻辑代数是分析和设计逻辑电路的重要工具。利用逻辑代数，可以把实际逻辑问题抽象为逻辑函数来描述，并且可以用逻辑运算的方法，解决逻辑电路的分析和设计问题。逻辑变量是二值变量，只能取值 0 或 1，0 和 1 仅用来表示两种截然不同的状态。

  基本逻辑运算有与(逻辑乘)、或(逻辑加)、非(逻辑非)三种。常用的复合逻辑运算有与非、或非、与或非以及异或和同或，利用这些简单的逻辑关系可以组合成复杂的逻辑运算。

  在逻辑代数的公式与定律中，除常量之间及常量与变量之间的运算外，还有交换律、结合律、分配率、吸收率、摩根定律(反演律)等。摩根定律较为常用。

  逻辑函数的常用表示方法有真值表、逻辑表达式、卡诺图、波形图、逻辑图。它们之间可以相互转换，在逻辑电路的分析和设计中会经常用到这些方法。

  化简逻辑函数的目的是获得最简逻辑函数式，从而使逻辑电路简单、成本低、可靠性高。化简的方法有代数化简法和卡诺图化简法。代数化简法要求能熟练和灵活运用逻辑代数的基本公式和定律，还要求具有一定的技巧和经验。卡诺图化简法是基于合并相邻最小项的原理进行化简的。卡诺图化简法的优点是直观，对使用最小项表达的逻辑函数化简尤为方便。充分利用约束可使逻辑函数化简得更简，在输入满足约束的前提下，约束项对应的函数值可以取 0 也可以取 1。

习 题 十 一

  11.1 何谓逻辑变量？它与逻辑函数是什么关系？

  11.2 什么叫逻辑函数的真值表？它有什么作用？

  11.3 画出与门、或门、非门、与非门、或非门、与或非门、异或门及同或门的符号，写出真值表及输出表达式。

  11.4 按正逻辑写出图 11.28(a)、(b)电路 Y_1 和 Y_2 的逻辑表达式。

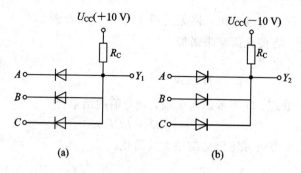

图 11.28 题 11.4 图

  11.5 何谓正逻辑与负逻辑？试举例说明。

  11.6 已知门电路及输入信号的电压波形如图 11.29 所示，试画出 $F_1 \sim F_6$ 的波形。

  11.7 请用真值表描述三个开关与一个灯泡之间的关系。

  11.8 何谓集成电路？常见的集成电路有哪几种形式？

  11.9 试分析 TTL 与非门的工作原理。

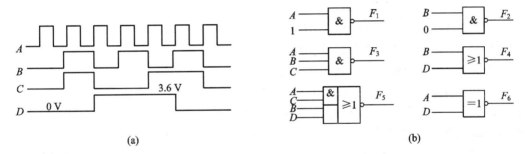

图 11.29 题 11.6 图

11.10 使用 TTL 集成门电路时应注意哪些问题?

11.11 何谓 CMOS 集成电路?试分析集成 CMOS 与非门的工作原理。

11.12 试分析图 11.30 所示 CMOS 电路实现的逻辑功能。

11.13 使用 CMOS 集成门电路时应注意哪些问题?

11.14 CMOS 集成门电路与 TTL 集成电路相比,有何特点?

11.15 你能用 74LS30 完成 $F=AB$ 的功能吗?请画出完整的接线图。

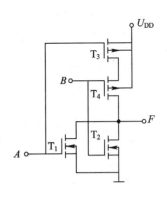

图 11.30 题 11.12 图

11.16 同系列与不同系列集成电路之间的驱动应注意什么问题?

11.17 请说说 TTL 电路输入、输出高低电平是如何要求的。

11.18 请说说 CMOS 电路输入、输出高低电平是如何要求和判定的。

11.19 逻辑函数的化简方法通常有哪几种?

11.20 用真值表证明下列等式:

(1) $\overline{C+AB}=\overline{C}(\overline{A}+\overline{B})$;

(2) $\overline{\overline{A}+\overline{B}+\overline{C}}=A \cdot B \cdot C$。

11.21 写出下列表达式的对偶式:

(1) $F=(A+\overline{B}+\overline{C}) \cdot (\overline{A}+B+C)$;

(2) $F=A\overline{B}+\overline{B}C+C(\overline{A}+B+C)$。

11.22 利用逻辑代数的基本定律证明下列等式:

(1) $AB+\overline{A}C+\overline{B}C=AB+C$;

(2) $AB+\overline{A}B+A\overline{B}+\overline{A}\overline{B}=1$;

(3) $BC+D+\overline{D}(\overline{B}+\overline{C}) \cdot (AD+B)=B+D$;

(4) $ABC+\overline{A}\overline{B}\overline{C}=\overline{A\overline{B}+B\overline{C}+C\overline{A}}$;

(5) $AB+BC+CA=(A+B)(B+C)(C+A)$。

11.23 用公式法将下列函数化简为最简"与或"表达式:

(1) $F=A\overline{B}+B+BCD$;

(2) $F=\overline{A}\overline{B}C+\overline{A}BC+AB\overline{C}$;

(3) $F = \bar{A}B + \bar{A}C + \bar{B}\bar{D} + AD$；

(4) $F = A(B + \bar{C}) + \bar{A}(B + C) + BCD + \bar{B}CD$。

11.24　什么叫逻辑函数的最小项？它是如何编号的？

11.25　什么叫逻辑函数的最小项表达式？

11.26　何谓卡诺图？它有什么作用？它是怎样编号的？

11.27　用卡诺图法化简逻辑函数主要分哪几步？

11.28　什么叫无关项？怎样进行含有无关项逻辑函数的化简？

11.29　用卡诺图化简下列逻辑函数：

卡诺图化简课后题

(1) $F(A, B, C, D) = \sum m(0, 1, 4, 6, 9, 13, 14, 15)$；

(2) $F(A, B, C, D) = \sum m(0, 3, 4, 6, 7, 8, 10, 13, 14)$；

(3) $F(A, B, C, D) = \sum m(0, 2, 5, 7, 8, 10, 13, 15)$；

(4) $F(A, B, C, D) = \sum m(2, 9, 10, 12, 13) + \sum d(1, 5, 14)$；

(5) $F(A, B, C, D) = \sum m(4, 5, 6, 13, 14, 15) + \sum d(8, 9, 10, 12)$。

11.30　已知函数 F_1、F_2 如下式：

$$F_1(A, B, C, D) = \sum m(0, 1, 3, 4, 6, 7, 15) + \sum d(2, 10, 12, 13)$$

$$F_2(A, B, C, D) = \sum m(1, 2, 3, 4, 5, 6, 14) + \sum d(0, 8, 10, 11)$$

试求 $F = F_1 + F_2$，$F = F_1 \cdot F_2$。

项目十二　组合逻辑电路的性能分析与设计

学习目标

- 掌握组合逻辑电路的分析方法和设计方法。
- 熟悉半加器和全加器的电路设计。
- 掌握编码器和显示译码器以及数字比较器的电路设计方法。
- 理解数据选择器和数据分配器的工作原理。
- 了解组合逻辑电路的竞争与冒险。

技能目标

- 能够对实际逻辑电路进行正确分析。
- 会对实际逻辑问题进行电路设计并能够正确分析。

【任务1】　用与非门设计一个能实现三人表决结果的逻辑电路

学习目标

◆ 掌握组合逻辑电路的分析方法和设计方法。

技能目标

◆ 对任意电路能够进行正确分析。
◆ 对实际中的简单逻辑问题能够进行电路设计。

相关知识

在数字系统中，根据逻辑功能和电路结构特点的不同，常把数字电路分为两大类，即组合逻辑电路和时序逻辑电路。图 12.1 是组合逻辑电路的一般框图。其输出与输入之间的逻辑函数关系可表示为

$$Y_i = f_i(A_1, A_2, \cdots, A_n)$$
$$(i = 1, 2, \cdots, m)$$

组合逻辑电路在任一时刻的输出只取决于该时刻的输入状态，而与该时刻前的电路状态无关。

图 12.1　组合逻辑电路的一般框图

本章首先介绍组合逻辑电路的一般分析和设计方法；在此基础上分别讨论加法器、编码器、译码器、比较器等组合逻辑电路，最后介绍组合逻辑电路中的竞争冒险问题。

12.1.1　组合逻辑电路的分析方法

所谓分析，就是根据给定的逻辑电路，找出其输出与输入之间的逻辑关系，确定其逻辑功能。

1. 分析步骤

(1) 根据给定的逻辑图，写出各输出端的逻辑表达式；

(2) 对表达式进行逻辑化简或变换，求最简式；

(3) 列出真值表；

(4) 根据真值表或逻辑表达式确定其逻辑功能。

组合逻辑电路的分析方法

2. 分析举例

(1) 试分析图 12.2 所示电路的逻辑功能。

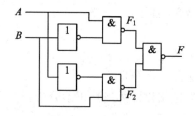

图 12.2　逻辑电路示例(1)

分析过程：

① 写出逻辑表达式：

$$F_1 = \overline{A \cdot \overline{B}}, \quad F_2 = \overline{\overline{A} \cdot B}, \quad F = \overline{F_1 F_2} = \overline{\overline{A\overline{B}} \cdot \overline{\overline{A}B}}$$

② 进行逻辑变换和化简：

$$F = \overline{\overline{A\overline{B}} \cdot \overline{\overline{A}B}} = \overline{\overline{A\overline{B}}} + \overline{\overline{\overline{A}B}} = A\overline{B} + \overline{A}B$$

③ 该逻辑关系简单，不必列真值表。

④ 由逻辑表达式可确定该逻辑电路实现的是异或功能。

(2) 试分析图 12.3 所示电路的逻辑功能。

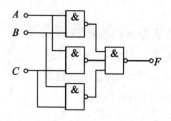

图 12.3　逻辑电路示例(2)

分析过程：

① 由逻辑图可以写输出 F 的逻辑表达式为

$$F = \overline{\overline{AB} \cdot \overline{AC} \cdot \overline{BC}}$$

② 可变换为

$$F = AB + AC + BC$$

③ 列出真值表，如表 12 - 1 所示。

表 12 - 1 真值表

A	B	C	F
0	0	0	0
0	0	1	0
0	1	0	0
0	1	1	1
1	0	0	0
1	0	1	1
1	1	0	1
1	1	1	1

④ 确定电路的逻辑功能。

由真值表可知，三个变量输入 A、B、C，只有两个及两个以上变量取值为 1 时，输出才为 1。可见电路可实现多数表决逻辑功能。

(3) 试分析图 12.4 所示电路的逻辑功能。

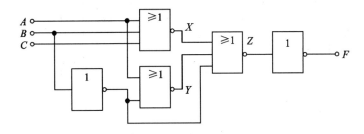

图 12.4 逻辑电路示例(3)

分析过程：

① 由逻辑图可以写输出 F 的逻辑表达式为

$$\left.\begin{array}{l} X = \overline{A+B+C} \\ Y = \overline{A+\overline{B}} \\ Z = \overline{X+Y+\overline{B}} \end{array}\right\} F = \overline{Z} = X+Y+\overline{B} = \overline{A+B+C} + \overline{A+\overline{B}} + \overline{B}$$

② 可变换为

$$F = \overline{A}\,\overline{B}\,\overline{C} + \overline{A}B + \overline{B} = \overline{A}B + \overline{B} = \overline{A} + \overline{B}$$

③ 列出真值表，如表 12 - 2 所示。

表 12－2　真　值　表

A	B	C	F
0	0	0	1
0	0	1	1
0	1	0	1
0	1	1	1
1	0	0	1
1	0	1	1
1	1	0	0
1	1	1	0

④ 确定电路的逻辑功能。

电路的输出 F 只与输入 A、B 有关，而与输入 C 无关。F 和 A、B 的逻辑关系为：A、B 中只要有一个为 0，$F=1$；A、B 全为 1 时，$F=0$。所以 F 和 A、B 的逻辑关系为与非运算的关系。

可将表达式进行变换，用与非门实现逻辑功能，如图 12.5 所示。

$$F=\overline{A}+\overline{B}=\overline{AB}$$

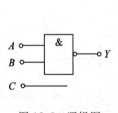

图 12.5　逻辑图

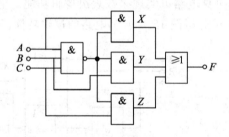

图 12.6　逻辑图

（4）试分析图 12.6 所示电路的逻辑功能。

分析过程：

① 由逻辑图可以写输出 F 的逻辑表达式为

$$X= A \cdot \overline{ABC}$$
$$Y= B \cdot \overline{ABC}$$
$$Z= C \cdot \overline{ABC}$$
$$F= \overline{X+Y+Z} = \overline{A \cdot \overline{ABC} + B \cdot \overline{ABC} + C \cdot \overline{ABC}}$$

② 可变换为

$$F = \overline{(A + B + C)(\overline{A} + \overline{B} + \overline{C})} = \overline{ABC} + ABC$$

③ 列出真值表，如表 12－3 所示。

表 12 - 3　真　值　表

A	B	C	F
0	0	0	1
0	0	1	0
0	1	0	0
0	1	1	0
1	0	0	0
1	0	1	0
1	1	0	0
1	1	1	1

④ 确定电路的逻辑功能。

由真值表可知，当 3 个输入变量 A、B、C 取值一致时，输出 F＝1，否则输出 F＝0。所以这个电路可以判断 3 个输入变量的取值是否一致，故称为判一致电路。

12.1.2　组合逻辑电路的设计方法

组合逻辑电路的设计是分析的逆过程，设计是根据给出的实际逻辑问题，经过逻辑抽象，找出用最少的逻辑门实现给定逻辑功能的方案，并画出逻辑电路图。

1. 设计步骤

（1）分析事件的因果关系，确定输入变量和输出变量。通常把引起事件的原因定为输入变量，而把事件的结果作为输出变量，再根据给定事件的因果关系列出真值表。

（2）由真值表写出逻辑表达式。

（3）将逻辑函数化简或变换成适当形式。

（4）根据化简或变换后的逻辑表达式画出逻辑电路图。

上述设计步骤可用流程图 12.7 表示。

组合逻辑电路的设计方法

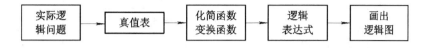

图 12.7　组合逻辑电路设计流程

值得注意的是，这些步骤并不是固定不变的程序，实际设计时，应该根据具体情况和问题难易程度进行取舍。

2. 设计举例

1）单输出组合逻辑电路设计

一火灾报警系统，设有烟感、温感和紫外线光感三种类型的火灾探测器。为了防止误报警，只有当其中有两种或两种以上类型的探测器发出火灾检测信号时，报警系统才产生报警控制信号。设计一个产生报警控制信号的电路。

设计过程：

(1) 分析设计要求：设输入/输出变量并进行逻辑赋值。

设烟感、温感、紫外线光感为输入变量，分别用 A、B、C 表示。探测器发出火灾检测信号用 1 表示，没有用 0 表示。

设火灾报警控制信号为输出变量，用 Y 表示。产生报警信号用 1 表示，没有用 0 表示。

(2) 列真值表：把逻辑关系转换成数字表示形式，如表 12-4 所示。

表 12-4 真值表

A	B	C	F
0	0	0	0
0	0	1	0
0	1	0	0
0	1	1	1
1	0	0	0
1	0	1	1
1	1	0	1
1	1	1	1

(3) 由真值表写出逻辑表达式：

$$Y = \overline{A}BC + A\overline{B}C + AB\overline{C} + ABC$$

化简为最简式：

$$Y = AB + AC + BC$$

(4) 画逻辑电路图。用与非门实现，如图 12.8 所示。

用一个与或非门加一个非门就可以实现，其逻辑电路图如图 12.9 所示。

$$F = \overline{\overline{AB + AC + BC}}$$

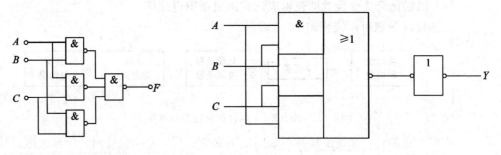

图 12.8　逻辑电路图(1)　　　　　图 12.9　逻辑电路图(2)

将图 12.8 和图 12.9 进行对比，根据工程设计要求，图 12.8 为最佳逻辑电路。

2) 多输出组合逻辑电路设计

某工厂有三条生产线，耗电分别为 1 号线 10 kW，2 号线 20 kW，3 号线 30 kW，生产线的电力由两台发电机提供，其 1 号机 20 kW，2 号机 40 kW。试设计一个供电控制电路，根据生产线的开工情况启动发电机，使电力负荷达到最佳配置。

设计过程：

（1）分析设计要求：设输入/输出变量并进行逻辑赋值。

设1～3号生产线为输入变量，分别用 A、B、C 表示。生产线开工为1，停工为0。

设1～2号发电机为输出变量，分别用 Y_1、Y_2 表示。发电机启动为1，关机为0。

（2）列真值表：把逻辑关系转换成数字表示形式，如表12-5所示。

表 12 - 5　真　值　表

输	入		输	出
A	B	C	Y_1	Y_2
0	0	0	0	0
0	0	1	0	1
0	1	0	1	0
0	1	1	1	1
0	0	0	1	0
0	0	1	0	1
0	1	0	0	1
0	1	1	1	1

（3）由真值表写出逻辑表达式：

$$Y_1 = \overline{A}B\overline{C} + \overline{A}BC + A\overline{B}\overline{C} + ABC$$
$$Y_2 = \overline{A}\overline{B}C + \overline{A}BC + A\overline{B}C + AB\overline{C} + ABC$$

化简得到与或最简式：

$$Y_1 = \overline{A}B + BC + A\overline{B}\,\overline{C}$$
$$Y_2 = C + AB$$

与非最简式：

$$Y_1 = \overline{\overline{\overline{A}B} \cdot \overline{BC} \cdot \overline{A\overline{B}\overline{C}}}$$
$$Y_2 = \overline{\overline{C} \cdot \overline{AB}}$$

（4）画逻辑电路图。用与或门实现，如图12.10所示；用与非门实现，如图12.11所示。

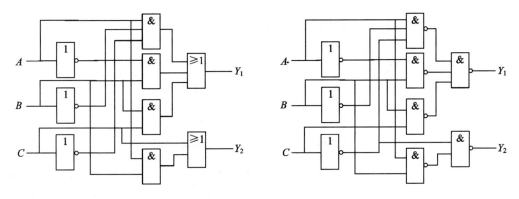

图 12.10　用与或门实现的逻辑电路图　　　　图 12.11　用与非门实现的逻辑电路图

同理，根据实际工程要求，图12.11为最佳逻辑电路。

【任务2】 全加器的电路设计

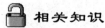 学习目标

◆ 掌握半加器和全加器的设计方法。

◆ 理解 n 位加法器的设计原理。

技能目标

加法器

◆ 会对任意进制的加法器进行设计并能进行正确分析。

相关知识

半加器和全加器是实现一位二进制数相加的组合逻辑电路，它们是算术运算电路中的基本单元，更是计算机中不可缺少的组成部分，应用十分广泛。

1. 半加器

两个一位二进制数相加，只考虑两个加数本身，不考虑低位进位数的相加运算叫做半加，实现半加运算的电路称为半加器。半加器的真值表如表 12 - 6 所示。其中，A_i、B_i 表示两个加数，S_i 表示半加和，C_i 表示向高位的进位。

表 12 - 6 半加器真值表

输	入	输	出
A_i	B_i	S_i	C_i
0	0	0	0
0	1	1	0
1	0	1	0
1	1	0	1

由表 12 - 6 可求得逻辑表达式为

$$S_i = \overline{A}_i B_i + A_i \overline{B}_i = A_i \oplus B_i, \qquad C_i = A_i \cdot B_i$$

由上述逻辑表达式可以得到半加器逻辑电路图和逻辑符号图，如图 12.12 所示。

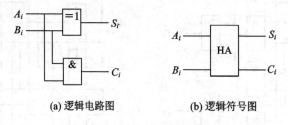

(a) 逻辑电路图   (b) 逻辑符号图

图 12.12 半加器

2. 全加器

实际在进行二进制数加法时，多数情况下，两个加数都不会是一位，因而不考虑低位

进位的半加器是不能解决问题的。而全加器能进行两个同位的加数和来自低位的进位三者相加，并根据求和结果给出该位的进位信号。根据全加器的功能列出真值表，如表 12 - 7 所示。其中，A_i、B_i 表示两个同位的加数，C_{i-1} 表示相邻低位来的进位数，S_i 为本位和数，C_i 为向相邻高位的进位数。

表 12 - 7　全加器真值表

A_i	B_i	C_{i-1}	S_i	C_i	A_i	B_i	C_{i-1}	S_i	C_i
0	0	0	0	0	1	0	0	1	0
0	0	1	1	0	1	0	1	0	1
0	1	0	1	0	1	1	0	0	1
0	1	1	0	1	1	1	1	1	1

由真值表 12 - 7 可作出 S_i、C_i 的卡诺图，如图 12.13 所示。

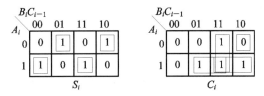

图 12.13　卡诺图

求出逻辑表达式为

$$S_i = \overline{A_i}\,\overline{B_i}C_{i-1} + \overline{A_i}B_i\,\overline{C_{i-1}} + A_iB_i\,\overline{C_{i-1}} + A_iB_iC_{i-1}$$
$$= \overline{A_i}(\overline{B_i}C_{i-1} + B_i\,\overline{C_{i-1}}) + A_i(\overline{B_i}\,\overline{C_{i-1}} + B_iC_{i-1})$$
$$= \overline{A_i}(B_i \oplus C_{i-1}) + A_i\,\overline{B_i \oplus C_{i-1}} = A_i \oplus B_i \oplus C_{i-1}$$

$$C_i = \overline{A_i}B_iC_{i-1} + A_i\,\overline{B_i}C_{i-1} + A_iB_i = (\overline{A_i}B_i + A_i\,\overline{B_i})C_{i-1} + A_iB_i = (A_i \oplus B_i)C_{i-1} + A_iB_i$$

由上述 S_i、C_i 的逻辑表达式可画出全加器逻辑电路图和逻辑符号图，如图 12.14 所示。

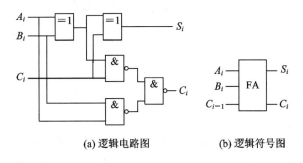

(a) 逻辑电路图　　　　　(b) 逻辑符号图

图 12.14　全加器

3. 逐位进位加法器

在弄清楚一位全加器的组成和工作原理之后，就可以讨论多位二进制数相加的问题。实现多位数相加的电路很多，并行相加逐位进位加法器就是其中的一种。现以两个四位二进制数相加作为例子，简要作一介绍。图 12.15 所示由 4 个全加器组成。因低位的进位需送给高位，故任一位的加法运算必须在低一位的运算完成之后才能进行，这种进位方式称为串行进位。

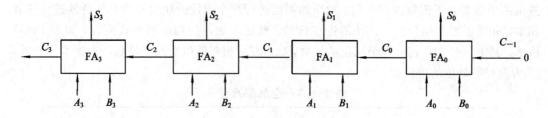

图 12.15 四位并行相加串行进位全加器

这种加法器的逻辑电路比较简单，但它的运算速度不高。为克服这一缺点，可采用超前进位等方式，这里就不详细介绍了。

【任务3】 编码器与显示译码器的电路设计

学习目标

◆ 了解编码器与译码器的基本概念。
◆ 掌握二进制、二—十进制编码器与显示译码器的设计方法。

技能目标

◆ 会对二进制编码器和译码器电路进行设计并分析。

相关知识

12.3.1 编码器与译码器

在数字系统中，常常需要将某一信息变换为特定的代码，有时又需要在一定的条件下将代码翻译出来作为控制信号，这分别由编码器和译码器来实现。下面讨论编码器电路。

1. 编码器

1) 编码的概念

一般来说，用文字、符号或者数码表示特定对象的过程称为编码。人们在日常生活中就经常遇到编码问题。例如，电话号码、开运动会给运动员编号等都是编码，它们是用十进制数来表示的。

在数字电路中为了便于用电路来实现，一般用二进制编码，即用二进制代码表示有关对象（信号）。要表示的信息越多，二进制代码的位数就越多。n 位二进制代码有 2^n 种状态，可以表示 2^n 个信息。所以，对 N 个信号进行编码时，可用公式 $2^n \geqslant N$ 来确定需要使用的二进制代码的位数 n。能够实现编码功能的电路称为编码器。按照输出代码种类的不同，可分为二进制编码器和二—十进制编码器等。

2) 二进制编码器

用 n 位二进制代码表示 2^n 个信号的编码电路，叫做二进制编码器。为了说明二进制编码器的工作原理和设计过程，我们举一个具体的例子。

试设计一个编码器，将 $Y_0 \sim Y_7$ 的 8 个信号编成二进制代码。

（1）分析题意。输入信号（被编码的对象）共有 $N=8$ 个，即 $Y_0 \sim Y_7$。由 $N=2^n=8$ 可知，输出是一组 $n=3$ 的二进制代码，用 A、B、C 来表示。设计框图如图 12.16 所示。

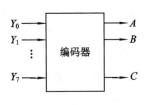

图 12.16 框图

（2）列真值表。对输入信号进行编码，任一输入信号分别对应一个编码。在制定编码的时候，应该使编码顺序有一定的规律可循，这样不仅便于记忆，同时也有利于编码器的连接，如表 12-8 所示。

表 12-8 编 码 表

	C	B	A
Y_0	0	0	0
Y_1	0	0	1
Y_2	0	1	0
Y_3	0	1	1
Y_4	1	0	0
Y_5	1	0	1
Y_6	1	1	0
Y_7	1	1	1

（3）写出逻辑表达式。由编码表 12-8 直接写出输出变量 A、B、C 的函数表达式，并化成与非门形式：

$$A = Y_1 + Y_3 + Y_5 + Y_7 = \overline{\overline{Y_1} \cdot \overline{Y_3} \cdot \overline{Y_5} \cdot \overline{Y_7}}$$

$$B = Y_2 + Y_3 + Y_6 + Y_7 = \overline{\overline{Y_2} \cdot \overline{Y_3} \cdot \overline{Y_6} \cdot \overline{Y_7}}$$

$$C = Y_4 + Y_5 + Y_6 + Y_7 = \overline{\overline{Y_4} \cdot \overline{Y_5} \cdot \overline{Y_6} \cdot \overline{Y_7}}$$

必须指出，在真值（编码）表 12-8 中，Y_0 项实际上是 $Y_7 Y_6 \cdots Y_0 = 00000001$ 的情况，其余 Y_7、Y_6、Y_5、Y_4、Y_3、Y_2、Y_1 情况类推。以输出 C 为例，C 应为

$$C = \overline{Y_7} \; \overline{Y_6} \; \overline{Y_5} Y_4 \; \overline{Y_3} \; \overline{Y_2} \; \overline{Y_1} \; \overline{Y_0} + \overline{Y_7} \; \overline{Y_6} Y_5 \; \overline{Y_4} \; \overline{Y_3} \; \overline{Y_2} \; \overline{Y_1} \; \overline{Y_0}$$
$$+ \overline{Y_7} Y_6 \; \overline{Y_5} \; \overline{Y_4} \; \overline{Y_3} \; \overline{Y_2} \; \overline{Y_1} \; \overline{Y_0} + Y_7 \; \overline{Y_6} \; \overline{Y_5} \; \overline{Y_4} \; \overline{Y_3} \; \overline{Y_2} \; \overline{Y_1} \; \overline{Y_0}$$

将上式整理、化简后得

$$C = Y_4 + Y_5 + Y_6 + Y_7$$

由于编码器的特殊性，在分析设计时，可以从真值表中直接写出 A、B、C 的最简函数表达式。

（4）画逻辑电路图，如图 12.17 所示。在本例中，编码方案不同，其逻辑电路图也不同。很明显，输出 A、B、C 只与当前输入 $Y_0 \sim Y_7$ 有关，所以是组合逻辑电路。虽然输入变量 Y_0 没用上，但在 $Y_1 \sim Y_7$ 全为 0（无输

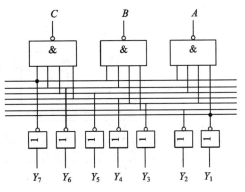

图 12.17 逻辑电路

入)时，即表示 Y_0 等于 1(有输入)的情况，Y_0 隐含在其中。

3）二—十进制编码器

将十进制数 $0 \sim 9$ 十个数字编成二进制代码的电路，叫做二—十进制编码器。输入是 $0 \sim 9$ 十个数字，输出是一组二进制代码——二—十进制码，简称 BCD 码。根据 $2^n \geqslant N = 10$，常取 $n = 4$。四位二进制代码共有 16 种组合(状态)，只能用其中任意十种状态表示 $0 \sim 9$ 十个输入信号，编码方案很多。

二—十进制编码器和二进制编码器的工作原理与设计过程是相同的。现以最常用的 8421BCD 码为例作简要说明。

8421BCD 码的编码表如表 12-9 所示，由表可得

$$D = Y_8 + Y_9 = \overline{\overline{Y_8} \cdot \overline{Y_9}}$$

$$C = Y_4 + Y_5 + Y_6 + Y_7 = \overline{\overline{Y_7}\,\overline{Y_6}\,\overline{Y_5}\,\overline{Y_4}}$$

$$B = Y_2 + Y_3 + Y_6 + Y_7 = \overline{\overline{Y_7}\,\overline{Y_6}\,\overline{Y_2}\,\overline{Y_3}}$$

$$A = Y_1 + Y_3 + Y_5 + Y_7 + Y_9 = \overline{\overline{Y_1}\,\overline{Y_3}\,\overline{Y_5}\,\overline{Y_7}\,\overline{Y_9}}$$

表 12-9　8421BCD 码编码表

十进制数	D	C	B	A
0	0	0	0	0
1	0	0	0	1
2	0	0	1	0
3	0	0	1	1
4	0	1	0	0
5	0	1	0	1
6	0	1	1	0
7	0	1	1	1
8	1	0	0	0
9	1	0	0	1

其逻辑电路如图 12.18 所示。

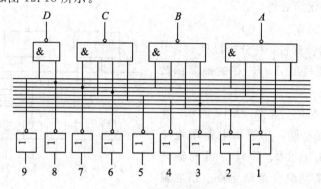

图 12.18　逻辑电路

2. 译码器

1）译码的概念

译码是编码的逆过程，是将每一个代码的信息"翻译"出来，即将每一个代码译为一个特定的输出信号。能完成这种功能的电路称为译码器。

译码器种类很多，但可归纳为二进制译码器、二—十进制译码器和显示译码器。

2）二进制译码器

图 12.19 是二进制译码器的一般原理图，它具有 n 个输入端、2^n 个输出端和一个使能输入端。在使能输入端为有效电平时，对应每一组输入代码，只有其中一个输出端为有效电平，其余输出端则为相反电平。

下面首先分析由门电路组成的译码电路，以便熟悉译码器的工作原理和电路结构。

二输入量的二进制译码器逻辑图如图 12.20 所示。A_1、A_0 为二进制代码输入端，$\overline{Y_0} \sim \overline{Y_3}$ 为译码器的输出端，$\overline{S}$ 是低电平有效的选通端。

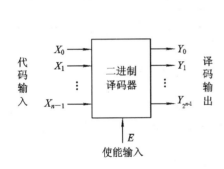

图 12.19　二进制译码器的一般原理图

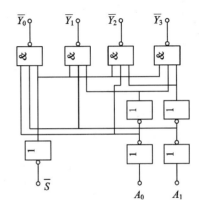

图 12.20　2 线—4 线译码器逻辑图

由图 12.20 可以写出译码器的输出表达式：

$$\overline{Y_0} = \overline{S\,\overline{A_1}\,\overline{A_0}}, \quad \overline{Y_1} = \overline{S\,\overline{A_1}A_0}, \quad \overline{Y_2} = \overline{SA_1\,\overline{A_0}}, \quad \overline{Y_3} = \overline{SA_1A_0}$$

由表达式可列出真值表，如表 12-10 所示。由表可知，当 $\overline{S}=1$ 时，无论 A_1、A_0 为何种状态，输出全为 1，译码器处于非工作状态。当 $\overline{S}=0$ 时，对应于 A_1、A_0 的某种状态组合，其中只有一个输出量为 0，其余各输出量均为 1。由此可见，译码器是通过输出端的逻辑电平以识别不同的代码。

表 12-10　2 线—4 线译码器真值表

$\overline{S}$	A_1	A_0	$\overline{Y_0}$	$\overline{Y_1}$	$\overline{Y_2}$	$\overline{Y_3}$
1	×	×	1	1	1	1
0	0	0	0	1	1	1
0	0	1	1	0	1	1
0	1	0	1	1	0	1
0	1	1	1	1	1	0

在二进制译码器中，如果输入代码有 n 位，那么就有 2^n 个输出信号，每一个输出信号都对应了输入代码的一种状态，这种译码器又称为变量译码器，因为它可以译出输入变量的全部状态。

图 12.21(a)、(b)是常用中规模集成电路 74LS138 3线—8线译码器的引脚图和逻辑电路图，表 12-11 为 74LS138 译码器的真值表。

74LS138 译码器

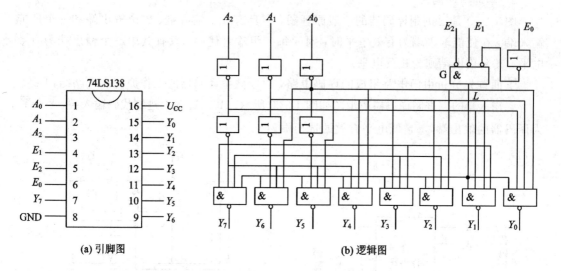

(a) 引脚图　　　　　　　　　　　(b) 逻辑图

图 12.21　74LS138 译码器引脚图与逻辑图

表 12-11　74LS138 译码器真值表

输　入					输　出							
使　能		选择码										
E_0	$E_1 + E_2$	A_2	A_1	A_0	Y_7	Y_6	Y_5	Y_4	Y_3	Y_2	Y_1	Y_0
$\times$	1	$\times$	$\times$	$\times$	1	1	1	1	1	1	1	1
0	$\times$	$\times$	$\times$	$\times$	1	1	1	1	1	1	1	1
1	0	0	0	0	1	1	1	1	1	1	1	0
1	0	0	0	1	1	1	1	1	1	1	0	1
1	0	0	1	0	1	1	1	1	1	0	1	1
1	0	0	1	1	1	1	1	1	0	1	1	1
1	0	1	0	0	1	1	1	0	1	1	1	1
1	0	1	0	1	1	1	0	1	1	1	1	1
1	0	1	1	0	1	0	1	1	1	1	1	1
1	0	1	1	1	0	1	1	1	1	1	1	1

E_0、E_1、E_2 为使能端，用以控制译码器工作与否；A_0、A_1、A_2 为三位二进制输入码，不同数码组合产生不同的输出信号；$Y_7 Y_6 \cdots Y_0$ 是译码器输出端，共 8 个，用低电平逻辑 0 表示输出译码的信号有效。

由于门 G 的输出 $L = E_0\overline{E_1}\ \overline{E_2}$，所以当 $E_0 = 0$ 或 $E_1 + E_2 = 1$ 时，译码器不工作，$Y_7 Y_6 \cdots Y_0$ 全为 1，与 $A_2 A_1 A_0$ 无关。当 $E_0 = 1$ 或 $E_1 + E_2 = 0$ 时，译码器工作，对应一组输入码，就有一个信号输出为 0。例如，从表中可以看出，当 $A_2 A_1 A_0 = 001$ 时，$Y_1 = 0$，其余输出为 1，即有 Y_1 译码输出低电平，译码信号有效。这种输入 3 根线、输出 8 根线的译码器也称为 3 线—8 线译码器，同样还有 4 线—16 线译码器(如 74LS154)。

译码器用途很广。在计算机系统中，通常一台微机控制多个对象，就是通过译码器来选中不同对象的。另外，译码器还可作为数据分配器使用。

3) 二—十进制译码器

8421BCD 码是最常用的二—十进制码，对应于 0～9 的十进制数由四位二进制码 0000～1001 表示。因此，这种译码器应有 4 个输入端、10 个输出端。若译码结果为低电平有效，则输入一组二进制码，对应的一个输出端为 0，其余为 1，这样就表示翻译了二进制码所对应的十进制数。

图 12.22 是二—十进制译码器的一般原理图。其中，$A_3 A_2 A_1 A_0$ 为二进制码输入端，$Y_9 \sim Y_0$ 为译码输出端。8421BCD 码译码器的真值表如表 12-12 所示。

图 12.22　二—十进制译码器的一般原理图

表 12-12　8421BCD 码译码器真值表

输　　入				输　　　出									
A_3	A_2	A_1	A_0	Y_9	Y_8	Y_7	Y_6	Y_5	Y_4	Y_3	Y_2	Y_1	Y_0
0	0	0	0	1	1	1	1	1	1	1	1	1	0
0	0	0	1	1	1	1	1	1	1	1	1	0	1
0	0	1	0	1	1	1	1	1	1	1	0	1	1
0	0	1	1	1	1	1	1	1	1	0	1	1	1
0	1	0	0	1	1	1	1	1	0	1	1	1	1
0	1	0	1	1	1	1	1	0	1	1	1	1	1
0	1	1	0	1	1	1	0	1	1	1	1	1	1
0	1	1	1	1	1	0	1	1	1	1	1	1	1
1	0	0	0	1	0	1	1	1	1	1	1	1	1
1	0	0	1	0	1	1	1	1	1	1	1	1	1
1	0	1	0	×	×	×	×	×	×	×	×	×	×
1	0	1	1	×	×	×	×	×	×	×	×	×	×
1	1	0	0	×	×	×	×	×	×	×	×	×	×
1	1	0	1	×	×	×	×	×	×	×	×	×	×
1	1	1	0	×	×	×	×	×	×	×	×	×	×
1	1	1	1	×	×	×	×	×	×	×	×	×	×

根据真值表，可以得出 $Y_9Y_8\cdots Y_0$ 的最简逻辑表达式，从而画出二—十进制译码器的逻辑电路图，如图 12.23 所示。

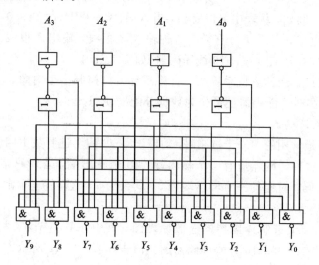

图 12.23 二—十进制译码器的逻辑电路图

常用的中规模集成电路二—十进制译码器有许多，如 74LS42 为 8421BCD 码二—十进制译码器，74LS43 为余三码二—十进制译码器，在这里因篇幅关系不再详细介绍。

4）显示译码器

在数字系统中，经常需要将数字、文字和符号的二进制编码翻译成人们习惯的形式，并直观地显示出来，以便查看。因此，数字显示电路是数字系统中不可缺少的部分。数字显示电路通常由译码器、驱动器和显示器组成，如图 12.24 所示。

图 12.24 数字显示电路的组成

由于不同工作方式的显示器件，对译码器的要求各不相同，所以先对常用的显示器件作简要说明，再介绍显示译码器。

（1）显示器件。显示器是用来直观显示数字、文字和符号的器件。数字显示器种类很多，按发光材料的不同可分为荧光管显示器、半导体发光二极管显示器（LED）和液晶显示器（LCD）等；按显示方式不同可分为字形重叠式、分段式、点阵式等。

荧光数码显示器是一种电真空管，由灯丝、栅极、阴极、阳极组成。阳极表面涂有荧光粉，吸引电子发出荧光。其特点是字形清晰、稳定可靠、寿命较长，但灯丝电源消耗功率大，机械强度差，主要用于早期的数字仪表、计算器等装置。

液晶显示器是一种能显示数字、图文的新器件，具有很大的应用前景。它具有体积小、耗电省、显示内容广等特点，得到了广泛应用，但其显示机理复杂。

目前使用较普遍的是分段式发光二极管显示器。发光二极管是一种特殊的二极管，加正向电压时导通并发光，所发的光有红、黄、绿等多种颜色。它有一定的工作电压和电流，所以在实际使用中应注意按电流的额定值，串接适当的限流电阻来实现。

图 12.25 为七段半导体发光二极管显示器示意图，它由七只半导体发光二极管组合而成，分共阳极、共阴极两种接法。共阳极接法如图 12.25(b)所示，当某段阴极电位低时，该段亮。共阴极接法相反，如图 12.25(c)所示。利用不同发光段的组合，可以显示出 0～9 十个不同的字形。

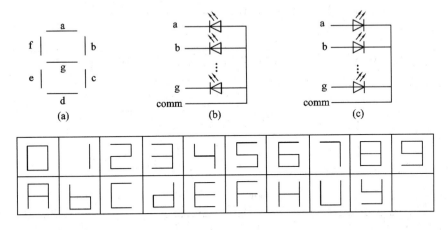

图 12.25　七段半导体发光二极管显示器示意图

(2) 显示译码器。这里用驱动七段发光二极管的二—十进制译码器作为例子来说明显示译码器的工作原理和设计过程。

试设计一个驱动七段发光二极管的显示译码器，其输入是 8421BCD 码。

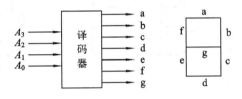

图 12.26　设计框图及字形

① 分析要求。画出设计框图及字形，如图 12.26 所示。

② 列真值表。根据 8421BCD 码对应的十进制数，要求七段显示字段组合，如表 12-13 所示。在该表中，没有列出的六种状态 1010、1011、1100、1101、1110、1111 为无效状态。

表 12-13　七段显示译码器真值表

输　　入				输　　　出							字形
A_3	A_2	A_1	A_0	a	b	c	d	e	f	g	
0	0	0	0	1	1	1	1	1	1	0	0
0	0	0	1	0	1	1	0	0	0	0	1
0	0	1	0	1	1	0	1	1	0	1	2
0	0	1	1	1	1	1	1	0	0	1	3
0	1	0	0	0	1	1	0	0	1	1	4
0	1	0	1	1	0	1	1	0	1	1	5
0	1	1	0	1	0	1	1	1	1	1	6
0	1	1	1	1	1	1	0	0	0	0	7
1	0	0	0	1	1	1	1	1	1	1	8
1	0	0	1	1	1	1	0	0	1	1	9

③ 进行化简。用卡诺图法化简，如图 12.27 所示。无效状态作约束条件处理，得出最简表达式如下：

$$\overline{a} = A_2\,\overline{A_1}\,\overline{A_0} + \overline{A_3}\,\overline{A_2}\,\overline{A_1}A_0 = \overline{\overline{A_2\,\overline{A_1}\,\overline{A_0}} \cdot \overline{\overline{A_3}\,\overline{A_2}\,\overline{A_1}\,\overline{A_0}}}$$

$$\overline{b} = A_2\,\overline{A_1}A_0 + A_2A_1\,\overline{A_0} = \overline{\overline{A_2\,\overline{A_1}A_0} \cdot \overline{A_2A_1\,\overline{A_0}}}$$

$$\overline{c} = \overline{A_2}A_1\,\overline{A_0}$$

$$\overline{d} = A_2\,\overline{A_1}\,\overline{A_0} + A_2A_1A_0 + \overline{A_2}\,\overline{A_1}A_0 = \overline{\overline{A_2\,\overline{A_1}\,\overline{A_0}} \cdot \overline{A_2A_1A_0} \cdot \overline{\overline{A_2}\,\overline{A_1}A_0}}$$

$$\overline{e} = A_2\,\overline{A_1} + A_0 = \overline{\overline{A_2\,\overline{A_1}}\,\overline{A_0}}$$

$$\overline{f} = A_1A_0 + \overline{A_2}A_1 + \overline{A_3}\,\overline{A_2}A_0 = \overline{\overline{A_1A_0} \cdot \overline{\overline{A_2}A_1} \cdot \overline{\overline{A_3}\,\overline{A_2}A_0}}$$

$$\overline{g} = \overline{A_3}\,\overline{A_2}\,\overline{A_1} + A_2A_1A_0 = \overline{\overline{\overline{A_3}\,\overline{A_2}\,\overline{A_1}} \cdot \overline{A_2A_1A_0}}$$

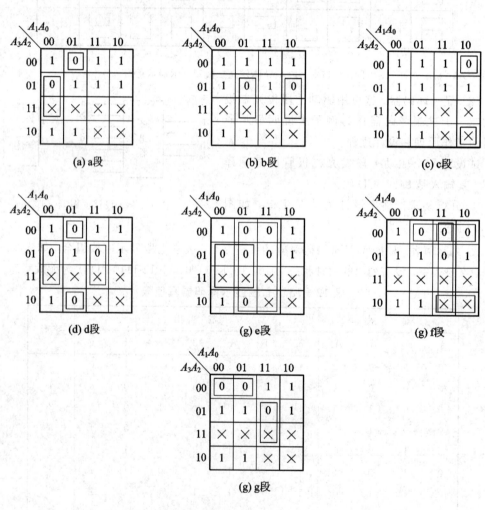

图 12.27　卡诺图

④ 画逻辑电路图，如图 12.28 所示。

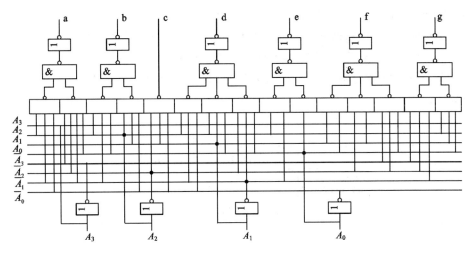

图 12.28 逻辑图

12.3.2 数据选择器与数据分配器

1. 数据选择器

1）数据选择器的功能与电路

数据选择器（简称 MUX）又称多路开关，它的功能是根据地址控制信号，从多个数据输入通道中选择其中的某一通道的数据传送至输出端。数据选择器芯片种类很多，常用的有 2 选 1，如 74LS158；4 选 1，如 74LS153；8 选 1，如 74LS151；16 选 1，如 74LS150 等。

图 12.29 所示是一个 4 选 1 数据选择器原理图。A_0、A_1 为地址控制输入端，$D_0 \sim D_3$ 为 4 个数据输入端。此外，为了对选择器工作与否进行控制和扩展功能的需要，设置了附加使能控制端 $\overline{ST}$。当 $\overline{ST} = 0$ 时，选择器工作，当 $\overline{ST} = 1$ 时，选择器输入的数据被封锁，输出为 0。其输出函数的逻辑式为

$$Y = \left[D_0(\overline{A_1}\,\overline{A_0}) + D_1(\overline{A_1}A_0) + D_2(A_1\overline{A_0}) + D_3(A_1A_0) \right]\overline{ST}$$

表 12-14 为 4 选 1 数据选择器真值表。

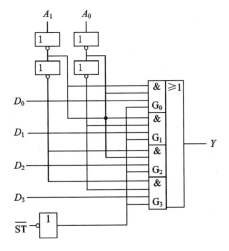

图 12.29 4 选 1 数据选择器原理图

表 12-14 4 选 1 数据选择器真值表

地址输入		使能控制	输出
A_1	A_0	$\overline{ST}$	Y
×	×	1	0
0	0	0	D_0
0	1	0	D_1
1	0	0	D_2
1	1	0	D_3

2）数据选择器的应用

（1）数据传输。多位数据并行输入转换成串行输出，如图 12.30 所示。8 选 1 数据选择器 74LS151，有八位并行输入数据 $D_0 \sim D_7$，当地址输入 $A_2 \sim A_0$ 的二进制数码依次由 000 递增至 111，其最小项 m_0 逐次变到 m_7 时，8 个通道的并行数据便依次传送到输出端，转换成串行数据。

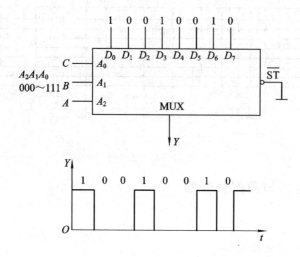

图 12.30　数据并行输入转换为串行输出

（2）序列码发生器。如图 12.31 所示，在数据选择器的数据输入端按照需要的序列码 10110011 的顺序置上高低电平，地址输入 $A_2 \sim A_0$ 重复 000～111，则序列码 10110011 可连续不断重复发生。

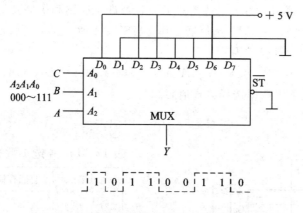

图 12.31　序列码发生器

（3）数据选择器组成函数发生器。从数据选择器的输出表达式 $Y = \sum\limits_{i=0}^{2^n-1} (m_i D_i)$ 可知，它基本上与逻辑函数的最小项与或表达式是一致的，只是多了一个因子 D_i。当 $D_i = 1$ 时，与之对应的最小项 m_i 将包含在 Y 的函数式中；当 $D_i = 0$ 时，与之对应的最小项将包含在 Y 的反函数中。所以，对于一个组合函数，可以根据它的最小项表达式借助 MUX 来实现它，方法如下：

① 将给定函数化为最小项与或表达式；

② 以最小项因子作 MUX 的地址输入端,并由此确定 MUX 的规模;

③ 将与或函数式中已存在的最小项 m_i 相对应的数据输入端 D_i 赋值为 1,将与或函数式不存在的最小项相对应的数据输入端赋值为 0。

【例 12.1】 试用 8 选 1 MUX 产生函数 $Y_1 = \overline{A}B + A\overline{B}$。

解 ① 将 8 选 1 MUX 的地址控制端 A_2 设为 $0(A_2 = 0)$,而设函数的变量 $A = A_1$,$B = A_0$。

② 将函数变换成 $Y_1(A_2, A, B)$ 形式:

$$Y_1 = \overline{A}B + A\overline{B} = (\overline{A}B + A\overline{B})(A_2 + \overline{A_2})$$
$$= \overline{A_2}\,\overline{A_1}A_0 + \overline{A_2}A_1\,\overline{A_0} = m_1 + m_2$$

③ 8 选 1 MUX 的逻辑式为

$$Y = \sum_{i=0}^{7}(m_i D_i)$$

④ 为使 $Y = Y_1(A_2, A, B)$,需使各对应项相等,即

$$D_1 = D_2 = 1 , D_0 = D_3 = D_4 = D_5 = D_6 = D_7 = 0$$

⑤ 画出连接图,如图 12.32 所示。

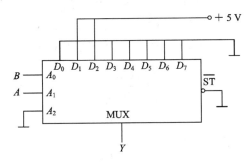

图 12.32　$Y_1 = \overline{A}B + A\overline{B}$ 函数发生器

2. 数据分配器

数据分配器是数据选择器操作过程的逆过程。它能根据地址输入端信号的不同来控制数据 D,送至所指定的输出端。它有一个数据输入端,n 个地址控制端和 2^n 个输出端。故它可看做有使能端译码器的特殊应用。

图 12.33(a) 是四路数据分配器的逻辑图,D 是数据输入端,A_0、A_1 是地址输入控制端,$Y_0 \sim Y_3$ 是数据输出端。

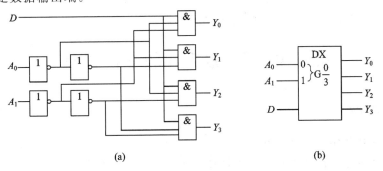

(a) (b)

图 12.33　四路数据分配器

根据图 12.33(a)可写出各输出端的逻辑表达式：

$$Y_0 = \overline{A_1}\,\overline{A_0} \cdot D$$
$$Y_1 = \overline{A_1} A_0 \cdot D$$
$$Y_2 = A_1 \overline{A_0} \cdot D$$
$$Y_3 = A_1 A_0 \cdot D$$

由逻辑表达式可列出真值表，如表 12-15 所示。

表 12-15　四路数据分配器真值表

输　入			输　出			
（数据）D	（地址）A_1	A_0	Y_0	Y_1	Y_2	Y_3
D	0	0	D	0	0	0
D	0	1	0	D	0	0
D	1	0	0	0	D	0
D	1	1	0	0	0	D

具有使能端的二进制译码器可以完成数据分配器的功能。例如，将 2 线—4 线译码器 74LS139(1/2)的使能端 1$\overline{ST}$作为数据分配器的数据输入端，而公共译码输入端 A_1、A_0 作为地址输入端，1$\overline{Y}_0$～1$\overline{Y}_3$ 作为数据输出端，即一个四路数据分配器，如图 12.34 所示。

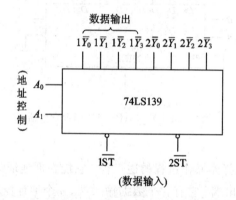

图 12.34　2 线—4 线译码器用作数据分配器

当地址控制端 $A_1 A_0 = 00$ 时，输出端 1$\overline{Y}_0$ 与输入端 1$\overline{ST}$取值相同，相当于 1$\overline{ST}$数据接通到 1$\overline{Y}_0$，而其他输出端 1$\overline{Y}_1$、1$\overline{Y}_2$、1$\overline{Y}_3$ 不管 1$\overline{ST}$取值如何皆为 1，相当于不接通。同理，$A_1 A_0 = 01$，1$\overline{ST}$数据接通 1$\overline{Y}_1$，等等。数据分配器功能完成。

【任务 4】　数字比较器的设计

📚 **学习目标**

◆ 掌握一位数字比较器的电路设计方法。

◆ 理解多位数字比较器及数字比较器位数扩展的工作原理。

技 能 目 标

◆ 会设计简单的数字比较器。

相 关 知 识

数字比较器就是对两数 A、B 进行比较，以判断其大小的逻辑电路。比较结果有 $A>B$、$A<B$ 以及 $A=B$ 三种情况。

两数 A、B 各有 n 位的数字比较器示意图如图 12.35 所示。如果 $A>B$，那么 $L_1=1$，$L_2=L_3=0$。若 A 和 B 的关系是 $A<B$ 或 $A=B$，则分别只有 L_2 或 L_3 为 1。

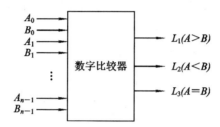

图 12.35　数字比较器一般逻辑示意图

1. 一位数字比较器设计

两个一位二进制数 A 和 B 相比较，其真值表如表 12 – 16 所示。

由真值表可写出各输出的逻辑表达式：

$$Y_{A>B} = A\overline{B}$$

$$Y_{A<B} = \overline{A}B$$

$$Y_{A=B} = \overline{A}\overline{B} + AB$$

由以上逻辑表达式可画出逻辑电路图，如图 12.36 所示。

表 12 – 16　一位数字比较器真值表

输　入		输　　出		
A	B	$L_1(A>B)$	$L_2(A<B)$	$L_3(A=B)$
0	0	0	0	1
0	1	0	1	0
1	0	1	0	0
1	1	0	0	1

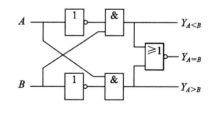

图 12.36　一位数字比较器的逻辑电路图

2. 多位数字比较器

多位二进制数的比较，是从高位到低位逐位进行的，其原则如下：

（1）先从高位比起，高位大的数值一定大，高位小的数值一定小；

（2）若高位相等，则需再比低位，最终比较结果由低位数值情况决定。

按此原则，也可以设计出多位数字比较器。

3. 数字比较器的位数扩展

数字比较器的位数扩展方式有串联和并联两种。图 12.37 表示由两个四位数字比较器串联而成为一个八位数字比较器。我们知道，对于两个八位数，若高四位相同，它们的大小则由低四位的比较结果确定。在本例中，A_0、B_0 是最高位，A_7、B_7 是最低位。L_1、L_2 和 L_3 的状态分别与 $A'>B'$、$A'<B'$ 和 $A'=B'$ 的状态相同。因此，高四位的比较结果应作为低四位的条件，即高四位比较器的输出端应分别与低四位比较器的 $A'>B'$、$A'<B'$ 和 $A'=B'$ 端连接。为使 $A'>B'$、$A'<B'$ 和 $A'=B'$ 不影响高四位的输出状态，必须使高四位的 $L_1'=L_2'=0$，$L_3'=1$。当位数较多且要满足一定的速度要求时，可以采取并联方式。

常用的集成数字比较器属 TTL 型的有 T1085，属 CMOS 型的有 CC4585 等。

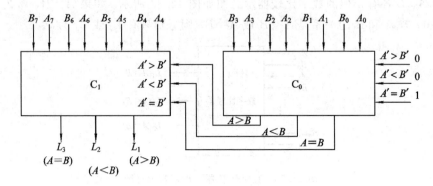

图 12.37 串联方式扩展数字比较器的位数

【任务 5】 组合逻辑电路中的竞争与冒险

 学习目标

◆ 了解组合逻辑电路中竞争与冒险产生的原因，并学会其判断方法。
◆ 理解组合逻辑电路中竞争与冒险的消除方法。

技能目标

◆ 会判断组合逻辑电路中的竞争与冒险，并会将其消除。

相关知识

在前面讨论电路的逻辑关系时，都是考虑电路在稳态下的工作情况，即没有考虑门电路的延迟时间对电路产生的影响。实际上，从信号输入到稳定输出需要一定的时间。由于从输入到输出的过程中，不同通路上门的级数不同，或者门电路平均延迟时间的差异，信号从输入经不同通路传输到输出级的时间将不同。由于这个原因，逻辑电路可能会产生错误输出。通常把这种现象称为竞争冒险。

1. 产生竞争冒险的原因

每个门电路都具有传输时间。当输入信号的状态突然改变时，输出信号要延迟一段时间才改变，而且状态变化时，还附加了上升、下降边沿。在组合电路中，某个输入变量通过两条或两条以上途径传到输出门的输入端。由于每条途径的传输延迟时间不同，信号达到输出门的时间就有先有后，信号就会产生"竞争"。在图 12.38 中，A 信号的一条传输路径

是经过 G_1、G_2 两个门到达 G_4 的输入端，A 信号的另一条途径是经过 G_3 一个门到达 G_4 的输入端。若这 4 个门 $G_1 \sim G_4$ 的平均传输时间 t_{pd} 相同，则 A_2 信号先于 A_1 信号到达 G_4 的输入端；如果 G_1、G_2 两个门的传输时间较短，而 G_3 的传输时间较长，则又可能是 A_2 信号后于 A_1 信号到达 G_4 的输入端，从而产生竞争。

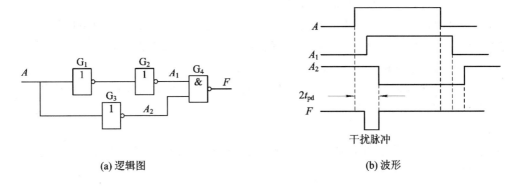

(a) 逻辑图　　　　　　　　　　　　　(b) 波形

图 12.38　因竞争冒险而产生干扰脉冲

图 12.38(a)中，在理想情况下，$F = \overline{A} \cdot \overline{\overline{A}} = 1$，但由于 A_1、A_2 的延迟时间不同，故输出产生干扰脉冲，如图 12.38(b)中 F 波形产生了一个负脉冲，这就是说电路产生了冒险。

如果将图 12.38(a)中的 G_4 门换成或非门，在理想情况下，$F = \overline{A + \overline{A}} = 0$。但由于 A_1、A_2 延迟时间不同，在输出端也会产生干扰脉冲。如图 12.39 所示，产生了一个正脉冲，电路产生了"冒险"。综上所述，冒险的产生主要是由 $A \cdot \overline{A}$、$A + \overline{A}$ 引起的。

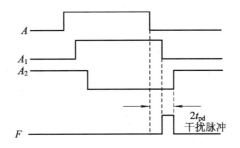

图 12.39　将 G_4 门换成或非门产生的干扰脉冲

需要指出的是：有竞争未必就有冒险，有冒险也未必有危害，这主要决定于负载对于干扰脉冲的响应速度。负载对窄脉冲的响应越灵敏，危害性也就越大。

2. 竞争冒险的判断

(1) 代数法判断：逻辑表达式中，某个变量以原变量和反变量的形式出现，就具备了竞争条件。去掉其他变量，留下具有竞争能力的变量，并得如下表达式，就产生冒险。

当 $F = A + \overline{A}$ 时，产生"0"冒险；当 $F = A \cdot \overline{A}$ 时，产生"1"冒险。

【例 12.2】　判断 $F = (A + C)(\overline{A} + B)(B + \overline{C})$ 是否存在冒险。

解　分析 F 表达式中各种状态。

当 $A = 0$，$B = 0$ 时，$F = C \cdot \overline{C}$，出现"1"冒险；当 $A = 0$，$B = 1$ 时，$F = C$；当 $A = 1$，$B = 0$ 时，$F = 0$；当 $A = 1$，$B = 1$ 时，$F = 1$。

当 $B=0$, $C=0$ 时, $F=A \cdot \overline{A}$, 出现"1"冒险; 当 $B=0$, $C=1$ 时, $F=0$; 当 $B=1$, $C=0$ 时, $F=A$; 当 $B=1$, $C=1$ 时, $F=1$。

可见, 该逻辑函数将出现"1"冒险。

(2) 用实验的方法判断: 在电路输入端加入所有可能发生状态变化的波形, 观察输出端是否有尖峰脉冲, 这个方法比较直观可靠。

(3) 使用计算机辅助分析手段判断: 通过在计算机上运行数字电路的模拟程序, 能够迅速查出电路是否由于竞争冒险而输出尖峰脉冲。目前可供选用的这类程序已有很多。

(4) 用卡诺图法判断: 当描述电路的逻辑函数为与或表达式时, 采用卡诺图来判断冒险更加直观、方便。其具体方法是, 首先作出函数卡诺图, 并画出和逻辑表达式中各"与"项对应的卡诺圈, 然后观察卡诺图, 若发现某两个卡诺圈存在"相切"关系, 则该电路可能产生冒险。

【例 12.3】 已知某逻辑电路对应的逻辑表达式为 $F=AB+\overline{A}C$, 试判断该电路是否可能产生冒险。

解 作出给定函数 F 的卡诺图, 并画出逻辑表达式中各"与"项对应的卡诺圈, 如图 12.40 所示。由图可知, 两卡诺圈相切, 说明相应电路可能产生冒险。

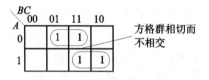

图 12.40 卡诺图

3. 消除竞争冒险的方法

(1) 引入封锁脉冲: 在系统输出门的一个输入端引入封锁脉冲。在信号变化过程中, 封锁脉冲使输出门封锁, 输出端不会出现干扰脉冲, 待信号稳定后, 封锁脉冲消失, 输出门有正常信号输出。

(2) 引入选通脉冲: 选通和封锁是两种相反的措施, 但目的是相同的。待信号稳定后, 选通脉冲有效, 输出门开启, 输出正常信号。

(3) 接滤波电容: 无论是正向干扰脉冲还是负向干扰脉冲, 脉宽一般都很窄, 可通过在输出端并联适当小电容进行滤波, 把干扰脉冲幅度降低到系统允许的范围之内。

(4) 修改逻辑设计。

① 代数法。在产生冒险现象的逻辑表达式中, 加上多余项或乘上多余因子, 使之不会出现 $A+\overline{A}$ 或 $A \cdot \overline{A}$ 的形式, 即可消除竞争冒险。

【例 12.4】 逻辑函数 $F=AB+\overline{A}C$, 在 $B=C=1$ 时, 产生冒险现象。

解 因为 $AB+\overline{A}C=AB+\overline{A}C+BC$, 式中加入了多余项 BC, 就可消除冒险现象。

当 $B=0$, $C=0$ 时, $F=0$; 当 $B=0$, $C=1$ 时, $F=\overline{A}$;

当 $B=1$, $C=0$ 时, $F=A$; 当 $B=1$, $C=1$ 时, $F=1$。

可见不存在 $A+\overline{A}$ 形式, 是由于加入了 BC 项, 消除了冒险。

② 卡诺图法。将卡诺图中相切的两个卡诺圈, 用一个多余的卡诺圈连接起来, 如图 12.41 所示, 在图中加入上下 $m_6 m_7$ 卡诺圈, 就能消除冒险现象。

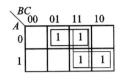

图 12.41　加多余卡诺圈的卡诺图

小　　结

组合逻辑电路由门电路组成，它的特点是输出仅取决于当前的输入，而与以前的状态无关，即组合逻辑电路无记忆功能。

组合逻辑电路的分析是根据已知的逻辑电路，找出输出与输入信号间的逻辑关系，确定电路的逻辑功能。其步骤为：① 写出逻辑函数表达式；② 化简和变换表达式；③ 列出真值表；④ 确定电路逻辑功能。

组合逻辑电路的设计是分析的逆过程，其任务是根据需要设计一个符合逻辑功能的最佳逻辑电路。设计的原则是使用集成芯片的品种型号最少，个数最少，芯片之间的连接最少。设计的步骤为：① 根据逻辑关系设置变量及状态；② 列出真值表；③ 写出逻辑函数表达式（或填写卡诺图）；④ 化简、变换表达式；⑤ 画出逻辑电路图。

某些具有特定逻辑功能的组合电路常设计成标准化电路，制造成中小规模集成电路产品，这些逻辑电路种类很多，应用也很广泛，常见的有编码器、译码器；数据选择器、数据分配器；加法器和比较器等，它们除了具有基本功能外，还可以用来设计组合逻辑电路，如用数据选择器设计多输入、单输出的逻辑函数，用二进制译码器设计多输入、多输出的逻辑函数等。

习 题 十 二

12.1　试分析逻辑图 12.42 的逻辑功能。

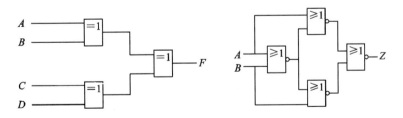

图 12.42　逻辑图

12.2　一比赛有 A、B、C 三个裁判员，另外还有一名总裁判，当总裁判认为合格时算两票，而 A、B、C 裁判认为合格时分别算为一票，试设计多数通过的表决逻辑电路。

12.3　设计一个逻辑不一致电路，要求四个输入逻辑变量取值不一致时输出为 1，取值一致时输出为 0。

12.4　某车间有 A、B、C、D 四台电动机，今要求：(1) A 必须开机；(2)其他三台电动机至少有两台开机。如不满足上述要求，则指示灯熄灭。设指示灯亮为"1"，熄灭为"0"。电动机的开机信号通过某种装置送到各自的输入端，使该输入端为"1"，否则为"0"。试用"与非"门组成指示灯亮的逻辑图。

组合逻辑电路习题

12.5 请用与非门组成全加器，画出逻辑图。

12.6 七段译码器中，若输入 $DCBA=0100$。译码器七个输出端的状态如何？而当输入数码为 $DCBA=0101$ 时，译码器的输出状态又如何？

12.7 试用 3 线—8 线译码器 74LS138 和门电路产生下列逻辑函数，并在图 12.43 中画出外部连线图。

$$Y_1 = \overline{ABC} + ABC$$
$$Y_2 = \overline{AB}\,\overline{C} + AB$$

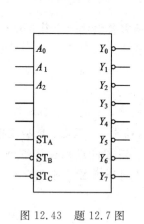

图 12.43 题 12.7 图

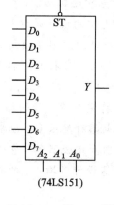

(74LS151)

图 12.44 题 12.9 图

12.8 试用 4 选 1 数据选择器实现逻辑函数 $F = \overline{A}\,\overline{B}\,\overline{C} + \overline{A}BC + AB\overline{C} + ABC$。

12.9 试用图 12.44 所示 8 选 1 数据选择器 74LS151 产生函数 $Y = \overline{ABC} + \overline{A}B\overline{C} + AB$，并画出外部接线图。

12.10 已知某逻辑电路对应的逻辑函数为 $Y = A\overline{B} + \overline{A}C + \overline{B}C$，试分析该电路是否存在冒险现象。

项目十三　触　发　器

 学习目标

■ 掌握各触发器的功能特点。

■ 了解各触发器之间的相互转换方法。

■ 熟悉 555 定时器的基本结构并能够进行简单应用。

 技能目标

■ 理解各触发器的功能特点并能够应用。

■ 会对各触发器进行相互转换。

■ 能够对 555 定时器进行简单应用。

在数字电路中，要连续进行各种复杂的运算和控制，就必须将某些信号暂时保存起来，以便与新的信号综合，共同决定电路的工作状态，这就需要具有记忆功能的基本单元——触发器。触发器具有两个稳定状态，即 0 状态和 1 状态。在输入信号作用下，两个稳态可以互相转化；输入信号消失后，新建立的状态可以长久保留。

集成触发器的类型很多，本章主要介绍各种触发器的逻辑功能及其工作特性，这是学习时序逻辑电路的基础。

【任务 1】　掌握各触发器的功能特点

 学习目标

◆ 熟悉基本 RS 触发器、同步 RS 触发器、D 触发器、JK 触发器的基本结构。

◆ 理解基本 RS 触发器、同步 RS 触发器、D 触发器、JK 触发器的工作原理。

技能目标

◆ 能够对各种触发器进行简单应用。

相关知识

13.1.1　基本 RS 触发器

1. 电路组成

基本 RS 触发器又称基本触发器，它可由两个与非门交叉耦合组成，如图 13.1(a)所示。它有两个输入端$\overline{R}$、$\overline{S}$和一对互补输出端Q、$\overline{Q}$,其逻辑符号如图 13.1 (b)所示。规定以输出端Q的状态为触发器的状态,如$Q=1(\overline{Q}=0)$时称触发器为 1 状态;$Q=0(\overline{Q}=1)$时称触发器为 0 状态。在图 13.1(b)的图形符号上,输入端的小圆圈表示用低电平作输入信号,或者叫低电平有效。

基本 RS 触发器

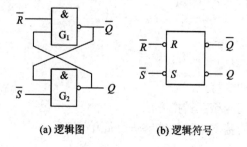

(a) 逻辑图　　　　　　**(b) 逻辑符号**

图 13.1　或非门组成的基本 RS 触发器

2. 功能分析

根据与非门的逻辑关系,Q 和 $\overline{Q}$ 的逻辑表达式为

$$Q = \overline{\overline{Q}\,\overline{S}} \tag{13-1}$$

$$\overline{Q} = \overline{Q\,\overline{R}} \tag{13-2}$$

根据以上两式,触发器的输出和输入之间的关系有四种情况,现分析如下:

1)$\overline{R}=0,\overline{S}=1$

由式(13-2)可知,当$\overline{R}=0$时,不论Q原来处于何种状态,都有$\overline{Q}=\overline{Q\cdot 0}=1$;再根据式(13-1)可得$Q=\overline{1\cdot 1}=0$,这时触发器处于 0 状态或称复位状态。此状态通常也叫$\overline{R}$端有效,$\overline{S}$端无效,触发器被置"0"态,故称$\overline{R}$端为"置 0 端"或"复位端"。

2)$\overline{R}=1,\overline{S}=0$

根据式(13-1)和式(13-2)得$Q=\overline{\overline{Q}\cdot 0}=1$(不论$\overline{Q}$原来为何种状态),$\overline{Q}=\overline{1\cdot 1}=0$。这时触发器处于 1 状态或称置位状态。此状态通常也叫$\overline{S}$端有效,$\overline{R}$端无效,触发器被置"1"态,故称$\overline{S}$端为"置 1 端"或"置位端"。

3)$\overline{R}=1,\overline{S}=1$

当$\overline{R}$和$\overline{S}$全为 1 时,$Q=\overline{\overline{Q}\cdot 1}=Q$,$\overline{Q}=\overline{Q\cdot 1}=\overline{Q}$,故触发器的状态和原来一样,保持不变。也就是说,原来为 0 态,仍为 0 态;原来 1 态,仍为 1 态。这体现了触发器具有存储和记忆功能。

4)$\overline{R}=0,\overline{S}=0$

显然,在此条件下,两个与非门的输出端Q和$\overline{Q}$全为 1,则破坏了触发器的逻辑关系。在两输入端的 0 信号同时撤除后,由于与非门延迟时间不可能完全相等,将不能确定是处于 1 态还是 0 态。这种情况应当避免。

上述逻辑关系可以用真值表来表示,如表 13-1 所示。

表 13 – 1　基本 RS 触发器真值表

$\bar{R}$	$\bar{S}$	Q
0	0	不定
0	1	置0
1	0	置1
1	1	保持

此外，还可以用两个或非门交叉耦合组成基本 RS 触发器，如图 13.2 所示。它具有与图 13.1 所示电路同样的功能，只不过触发输入端需要用高电平来触发(即高电平有效)，用 R 和 S 来表示。它的真值表如表 13 – 2 所示。

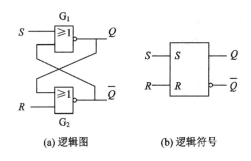

(a) 逻辑图　　　　　(b) 逻辑符号

图 13.2　或非门组成的基本 RS 触发器

表 13 – 2　或非门组成的基本 RS 触发器真值表

R	S	Q
0	0	保持
0	1	置1
1	0	置0
1	1	不定

【例 13.1】　在图 13.1 所示的基本 RS 触发器电路中，已知 $\bar{S}$ 和 $\bar{R}$ 的波形如图 13.3 (a)、(b)所示，试画出 Q 和 $\bar{Q}$ 端的波形。

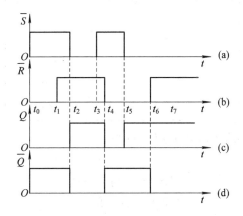

图 13.3　例 13.1 的波形图

解　根据某一时刻两个输入的状态去查触发器的特性表，便可找出对应的 Q 和 $\overline{Q}$ 的状态，并画出波形图，如图 13.3(c)、(d) 所示。

13.1.2　触发器的触发方式

1. 电平触发

前面介绍的基本 RS 触发器的输入信号直接控制触发器的翻转，而实际应用中，常常要求触发器在某指定时刻按输入信号状态触发翻转，这个时刻可由外加时钟脉冲 CP 来决定。用时钟脉冲控制的触发器如图 13.4 所示，称为同步 RS 触发器。

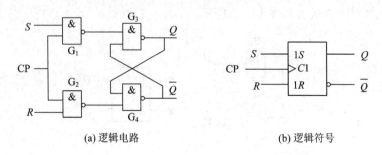

(a) 逻辑电路　　　　　　　　　　(b) 逻辑符号

图 13.4　同步 RS 触发器逻辑电路及逻辑符号

从图 13.4 可以看出，当 CP=1 时，门 G_1、G_2 的输出逻辑表达式为

$$Q_1 = \overline{S \cdot CP} = \overline{S}, \qquad Q_2 = \overline{R \cdot CP} = \overline{R}$$

因此，当 CP=1 时，如果 $R=1$，$S=0$，则 $Q_1 = \overline{S} = 1$，$Q_2 = \overline{R} = 0$，使 $Q=0$，即触发器置 0，其余类推。

当 CP=0 时，$Q_1 = Q_2 = 1$，G_3、G_4 的输出与 R、S 状态无关，触发器保持原来状态不变。

根据以上分析，作出同步 RS 触发器的真值表，如表 13-3 所示。用 Q^n、Q^{n+1} 分别表示 CP 作用前、后触发器 Q 端的状态。Q^n 为现态，Q^{n+1} 为次态。

表 13-3　同步 RS 触发器真值表

R	S	Q
0	0	保持
0	1	置 1
1	0	置 0
1	1	不定

如果把表 13-3 所示的逻辑功能用逻辑表达式表示出来，就可得到时钟脉冲控制的 RS 触发器的特性方程：

$$\begin{cases} RS = 0（约束条件） \\ Q^{n+1} = S + \overline{R}Q^n \end{cases}$$

为了防止触发器处于不定状态，因而规定了约束条件 RS=0。

在图 13.4 所示的同步 RS 触发器中，假定它的原始状态为 $Q=0$，$\overline{Q}=1$，输入信号 R、

S 的波形已知,则根据表 13-3 所示的逻辑关系,即可相应画出 Q、$\overline{Q}$ 端的波形,如图 13.5 所示。

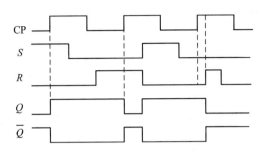

图 13.5 同步 RS 触发器波形图

不难看出,这种触发器在 CP 为高电平时触发翻转,与基本 RS 触发器相比,对触发翻转增加了时间控制。这种电平触发的同步 RS 触发器虽然能按一定的时间节拍进行状态动作,但在 CP=1 期间,随着输入 R、S 发生变化,同步 RS 触发器的状态可能发生两次或两次以上的翻转,这种现象称为空翻。空翻会造成节拍的混乱和系统工作的不稳定,这是同步触发器的一个缺陷。

为了克服空翻现象,实现触发器状态的可靠翻转,对触发器电路进行了进一步改进,使触发器触发翻转能控制在某一时刻(时钟脉冲的上升沿或下降沿)进行,即边沿触发。

2. 边沿触发

采用边沿触发方式的触发器有主从触发器和边沿触发器。

1) 主从触发器

主从触发器的特点是:电路由主触发器和从触发器两部分组成,它们受互补时钟脉冲控制,触发翻转只在时钟脉冲的跳变沿进行。下面以主从 RS 触发器为例介绍主从触发器的特点。

(1) 电路组成。主从 RS 触发器由两个同步 RS 触发器构成,如图 13.6 所示。图 13.6(a) 中左面的一个为主触发器,右面的一个为从触发器,加在主触发器上的时钟脉冲 CP 经过反相后再加到从触发器上,即主、从两个触发器所要求的时钟脉冲彼此反相。

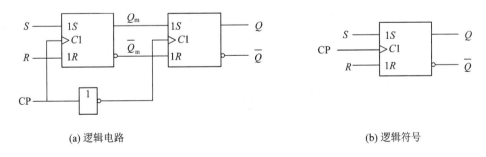

(a) 逻辑电路   (b) 逻辑符号

图 13.6 主从 RS 触发器

(2) 工作原理。当时钟脉冲为高电平(CP=1)时,主触发器接受输入数据,R 和 S 端的输入信号决定了主触发器的状态 Q_m。而在此期间,从触发器被非门输出的反相时钟($\overline{CP}$=0)封锁,因此不论主触发器的状态如何改变,对从触发器均无影响,即触发器的输出保持不变。

当时钟脉冲为低电平（CP=0）时，主触发器被封锁，输入端 R 和 S 的状态不影响主触发器的状态。而此时从触发器打开，将主触发器的状态传输到从触发器的输出端。这样就保证了每来一个时钟脉冲，触发器的状态变化不多于一次，从而防止了空翻。

2）边沿触发器

边沿触发器的特点是：次态 Q^{n+1} 仅取决于 CP 下降沿（或上升沿）到达前瞬间的输入信号，而在此之前或之后的一段时间内，输入信号状态的变化对输出状态不产生影响。它具有工作可靠性高、抗干扰能力强、不存在一次变化问题等优点。常见的边沿触发器有 CP 上升沿触发和 CP 下降沿触发两大类。下面以集成上升沿 D 触发器为例介绍边沿触发器的特点。

（1）电路组成。维持阻塞型 D 触发器采用上升沿触发工作方式。其逻辑电路和逻辑符号如图 13.7 所示。图中的 $\overline{R_D}$、$\overline{S_D}$ 为直接置 0、置 1 输入端，CP 为时钟脉冲输入端，D 为信号输入端。

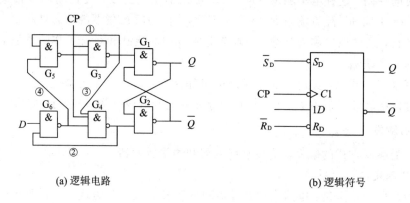

(a) 逻辑电路　　　　　　　　　　　　(b) 逻辑符号

图 13.7　维持阻塞型 D 触发器

（2）工作原理。工作时 $\overline{R_D}=\overline{S_D}=1$，当 CP=0 时，$G_3$、$G_4$ 门均输出为 1，因此 G_1、G_2 门构成的基本 RS 触发器保持原状态不变。下面分别讨论 $D=0$，$D=1$ 两种情况。

① $D=0$。

CP=0 时，因 $D=0$，G_6 门输出为 1，G_5 门输出为 0，使 G_3 门输出保持 1。

CP 由 0 变 1（CP=1）时，G_4 门输入全为 1，输出为 0，一方面使 $\overline{Q}=1$，$Q=0$；另一方面，此 0 信号使 G_6 门被封锁，封锁后即使 D 信号有变化也不影响 G_6 门输出，从而保证了在 CP=1 期间始终维持 G_4 门输出为 0，进而保持 $Q=0$。因此，把②线称为置 0 维持线。同时，由于这时 G_6 门输出为 1，④ 线使 G_5 输出为 0，封锁 G_3，使 G_3 门输出仍为 1，阻塞了置 1 信号的产生，因此把④线称为置 1 阻塞线。

② $D=1$。

CP=0 时，因 $D=1$，G_6 门输出为 0，使 G_5 门输出为 1，打开 G_3 门，且使 G_4 门输出保持 1。

CP 由 0 变 1（CP=1）时，G_3 门输入全为 1，输出为 0，一方面使 $Q=1$，$\overline{Q}=0$；另一方面通过①线使 G_5 门输出为 1，维持 G_3 产生置 1 负脉冲，因此把①线称为置 1 维持线。同时，G_3 门输出负脉冲通过③线封锁 G_4 门，阻止 G_4 门产生置 0 负脉冲，故称③线为置 0 阻塞线。

总之，触发器是在 CP 上升沿前接受输入信号，上升沿到来时触发翻转，称为上升沿触发。而在 CP＝0 和 CP＝1 期间触发器状态都不会发生变化。这样，每来一个脉冲，触发器的状态只改变一次。由于存在维持和阻塞作用，防止了空翻。

13.1.3 各种逻辑功能的触发器

触发器的逻辑功能可用特性表、驱动表、特性方程、状态转换图、波形图等几种方法来描述。

1. D 触发器

D 触发器的逻辑符号如图 13.7 所示。其特性表见表 13-4，驱动表见表 13-5。

表 13-4 D 触发器特性表

D	Q^n	Q^{n+1}
0	0	0
0	1	0
1	0	1
1	1	1

表 13-5 D 触发器驱动表

Q^n	$\rightarrow$	Q^{n+1}	D
0		0	0
0		1	1
1		0	0
1		1	1

由特性表可得出特性方程：

$$Q^{n+1} = D$$

画出 D 触发器的状态转换图，如图 13.8 所示。其波形图如图 13.9 所示。

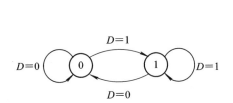

图 13.8 D 触发器状态转换图

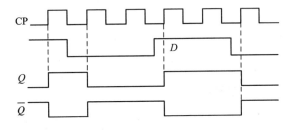

图 13.9 D 触发器波形图

2. JK 触发器

JK 触发器的逻辑符号如图 13.10 所示。其特性表见表 13-6，由此得出的驱动表见表 13-7。

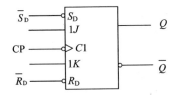

图 13.10 JK 触发器的逻辑符号

JK 触发器

表 13 - 6 JK 触发器特性表

J	K	Q_n	Q_{n+1}	J	K	Q_n	Q_{n+1}
0	0	0	0	1	0	0	1
0	0	1	1	1	0	1	1
0	1	0	0	1	1	0	1
0	1	1	0	1	1	1	0

表 13 - 7 JK 触发器驱动表

Q^n	$\rightarrow$	Q^{n-1}	J	K
0		0	0	$\times$
0		1	1	$\times$
1		0	$\times$	1
1		1	$\times$	0

由特性表可得出 JK 触发器的特性方程为

$$Q^{n+1} = J\,\overline{Q^n} + \overline{K}Q^n$$

画出相应的状态转换图,如图 13.11 所示。其波形图如图 13.12 所示。

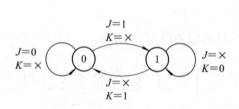

图 13.11 JK 触发器状态转换图

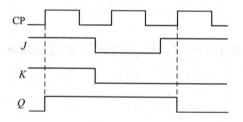

图 13.12 JK 触发器波形图

3. T 触发器

将 JK 触发器的 J、K 端连在一起,即可构成 T 触发器,如图 13.13 所示。描述其逻辑功能的特性表如表 13 - 8 所示,对应的驱动表如表 13 - 9 所示。

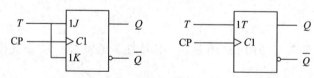

图 13.13 T 触发器

表 13 - 8 T 触发器特性表

Q^n	$\rightarrow$	Q^{n+1}	T
0		0	0
0		1	1
1		0	1
1		1	0

表 13 - 9 T 触发器驱动表

T	Q^n	Q^{n+1}
0	0	0
0	1	1
1	0	1
1	1	0

从特性表写出它的特性方程为

$$Q^{n+1} = T\overline{Q^n} + \overline{T}Q^n$$

画出相应的状态转换图，如图 13.14 所示，波形图如图 13.15 所示。

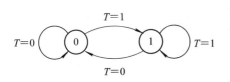

图 13.14 T 触发器状态转换图

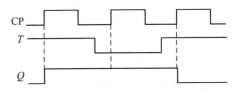

图 13.15 T 触发器波形图

4. T′ 触发器

当 T 触发器的 $T=1$ 时，$Q^{n+1}=\overline{Q^n}$，即构成 T′ 触发器。

【任务 2】 了解各触发器之间的相互转换方法

学习目标

◆ 熟悉各触发器之间的转换方法。

技能目标

◆ 会将触发器之间的转换应用于实际中。

相关知识

触发器类型很多，它们分别有各自的特性方程。在实际应用中，有时可以将一种类型的触发器转换为另一种类型的触发器。

1. JK 触发器转换为 D 触发器

JK 触发器的特性方程为

$$Q^{n+1} = J\overline{Q^n} + \overline{K}Q^n$$

D 触发器的特性方程为

$$Q^{n+1} = D = D\overline{Q^n} + DQ^n$$

比较可得

$$J = D, K = \overline{D}$$

JK 触发器转换为 D 触发器的转换电路如图 13.16 所示。

2. JK 触发器转换为 T 触发器

JK 触发器的特性方程为

$$Q^{n+1} = J\overline{Q^n} + \overline{K}Q^n$$

T 触发器的特性方程为

$$Q^{n+1} = T\overline{Q^n} + \overline{T}Q^n$$

由比较可知：只要 $J=K=T$，即可得到 T 触发器，转换电路如图 13.17 所示。

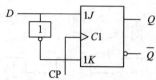
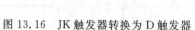

图 13.16 JK 触发器转换为 D 触发器

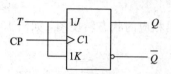

图 13.17 JK 触发器转换为 T 触发器

3. D 触发器转换为 JK 触发器

D 触发器的特性方程为

$$Q^{n+1} = D$$

JK 触发器的特性方程为

$$Q^{n+1} = J\,\overline{Q^n} + \overline{K}Q^n$$

因此，只要 $D = J\,\overline{Q^n} + \overline{K}Q^n$，即可得到 JK 触发器，其转换电路如图 13.18 所示。

4. D 触发器转换为 T 触发器

D 触发器的特性方程为

$$Q^{n+1} = D$$

T 触发器的特性方程为

$$Q^{n+1} = T\,\overline{Q^n} + \overline{T}Q^n$$

比较可知：只要 $D = T\,\overline{Q^n} + \overline{T}Q^n$，即可得到 T 触发器，如图 13.19 所示。

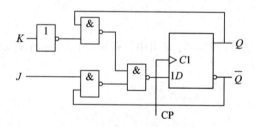

图 13.18 D 触发器转换为 JK 触发器

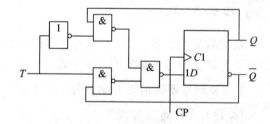

图 13.19 D 触发器转换为 T 触发器

【任务 3】 电子门铃电路的设计

学习目标

◆ 熟悉 555 定时器的基本结构。
◆ 理解 555 定时器的工作原理。

技能目标

◆ 能够对 555 定时器进行简单应用。

相关知识

　　555 定时器是一种将模拟功能和数字功能巧妙地结合在一起的中规模集成电路，其电路功能灵活，应用范围广，只要外接少量的阻容元件，就可以很方便地构成施密特触发器、单稳态触发器和多谐振荡器等电路，因而在信号的产生与变换、自动检测及控制、定时和报警、家用电器等方面都有广泛的应用。

13.3.1　555 定时器基本结构

　　CC7555 是 CMOS 集成 555 定时器的典型产品，现以它为例进行介绍。

1. 电路组成

　　CC7555 的逻辑图和引脚分布图如图 13.20 所示。它由电阻分压器、

555 定时器

电压比较器、基本 RS 触发器、MOS 开关及输出缓冲器等五个基本单元组成。

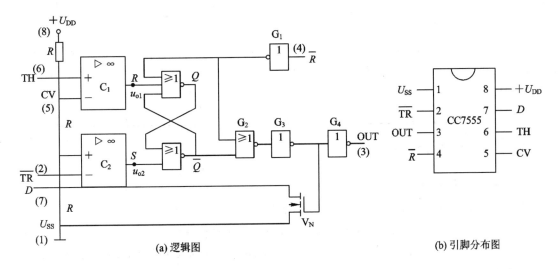

图 13.20　CC7555 集成定时器

　　（1）电阻分压器：由三个阻值相同的电阻 R 串联构成，为电压比较器 C_1、C_2 提供两个参考电压。

$$U_{-1} = \frac{2}{3}U_{DD}, \quad U_{+2} = \frac{1}{3}U_{DD}$$

　　（2）电压比较器 C_1 和 C_2：是两个结构完全相同的高增益集成运算放大器。C_1 的反相输入端接参考电压 U_{-1}，其引出端称为控制端 CV，同相输入端 TH 称为阈值端。C_2 的同相输入端接参考电压 U_{+2}；反相输入端 $\overline{TR}$ 称为触发端。如果在 CV 端外接电压，可改变 U_{-1} 和 U_{+2} 的参考电压值。

　　（3）基本 RS 触发器：由两个或非门 G_1、G_2 组成。G_1、G_2 的输出电压 u_{o1}、u_{o2} 是基本 RS 触发器的输入信号。

　　u_{o1}、u_{o2} 状态的改变，决定触发器输出端 Q、$\overline{Q}$ 的状态。

　　（4）MOS 开关管：N 沟道增强型 MOS 管，用来作为放电开关，受 $\overline{Q}$ 端控制，当 $\overline{Q}=0$

时，V_N 管截止；当 $\overline{Q}=1$ 时，V_N 管导通。

（5）输出缓冲器：由两级反相器 G_3、G_4 构成。其作用是提高电流驱动能力，且具有隔离作用。

2. CC7555 定时器的逻辑功能

对于比较器 C_1、C_2，当 $U_+>U_-$ 时，$u_o=1$（高电平）；当 $U_+<U_-$ 时，$u_o=0$（低电平）。

对于基本 RS 触发器，若 $\overline{R}=1$，则

当 $u_{o1}=0$，$u_{o2}=1$ 时，$\overline{Q}=0$，$Q=1$；

当 $u_{o1}=1$，$u_{o2}=0$ 时，$\overline{Q}=1$，$Q=0$；

当 $u_{o1}=0$，$u_{o2}=0$ 时，$\overline{Q}$、Q 维持原状态。

根据上述原理，CC7555 定时器的功能如表 13-10 所示。

表 13-10　CC7555 功能表

$\overline{R}$	TH	$\overline{TR}$	OUT(Q)	D
0	$\times$	$\times$	0	导通
1	$\geq \frac{2}{3}U_{DD}$	$\geq \frac{1}{3}U_{DD}$	0	导通
1	$< \frac{2}{3}U_{DD}$	$< \frac{1}{3}U_{DD}$	1	截止
1	$< \frac{2}{3}U_{DD}$	$> \frac{1}{3}U_{DD}$	原状态	原状态

13.3.2　555 定时器的应用

1. 施密特触发器

施密特触发器也称为电平触发器，它具有下述特点：

- 具有两个稳定状态，且两个稳态的维持和相互转换与输入电压的大小有关。
- 对于正向增长和负向增长的输入信号，电路有不同的阈值电平，即具有回差特性，其差值称为回差电压。

1）电路组成

将 555 定时器的阈值端 TH 与触发端 $\overline{TR}$ 连在一起作为信号输入端即构成施密特触发器，如图 13.21(a) 所示。

2）工作原理

设输入信号 u_i 为三角波，见图 13.21(b)，在其输出端便可得到矩形脉冲 u_o。工作过程简述如下：

当输入电压 $u_i<(1/3)U_{DD}$ 时，比较器输出电压 $u_{o1}=0$，$u_{o2}=1$，基本 RS 触发器置 1，$u_o=U_{oH}$，电路处于第一稳态。

当 $(1/3)U_{DD}<u_i<(2/3)U_{DD}$ 时，$u_{o1}=0$，$u_{o2}=0$，基本 RS 触发器状态不变，$u_o=U_{oH}$。

当 $u_i>(2/3)U_{DD}$ 以后，$u_{o1}=1$，$u_{o2}=0$，基本 RS 触发器置 0，$u_o=U_{oL}$，电路处于第二稳态。电路的输出电压由 1 变 0 时所对应的输入电压值，称为上限阈值电平 U_{T+}，$U_{T+}=(2/3)U_{DD}$。

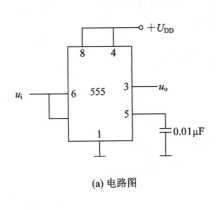

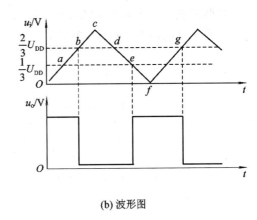

(a) 电路图

(b) 波形图

图 13.21 555 定时器组成的施密特触发器

输入电压增加到最大后开始下降,当 $(1/3)U_{DD} < u_i < (2/3)U_{DD}$ 时,$u_{o1} = u_{o2} = 0$,基本 RS 触发器状态不变,电路仍处于第二稳态。

当 $U_i < (1/3)U_{DD}$ 以后,$u_{o1} = 0$,$u_{o2} = 1$,基本 RS 触发器置 1,$u_o = U_{oH}$,电路返回到第一稳态。电路的输出电压由 0 变为 1 时所对应的输入电压值称为下限阈值电平 U_{T-},$U_{T-} = (1/3)U_{DD}$。

上限阈值电平和下限阈值电平大小不同,两者之间有差值,这种现象称为回差,其电压称为回差电压,即 $\Delta U_T = U_{T+} - U_{T-} = (1/3)U_{DD}$。

如果要调节回差电压的大小,可在 CV 端外加控制电压。回差电压越大,电路抗干扰能力越强,但触发器灵敏度越低。

3) 应用举例

(1) 幅度鉴别。施密特触发器的输出状态取决于输入信号的幅度,因此可用来鉴别信号的幅度。如图 13.22 所示,输入信号为一串幅度不等的脉冲波,当输入脉冲幅度大于 U_{T+} 时,有信号输出;小于 U_{T+} 时,无信号输出。

(2) 波形变换。施密特触发器广泛用于波形变换。图 13.23 所示是将正弦波转换为矩形波。当输入电压等于和超过 U_{T+} 时,电路为一种稳态;当输入电压等于和低于 U_{T-} 时,电路翻转为另一稳态。这样施密特触发器可以很方便地将正弦波、三角波等周期性波形变换成良好的矩形波。

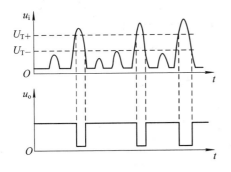

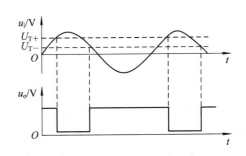

图 13.22 脉冲幅度鉴别

图 13.23 波形变换

（3）波形的整形。将不规则的波形变换成良好的矩形波称为整形。如图 13.24 所示，输入电压为受干扰的波形，通过施密特触发器变为规则的矩形波。

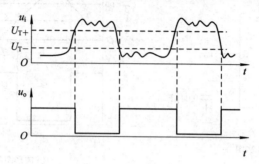

图 13.24　波形的整形

2. 单稳态触发器

单稳态触发器不同于前面介绍的双稳态触发器，它具有下述特点：

• 电路有一个稳态、一个暂稳态。

• 在外来触发信号作用下，电路由稳态翻转到暂稳态。

• 暂稳态是一个不能长久保持的状态，经过一段时间后，电路会自动返回到稳态。暂稳态的持续时间取决于电路本身的参数。

1）电路组成

555 定时器构成的单稳态触发器如图 13.25(a)所示，R_i 和 C_i 为输入回路的微分环节，R 和 C 为定时元件。

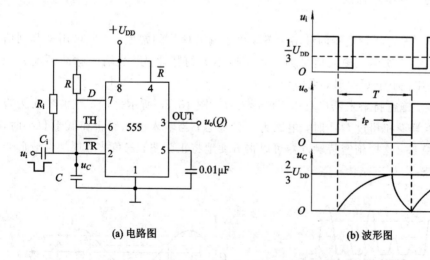

(a) 电路图　　　　　　　　(b) 波形图

图 13.25　555 定时器构成的单稳态触发器

2）工作原理

（1）稳态。触发器处于复位状态，定时电容 C 已放电完毕，u_o 和 u_C 均为低电平。

（2）触发翻转。在触发脉冲 u_i 的作用下，当 $u_i < (1/3)U_{DD}$ 时，$u_{o2} = 1$，基本 RS 触发器置 1，$u_o = 1$，放电管截止，电路进入暂稳态。定时开始。

（3）暂稳态。在暂稳态期间，电源经 R 向电容 C 充电，充电时间常数 $\tau = RC$，u_C 按指数规律上升，趋向 U_{DD}。

（4）自动返回。当 u_C 上升到 $(2/3)U_{DD}$ 时，触发器置 0，即 $Q=0$，$\overline{Q}=1$。放电管 V_N 导通，C 放电，定时结束。暂稳态结束。这时，$u_o=0$。

（5）恢复过程。放电管导通后，电容 C 放电，u_C 下降到低电平，Q 为 0，输出 u_o 仍维持在低电平，电路返回到稳态。

当第二个触发脉冲到来时，重复上述过程。其工作波形如图 13.25(b)所示。输出的脉冲宽度 t_P 等于定时电容 C 上电压 u_C 从零充到 $(2/3)U_{DD}$ 所需的时间。根据 RC 电路过渡过程的公式可求得 $t_P=1.1RC$。由此可知，调节定时元件，可以改变输出脉冲的宽度。

3）应用举例

（1）定时。单稳态触发器可产生一个宽度为 t_{P0} 的矩形脉冲，利用这个脉冲控制某电路，使它在 t_{P0} 时间内动作或不动作，从而起到定时作用。例如在图 13.26(a)所示的电路中，单稳态触发器经 u_i 触发后，产生宽度为 t_{P0} 的矩形脉冲，并将它加到与门的控制端 B，显然只有在 t_{P0} 时间内，$u_B=1$，使与门打开，让信号 u_A 通过与门，该电路的工作波形如图 13.26(b)所示。

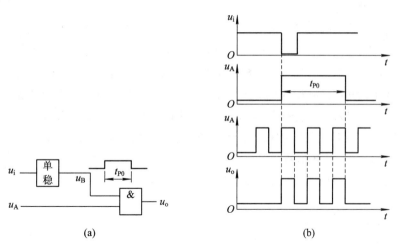

图 13.26 单稳态定时作用

（2）脉冲的整形。单稳态触发器和施密特触发器一样，也可用于脉冲的整形。将不规则或因传输干扰而使波形变坏的脉冲信号作为单稳态触发器的输入，在它的输出端即可获得有一定幅度和宽度的矩形脉冲。

3. 多谐振荡器

多谐振荡器是一种自激振荡器，它不需要外加触发信号便能自动地产生矩形脉冲。由于波形中含有高次谐波分量，所以叫多谐振荡器。它的特点是只有两个暂稳态，没有稳定状态，故也称为无稳态触发器。

1）电路组成

由 555 定时器组成的多谐振荡器电路如图 13.27(a)所示。

2）工作原理

（1）第一暂稳态。电路刚接通电源时，电容 C 初始电压为零，触发器置 1，故输出 u_o 为高电平，放电管截止，电源 U_{DD} 通过 R_1 和 R_2 对电容充电，使 u_C 的电位按指数规律上升，

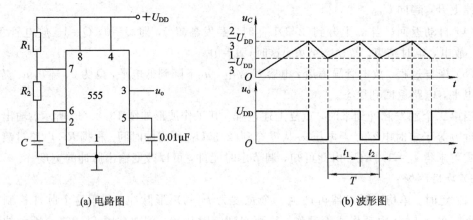

(a) 电路图　　　　　　　　　　　(b) 波形图

图 13.27　555 定时器组成的多谐振荡器

构成第一暂稳态。

(2) 第一次自动翻转。当 u_C 上升到上限阈值电平 $(2/3)U_{DD}$ 时，触发器置 0，充电结束，电路进入第二暂稳态。

(3) 第二暂稳态。因触发器置 0，所以放电管导通，电容 C 经 R_2 和放电管开始放电，u_C 按指数规律下降。当 $u_C < (2/3)U_{DD}$ 时，触发器状态保持不变。

(4) 第二次自动翻转。当 u_C 下降到 $(1/3)U_{DD}$ 时，放电结束，输出 u_o 变为高电平。同时，放电管截止，电容又开始充电，进入第一暂稳态。以后，电路重复上述振荡过程，工作波形如图 13.27(b) 所示。由图可见，由于充电时间常数 $\tau_{充} = (R_1 + R_2)C$ 大于放电时间常数 $\tau_{放} = R_2C$，故 u_o 高电平持续时间 t_1 大于低电平持续时间 t_2，即 $t_1 > t_2$。

3) 脉冲周期和振荡频率的计算

利用三要素法，可求出充、放电时间 t_1、t_2 及周期 T。

$$t_1 = 0.7(R_1 + R_2)C \ , \ t_2 = 0.7R_2C$$

所以周期 $T = t_1 + t_2 = 0.7(R_1 + 2R_2)C$。

振荡频率为

$$f = \frac{1}{T} = \frac{1}{0.7(R_1 + 2R_2)C}$$

小　结

触发器在某一时刻的输出状态不仅与对应时刻的输入状态有关，而且还与它本身前一刻的输出状态有关。触发器具有记忆功能，一个触发器可存储 1 位二进制信息 0 或 1，它是组成各种时序逻辑电路的基本单元电路。

触发器的状态有初态、次态之分，次态与输入、初态之间的关系可用功能表、状态方程 (特性方程)、时序图、状态图表示。

RS 触发器按逻辑功能分为基本 RS、同步 RS、主从 RS 触发器，它们均具有置 0、置 1、保持的逻辑功能，但输入都有约束，且存在空翻现象，实用性较差。基本 RS 触发器是构成各种触发器的基础，它不受时钟脉冲 CP 的控制。

　　时钟触发器则受时钟脉冲 CP 的控制；按逻辑功能，时钟触发器可分为同步 RS 触发器、JK 触发器、D 触发器、T 和 T′ 触发器等；按触发方式，时钟触发器又可分为同步式触发器、边沿触发器(包括上升沿和下降沿触发)、主从触发器等。同一逻辑功能的触发器可以用不同的电路结构来实现，不同结构的触发器具有不同的触发条件和动作特点。触发器逻辑符号中 CP 端有小圆圈的为下降沿触发，没有小圆圈的为上升沿触发。

　　边沿 JK 触发器具有置 0、置 1、保持、计数的逻辑功能。其输入没有约束，且不存在空翻现象，触发时刻短暂，是一种功能齐全、运用广泛的触发器。

　　T 触发器和 T′ 触发器是 JK 触发器的两种特例。T 触发器具有保持、计数的逻辑功能。T′ 触发器是二进制计数器。

　　边沿 D 触发器具有置 0、置 1 的逻辑功能，它也是一种常用的触发器。

习 题 十 三

　　13.1　如图 13.28(a)所示由与非门组成的基本 RS 触发器电路，输入信号 $\overline{S}$、$\overline{R}$ 的波形如图(b)所示。试对应画出 Q、$\overline{Q}$ 端的波形。

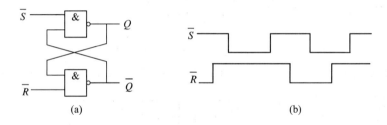

图 13.28　题 13.1 图

　　13.2　如图 13.29(a)所示由或非门组成的基本 RS 触发器电路，输入信号 R、S 的波形如图(b)所示。试对应画出 Q、$\overline{Q}$ 端的波形。

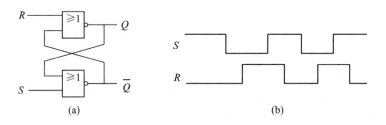

图 13.29　题 13.2 图

　　13.3　同步 RS 触发器 R、S 和 CP 的波形如图 13.30 所示，试画出 Q 和 $\overline{Q}$ 端的波形。

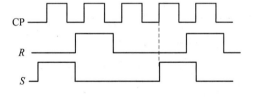

图 13.30　题 13.3 图

13.4　设一边沿 JK 触发器的初始状态为 0 态，CP、J、K 信号如图 13.31 所示，试画出触发器 Q 端的波形。

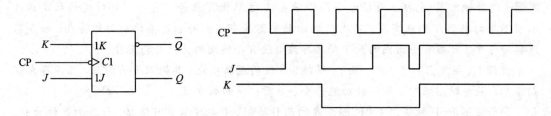

图 13.31　题 13.4 图

13.5　已知维持阻塞型 D 触发器的 D 和 CP 端电压波形如图 13.32 所示，试画出 Q 和 $\overline{Q}$ 端的电压波形。假定触发器的初始状态为 $Q=0$。

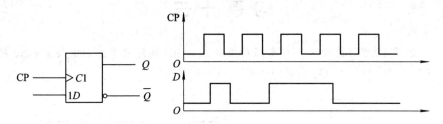

图 13.32　题 13.5 图

13.6　T 触发器的逻辑符号及 T 和 CP 的波形如图 13.33 所示，试画出 Q 端的波形。

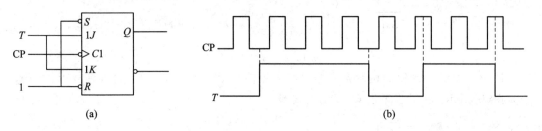

图 13.33　题 13.6 图

13.7　在图 13.34 所示电路中，JK 触发器和 D 触发器相连接，设两触发器初态均为 0 态，试画出 Q_1 和 Q 端波形。

13.8　图 13.35 是一个触发器的转换电路，试列出其特性方程，并说明它具有什么触发器的逻辑功能。

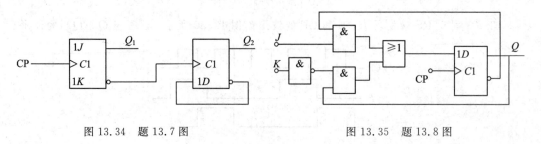

图 13.34　题 13.7 图　　　　　图 13.35　题 13.8 图

13.9　在图 12.36(a) 所示的 555 集成定时器构成的单稳态触发器中，(1) $R=50\ \mathrm{k\Omega}$，

$C=2.2~\mu\mathrm{F}$，估算输出脉冲宽度。(2) U_i 的波形如图 13.36(b)所示，对应画出 U_C、U_o 的波形。

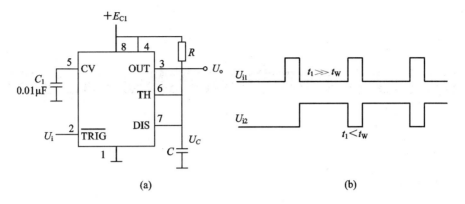

(a)　　　　　　　　　　　　　　(b)

图 13.36　题 13.9 图

13.10　试用一个 555 集成定时器组成能满足图 13.37 所示的输入 u_i 和输出 u_o 对应关系的电路。

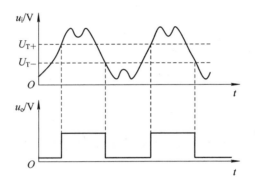

图 13.37　题 13.10 图

13.11　图 13.38 所示为 555 集成定时器组成的多谐振荡器，试回答下列问题：

(1) 说明电容 C 的充电及放电回路及其充放电时间常数；

(2) 估算电路的振荡频率 f；

(3) 画出 u_C 和 u_o 的波形。

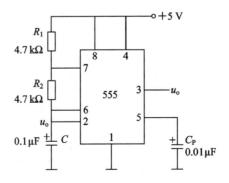

图 13.38　题 13.11 图

项目十四　时序逻辑电路的性能分析与设计

 学习目标

■ 熟悉时序逻辑电路的分析方法。
■ 掌握同步计数器、异步计数器、数据寄存器和移位寄存器的分析方法。

 技能目标

■ 能够对一般时序逻辑电路进行正确分析。
■ 会运用 74LS290 实现 n 位进制计数器。
■ 会运用 D 触发器实现左移、右移移位寄存器及双向移位寄存器。

【任务 1】　掌握时序逻辑电路的一般分析方法

 **学习目标**

◆ 熟悉时序逻辑电路的一般分析方法。

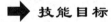 **技能目标**

◆ 对一般时序逻辑电路能够进行正确分析。

时序逻辑电路

 相关知识

　　与组合逻辑电路形成鲜明对照，时序逻辑电路在任何一个时刻的输出状态不仅取决于当时的输入信号，还与电路的原状态有关。

　　时序逻辑电路结构框图如图 14.1 所示，它由两部分组成：一部分是由逻辑门构成的组合电路；另一部分是由具有记忆功能的触发器构成的反馈支路或存储电路。图中，$X_0 \sim X_i$ 代表时序电路输入信号，

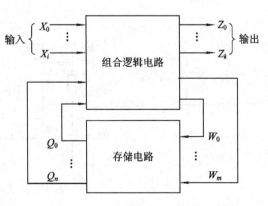

图 14.1　时序逻辑电路结构框图

$Z_0 \sim Z_k$ 代表时序电路输出信号，$W_0 \sim W_m$ 代表存储电路现时输入信号，$Q_0 \sim Q_n$ 代表存储电路现时输出信号，由 $X_0 \sim X_i$ 和 $Q_0 \sim Q_n$ 共同决定时序电路输出状态 $Z_0 \sim Z_k$。

本章将介绍时序逻辑电路的一般分析方法，然后重点讨论典型时序逻辑部件计数器和寄存器的工作原理、逻辑功能、集成芯片及其使用方法。

时序逻辑电路分析的基本任务是：根据已知的逻辑电路，通过分析，求出电路状态 Q 的转换规律以及输出 Z 的变化规律，进而说明该时序逻辑电路的逻辑功能和工作特性。

14.1.1 分析时序逻辑电路的一般步骤

1. 根据给定的时序逻辑电路图写出各逻辑方程式

（1）各触发器的时钟方程：时序电路中各触发器 CP 脉冲的逻辑关系。

（2）各触发器的驱动方程：时序电路中各触发器输入信号之间的逻辑关系。

（3）时序电路的输出方程：时序电路的输出 $Z = f(X, Q)$，若无输出时就不讨论此方程。

2. 求各触发器的状态方程

把驱动方程代入相应触发器的特性方程，即可求出时序电路的状态方程，也就是各个触发器次态输出的逻辑表达式。任何时序电路的状态，都是由组成该时序电路的各个触发器来记忆和表示的。

3. 求出对应状态值

（1）列状态表：把电路输入和现态的各种可能取值，代入状态方程和输出方程进行计算，求出相应的次态值和输出值。

（2）画状态图：把时序电路每个状态的转换规律用箭头表示出来。

（3）画时序图：把输入、输出信号及各触发器状态的取值与 CP 脉冲在时间上对应关系的波形图画出来。

4. 确定时序逻辑电路的功能

一般情况下，用状态图或状态表就可以反映电路的工作特性。但是，在实际应用中，不同时序电路的输入、输出信号都有确定的物理含义，因此，常常需要结合这些信号的物理含义，进一步说明电路的具体功能，或者结合时序图说明时钟脉冲与输入、输出信号及内部变量之间的时间关系。

14.1.2 时序逻辑电路的分析举例

下面按照时序逻辑电路的一般分析步骤分析图 14.2 所示时序电路的逻辑功能。

1. 写出各逻辑方程式

（1）各触发器的时钟方程为

$$CP_0 = CP_1 = CP_2 = CP$$

（2）各触发器的驱动方程为

$$J_0 = 1, \quad K_0 = 1$$
$$J_1 = Q_0^n, \quad K_1 = Q_0^n$$

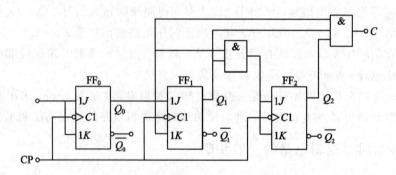

图 14.2 时序电路

$$J_2 = Q_0^n Q_1^n, \quad K_2 = Q_0^n Q_1^n$$

（3）输出方程为

$$C = Q_0^n Q_1^n Q_2^n$$

2. 求各触发器的状态方程

JK 触发器的特性方程为

$$Q^{n+1} = J\,\overline{Q^n} + \overline{K}Q^n$$

将驱动方程分别代入特性方程，并进行化简，可得到状态方程为

$$Q_0^{n+1} = 1 \cdot \overline{Q_0^n} + \overline{1} \cdot Q_0^n = \overline{Q_0^n}$$

$$Q_1^{n+1} = Q_0^n\,\overline{Q_1^n} + \overline{Q_0^n}Q_1^n$$

$$Q_2^{n+1} = Q_0^n Q_1^n\,\overline{Q_2^n} + \overline{Q_0^n Q_1^n}Q_2^n = Q_0^n Q_1^n\,\overline{Q_2^n} + \overline{Q_0^n}Q_2^n + \overline{Q_1^n}Q_2^n$$

3. 求出对应状态值

（1）列状态表：将电路输入信号和各触发器原态的所有取值组合代入相应的状态方程及输出方程，得到的状态表如表 14 - 1 所示。

表 14 - 1　状　态　表

CP	Q_2^n	Q_1^n	Q_0^n	Q_2^{n+1}	Q_1^{n+1}	Q_0^{n+1}	C
↓	0	0	0	0	0	1	0
↓	0	0	1	0	1	0	0
↓	0	1	0	0	1	1	0
↓	0	1	1	1	0	0	0
↓	1	0	0	1	0	1	0
↓	1	0	1	1	1	0	0
↓	1	1	0	1	1	1	0
↓	1	1	1	0	0	0	1

（2）状态图如图 14.3(a)所示，时序图如图(b)所示。

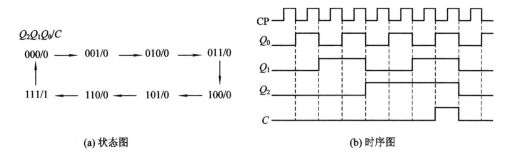

图 14.3　状态图与时序图

4．时序逻辑电路的功能

从时钟方程可知，该时序电路为同步时序电路。

由状态图可看出，随着 CP 脉冲的递增，不论电路从输出的哪一个状态开始，触发器输出 $Q_2 Q_1 Q_0$ 的变化都会进入同一个循环，而且此循环过程包括八个状态，状态之间呈递增变化。只有当 $Q_2 Q_1 Q_0 = 111$ 时，输出 $C = 1$；当 $Q_2 Q_1 Q_0$ 取其他值时，输出 $C = 0$，且在一个循环过程中，$C = 1$ 只出现一次，所以 C 为进位输出信号。

综上所述，这是一个带进位输出的同步八进制加法计数器电路。

【任务 2】　用 74LS290 实现 n 进制计数器

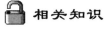 学习目标

◆　掌握组合逻辑电路的分析方法和设计方法。

技能目标

◆　能够正确分析任意电路。

相关知识

计数器的基本功能就是对输入 CP 脉冲的个数进行计数。除了计数以外，它还有定时、分频、产生信号和执行数字运算等功能。

计数器种类很多，分类方法也不相同。

1．按进位模数分类

按进位模数，计数器可分为二进制计数器和非二进制计数器。

所谓进位模数，就是计数器经历的独立状态总数，即计数器的进制数。

二进制计数器的模数 N 等于 2^n，非二进制计数器的模数 N 小于 2^n，N 代表计数器的进制数，n 代表计数器中触发器的个数。

2．按计数器增减趋势分类

按计数器增减趋势，计数器可分为加法计数器、减法计数器和可逆计数器。

（1）加法计数器：每来一个计数脉冲，用触发器组成的状态就按二进制代码规律增加。

（2）减法计数器：每来一个计数脉冲，用触发器组成的状态就按二进制代码规律减少。

（3）可逆计数器：计数趋势可按递增规律变化，也可按递减规律变化，由控制端决定。

3. 按计数器 CP 脉冲的输入方式分类

按计数器 CP 脉冲的输入方式，计数器可分为同步计数器和异步计数器。

（1）同步计数器：计数脉冲引至所有触发器的 CP 端，使应翻转的触发器同时翻转。

（2）异步计数器：计数脉冲并不引至所有触发器的 CP 端，其中有些触发器的 CP 端接其他触发器的输出，因此所有触发器不是同时翻转的。

14.2.1 同步计数器

1. 同步二进制计数器

同步计数器中所有触发器共用一个时钟脉冲，这个时钟脉冲就是被计数的输入脉冲。图 14.4 是一个同步五进制计数器。

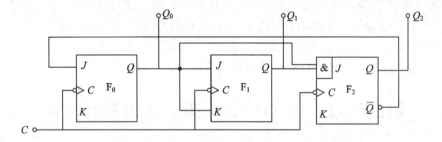

图 14.4　同步五进制计数器

分析过程如下：

（1）写出相关方程式。

时钟方程为

$$CP_0 = CP_1 = CP_2 = C$$

驱动方程为

$$J_0 = \overline{Q_2^n}, \qquad K_0 = 1$$

$$J_1 = K_1 = Q_0$$

$$J_2 = Q_1^n Q_0, \qquad K_2 = 1$$

（2）求各触发器的状态方程。

JK 触发器的特征方程为

$$Q^{n+1} = J\,\overline{Q^n} + \overline{K}Q^n$$

将驱动方程分别代入特征方程，并化简，可得到各触发器的状态方程为

$$Q_0^{n+1} = \overline{Q_2^n} \cdot \overline{Q_0^n} + \overline{1} \cdot Q_0^n = \overline{Q_2^n} \cdot \overline{Q_0^n}$$

$$Q_1^{n+1} = Q_0^n \cdot \overline{Q_1^n} + \overline{Q_0^n} \cdot Q_1^n$$

$$Q_2^{n+1} = Q_1^n Q_0^n \cdot \overline{Q_2^n} + \overline{1} \cdot Q_2^n = Q_1^n Q_0^n \cdot \overline{Q_2^n}$$

（3）求出对应状态值。

同步五进制计数器的状态表如表 14-2 所示，时序图如图 14.5 所示。

表 14-2　同步五进制计数器状态表

计数脉冲	Q_2	Q_1	Q_0	J_0	K_0	J_1	K_1	J_2	K_2
0	0	0	0	1	1	0	0	0	1
1	0	0	1	1	1	1	1	0	1
2	0	1	0	1	1	0	0	0	1
3	0	1	1	1	1	1	1	1	1
4	1	0	0	0	1	0	0	0	1
5	0	0	0	1	1	0	0	0	1

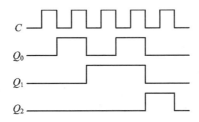

图 14.5　时序图

（4）归纳分析结果，确定该时序电路的逻辑功能。

根据状态表可知，在第 1 个计数脉冲 C 触发下各触发器的状态为 001，第 2 个计数脉冲 C 触发下各触发器的状态为 010，直到第 5 个计数脉冲 C 时，计数器的状态又回到初始状态 000，即每来 5 个计数脉冲，计数器状态重复一次，所以该计数器为五进制计数器。

同步二进制计数器中所有触发器共用一个时钟脉冲，这个时钟脉冲就是被计数的输入脉冲。图 14.6 是一个同步三位二进制减法计数器。

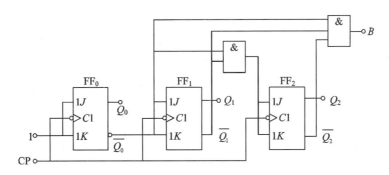

图 14.6　同步三位二进制减法计数器

分析过程如下：

（1）写出相关方程式。

时钟方程为

$$CP_0 = CP_1 = CP_2 = CP_3 = CP$$

驱动方程为

$$J_0 = 1, \quad K_0 = 1$$

$$J_1 = \overline{Q_0^n}, \quad K_1 = \overline{Q_0^n}$$
$$J_2 = \overline{Q_0^n}\ \overline{Q_1^n}, \qquad K_2 = \overline{Q_0^n}\ \overline{Q_1^n}$$

输出方程为

$$B = \overline{Q_0^n Q_1^n Q_2^n}$$

（2）求出各触发器的状态方程。

JK 触发器的特征方程为

$$Q^{n+1} = J\overline{Q^n} + \overline{K}Q^n$$

将驱动方程分别代入特征方程，并化简，可得到各触发器的状态方程为

$$Q_0^{n+1} = 1 \cdot \overline{Q_0^n} + \overline{1} \cdot Q_0^n = \overline{Q_0^n}$$
$$Q_1^{n+1} = \overline{Q_0^n} \cdot \overline{Q_1^n} + \overline{\overline{Q_0^n}} \cdot Q_1^n = \overline{Q_0^n} \cdot \overline{Q_1^n} + Q_0^n Q_1^n$$
$$Q_2^{n+1} = \overline{Q_0^n} \cdot \overline{Q_1^n} \cdot \overline{Q_2^n} + \overline{\overline{Q_0^n}\ \overline{Q_1^n}} \cdot Q_2^n = \overline{Q_0^n} \cdot \overline{Q_1^n} \cdot \overline{Q_2^n} + Q_0^n Q_2^n + Q_1^n Q_2^n$$

（3）求出对应状态值。

同步三位二进制减法计数器的状态表如表 14-3 所示，状态图如图 14.7(a)所示，时序图如图 14.7(b)所示。

表 14-3　同步三位二进制减法计数器的状态表

CP	$Q_2{}^n$	$Q_1{}^n$	$Q_0{}^n$	$Q_2{}^{n+1}$	$Q_1{}^{n+1}$	$Q_0{}^{n+1}$	B
↓	0	0	0	1	1	1	1
↓	1	1	1	1	1	0	0
↓	1	1	0	1	0	1	0
↓	1	0	1	1	0	0	0
↓	1	0	0	0	1	1	0
↓	0	1	1	0	1	0	0
↓	0	1	0	0	0	1	0
↓	0	0	1	0	0	0	0

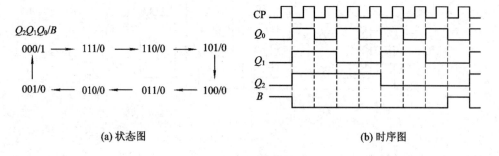

(a) 状态图 　　　　　　　　　　　　(b) 时序图

图 14.7　状态图与时序图

（4）归纳分析结果，确定该时序电路的逻辑功能。

从时钟方程可知，该时序电路是同步时序逻辑电路。

从状态图可知，随着 CP 脉冲的递增，触发器输出 $Q_2 Q_1 Q_0$ 的值是递减的，且经过八个 CP 脉冲完成一次循环，当 $Q_2 Q_1 Q_0$ 值为 000 时，产生一个借位脉冲。

综上所述,此电路是一个同步三位二进制(八进制)减法计数器。

2. 同步二进制计数器连接规律

仔细观察前面分析的二进制同步加法计数器与减法计数器电路,不难发现,同步二进制计数器一般由 JK 触发器和门电路构成;由 n 个 JK 触发器构成的二进制计数器,其计数值为 2^n,各触发器之间的连接规律如表 14 - 4 所示。

表 14 - 4　同步二进制计数器的连接规律

时钟信号连接规律	$CP_0 = CP_1 = \cdots = CP_{n-1} = CP$ 　　（n 个触发器）
加法计数器驱动方程	$J_0 = K_0 = 1$ $J_i = K_i = Q_{i-1} Q_{i-2} \cdots Q_0$ 　　（$1 \leqslant i \leqslant n-1$）
减法计数器驱动方程	$J_0 = K_0 = 1$ $J_i = K_i = \overline{Q_{i-1}} \cdot \overline{Q_{i-2}} \cdots \overline{Q_0}$ 　　（$1 \leqslant i \leqslant n-1$）

3. 同步十进制计数器

同步十进制计数器是最常用的非二进制计数器,它由 4 个 JK 触发器构成,电路共有 16 个计数状态,但只能取其中的 10 个状态表示计数值。使用最多的十进制计数器是按照 8421BCD 码进行计数的电路。图 14.8 是一个同步十进制加法计数器。

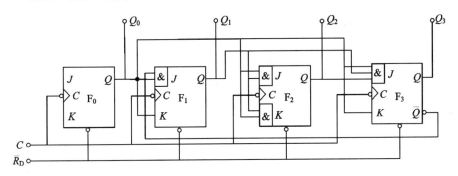

图 14.8　同步十进制加法计数器

分析过程如下:

（1）写出相关方程式。

时钟方程为

$$CP_0 = CP_1 = CP_2 = CP_3 = C$$

驱动方程为

$$J_0 = 1, \qquad K_0 = 1$$
$$J_1 = Q_0^n \overline{Q_3^n}, \qquad K_1 = Q_0^n$$
$$J_2 = Q_0^n Q_1^n, \qquad K_2 = Q_0^n Q_1^n$$
$$J_3 = Q_0^n Q_1^n Q_2^n, \qquad K_3 = Q_0^n$$

（2）求出各触发器的状态方程。

JK 触发器的特征方程为

$$Q^{n+1} = J \overline{Q^n} + \overline{K} Q^n$$

同步十进制计数器

将驱动方程分别代入特征方程,并化简,可得到各触发器的状态方程为

$$Q_0^{n+1} = 1 \cdot \overline{Q_0^n} + \overline{1} \cdot Q_0^n = \overline{Q_0^n}$$

$$Q_1^{n+1} = Q_0^n \cdot \overline{Q_3^n} \cdot \overline{Q_1^n} + \overline{Q_0^n} \cdot Q_1^n$$

$$Q_2^{n+1} = Q_0^n Q_1^n \cdot \overline{Q_2^n} + \overline{Q_0^n Q_1^n} \cdot Q_2^n = Q_0^n Q_1^n \cdot \overline{Q_2^n} + \overline{Q_0^n} \cdot Q_2^n + \overline{Q_1^n} \cdot Q_2^n$$

$$Q_3^{n+1} = Q_0^n Q_1^n Q_2^n \cdot \overline{Q_3^n} + \overline{Q_0^n} \cdot Q_3^n$$

(3) 求出对应状态值。

同步十进制加法计数器的状态表如表 14-5 所示,时序图如图 14.9 所示。

表 14-5 同步十进制加法计数器的状态表

CP	Q_3^n	Q_2^n	Q_1^n	Q_0^n	Q_3^{n+1}	Q_2^{n+1}	Q_1^{n+1}	Q_0^{n+1}	C
↓	0	0	0	0	0	0	0	1	0
↓	0	0	0	1	0	0	1	0	0
↓	0	0	1	0	0	0	1	1	0
↓	0	0	1	1	0	1	0	0	0
↓	0	1	0	0	0	1	0	1	0
↓	0	1	0	1	0	1	1	0	0
↓	0	1	1	0	0	1	1	1	0
↓	0	1	1	1	0	0	0	0	0
↓	1	0	0	0	1	0	0	1	0
↓	1	0	0	1	0	0	0	0	1

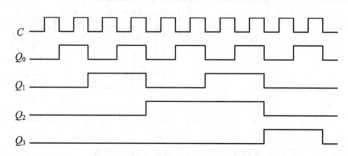

图 14.9 时序图

同步十进制计数器使用最多的是按照 8421BCD 码进行计数的电路,图 14.10 是一个 8421BCD 码同步十进制加法计数器。

分析过程如下:

(1) 写出相关方程式。

时钟方程为

$$CP_0 = CP_1 = CP_2 = CP_3 = CP$$

驱动方程为

$$J_0 = 1, \qquad K_0 = 1$$

$$J_1 = Q_0^n \overline{Q_3^n}, \qquad K_1 = Q_0^n$$

$$J_2 = Q_0^n Q_1^n, \qquad K_2 = Q_0^n Q_1^n$$

$$J_3 = Q_0^n Q_1^n Q_2^n, \qquad K_3 = Q_0^n$$

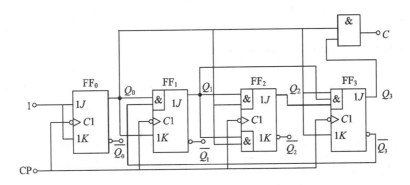

图 14.10　8421BCD 码同步十进制加法计数器

输出方程为

$$C = Q_0^n Q_3^n$$

（2）求出各触发器的状态方程。

JK 触发器的特征方程为

$$Q^{n+1} = J \, \overline{Q^n} + \overline{K} Q^n$$

将驱动方程分别代入特征方程，并化简，可得到各触发器的状态方程为

$$Q_0^{n+1} = 1 \cdot \overline{Q_0^n} + \overline{1} \cdot Q_0^n = \overline{Q_0^n}$$

$$Q_1^{n+1} = Q_0^n \cdot \overline{Q_3^n} \cdot \overline{Q_1^n} + \overline{Q_0^n} \cdot Q_1^n$$

$$Q_2^{n+1} = Q_0^n Q_1^n \cdot \overline{Q_2^n} + \overline{Q_0^n Q_1^n} \cdot Q_2^n = Q_0^n Q_1^n \cdot \overline{Q_2^n} + \overline{Q_0^n} \cdot Q_2^n + \overline{Q_1^n} \cdot Q_2^n$$

$$Q_3^{n+1} = Q_0^n Q_1^n Q_2^n \cdot \overline{Q_3^n} + \overline{Q_0^n} \cdot Q_3^n$$

（3）求出对应状态值。

同步十进制加法计数器的状态表如表 14-6 所示，状态图如图 14.11(a)所示，时序图如图 14.11(b)所示。

表 14-6　同步十进制加法计数器状态表

CP	Q_3^n	Q_2^n	Q_1^n	Q_0^n	Q_3^{n+1}	Q_2^{n+1}	Q_1^{n+1}	Q_0^{n+1}	C
↓	0	0	0	0	0	0	0	1	0
↓	0	0	0	1	0	0	1	0	0
↓	0	0	1	0	0	0	1	1	0
↓	0	0	1	1	0	1	0	0	0
↓	0	1	0	0	0	1	0	1	0
↓	0	1	0	1	0	1	1	0	0
↓	0	1	1	0	0	1	1	1	0
↓	0	1	1	1	1	0	0	0	0
↓	1	0	0	0	1	0	0	1	0
↓	1	0	0	1	0	0	0	0	1

（4）归纳分析结果，确定该时序电路的逻辑功能。

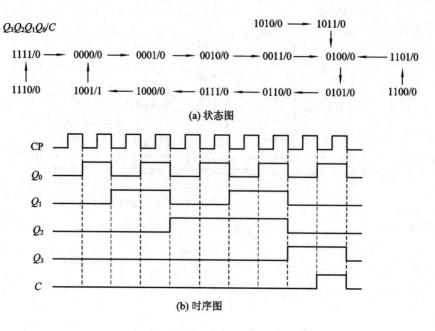

(a) 状态图

(b) 时序图

图 14.11 同步十进制加法计数器的状态图和时序图

从时序图可清楚地看出进位输出信号 C 在 $Q_3^n Q_2^n Q_1^n Q_0^n = 1001$ 时产生，来一个计数脉冲后，计数状态变为 0000。从状态图可看出，不管电路从哪一个状态开始，都会进入以 8421BCD 编码的同步十进制加法计数状态。

4. 集成同步计数器 74LS161

74LS161 是集成同步四位二进制加法计数器，它由四级 JK 触发器和若干控制门组成。其引脚的排列如图 14.12 所示，表 14 - 7 是它的功能表。

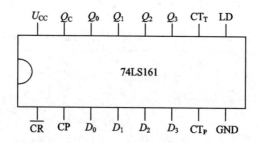

图 14.12 74LS161 引脚排列图

从表 14 - 7 中可知，74LS161 的功能如下：

(1) 异步清零。当清零控制端 $\overline{CR} = 0$ 时，$Q_3 Q_2 Q_1 Q_0$ 立即全变为零，与 CP 脉冲无关。

(2) 同步预置。当预置端 $\overline{LD} = 0$，$\overline{CR} = 1$ 时，在置数输入端 $D_3 D_2 D_1 D_0$ 预置某个数据，在 CP 脉冲的上升沿，立即实现 $Q_3 Q_2 Q_1 Q_0 = D_3 D_2 D_1 D_0$。

(3) 保持。当 $\overline{CR} = \overline{LD} = 1$ 且 $CT_P \cdot CT_T = 0$ 时，输出 $Q_3 Q_2 Q_1 Q_0$ 保持不变。

(4) 计数。当 $\overline{CR} = \overline{LD} = CT_P = CT_T = 1$ 时，在 CP 脉冲的上升沿，电路按同步四位二进制加法计数，即由 0000→0001→…→1111，当 $Q_3 Q_2 Q_1 Q_0 = 1111$ 时，产生进位，即 $Q_C = 1$。

表 14-7 74LS161 功能表

输 入									输 出			
CP	$\overline{CR}$	$\overline{LD}$	CT_P	CT_T	D_3	D_2	D_1	D_0	Q_3	Q_2	Q_1	Q_0
×	0	×	×	×	×	×	×	×	0	0	0	0
↑	1	0	×	×	D_3	D_2	D_1	D_0	D_3	D_2	D_1	D_0
×	1	1	0	×	×	×	×	×	保持			
×	1	1	×	0	×	×	×	×	保持			
↑	1	1	1	1	×	×	×	×	加法计数			

（5）功能扩展。通过外部控制端的不同连接方式，用 74LS161 可以构成任意 N 进制计数器，具体方法如下：

① 异步直接清零法。采用异步直接清零法只能取 74LS161 的前 N 个状态作为 N 进制计数器。电路连接的特点是将第 N 个计数值对应的二进制代码中所有"1"的输出端，通过与非门反馈到 74LS161 的清零控制端 $\overline{CR}$，当计数到第 N 个数时，输出回零。

采用异步直接清零法，由 74LS161 构成的同步十进制计数器如图 14.13 所示。电路中，$\overline{LD}=CT_P=CT_T=1$，因为第十个计数值对应的二进制代码为 1010，所以将输出端 Q_3 和 Q_1 通过与非门接至 74LS161 的清零端 $\overline{CR}$；当计数到 1010 时，计数器立即清零，回到 0000 状态，不过在此十进制计数器中会出现 1010 这个过渡状态。

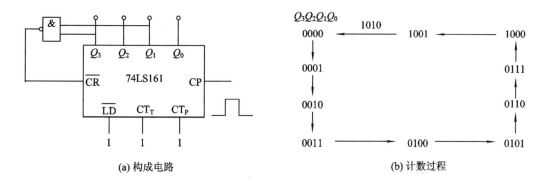

图 14.13 采用直接清零法构成的十进制计数器

② 同步并行置数法。采用同步并行置数法，可以取 74LS161 中任意 N 个连续的状态作为 N 进制计数器，电路连接的特点是利用芯片的预置端 $\overline{LD}$ 和置数输入端 $D_3 D_2 D_1 D_0$，把计数器的初值先预置在 $D_3 D_2 D_1 D_0$ 端，因 $\overline{LD}$ 是同步预置数端，故利用计数器第 $N-1$ 个计数值作为反馈信号。当第 N 个计数脉冲到来时，74LS161 的输出状态回到预置初值。

采用同步并行置数法，由 74LS161 构成的同步十进制计数器如图 14.14 所示，可以选前十个状态，也可以选后十个状态，还可以选中间任意连续的十个状态。

选前十个状态时，如图 14.14（a）所示，当计数到 9 时，74LS161 的输出 $Q_3 Q_2 Q_1 Q_0$ 为 1001，Q_3 和 Q_0 经与非门反馈给同步预置端 $\overline{LD}$，使 $\overline{LD}=0$；由于置数输入端 $D_3 D_2 D_1 D_0=$ 0000，因此当第十个 CP 脉冲到来时，74LS161 的输出 $Q_3 Q_2 Q_1 Q_0$ 为 0000。

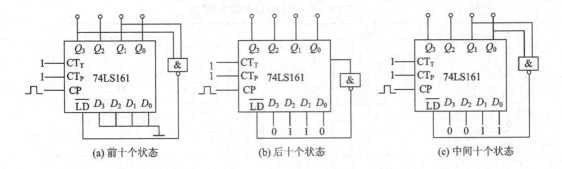

图 14.14　采用同步并行置数法构成的同步十进制计数器

选后十个状态时，如图 14.14(b)所示，当计数到 9 时，74LS161 的输出 $Q_3Q_2Q_1Q_0$ 为 1111，且 $Q_c=1$，将 Q_c 反相反馈给同步预置端 $\overline{LD}$，使 $\overline{LD}=0$；由于置数输入端 $D_3D_2D_1D_0$ =0110，因此当第十个 CP 脉冲到来时，74LS161 的输出 $Q_3Q_2Q_1Q_0$ 为 0110。

也可以选中间任意的十个状态，如图 14.14(c)所示，假如前三个状态和后三个状态均无效，当计数到 9 时，74LS161 的输出 $Q_3Q_2Q_1Q_0$ 为 1100，Q_3 和 Q_2 经与非门反馈给同步预置端 $\overline{LD}$，使 $\overline{LD}=0$；由于置数输入端 $D_3D_2D_1D_0=0011$，因此当第十个 CP 脉冲到来时，74LS161 的输出 $Q_3Q_2Q_1Q_0$ 为 0011。

③ 级联法。用前面的两种方法可以构成从二进制到十六进制之间的任意进制计数器，若用 74LS161 构成大于十六进制的计数器，需用若干片 74LS161 并采用级联方式。图 14.15 就是用四片 74LS161 构成 2^{16} 进制同步计数器，它利用了 74LS161 的计数控制端 CT_P、CT_T，只有当 74LS161 的 CT_P、CT_T 端同时为 1 时，才能工作在计数状态。从图中可以看出，所有的 74LS161 共用一个 CP 脉冲，最低位片始终处于计数状态，每来一个 CP 脉冲计数一次，只有低位片的输出全为 1 时，其 $Q_c=1$，这样高位片在下一个计数脉冲到来时，才开始计数一次，否则只能为保持状态。

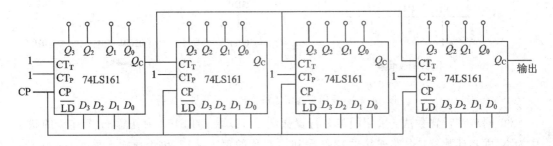

图 14.15　74LS161 级联方式

如果用 74LS161 构成二十四进制计数器，则因计数值大于 16，故需要两片 74LS161，但多余的计数状态，可利用 74LS161 的计数控制端 CT_P、CT_T 和进位输出端 Q_c，采用直接清零法实现二十四进制计数，电路连接图如图 14.16 所示。由于 $24÷16=1\cdots8$，因此把商作为高位输出，余数作为低位输出，对应产生的清零信号同时送到每个 74LS161 的清零端 $\overline{CR}$，即可完成二十四进制计数。

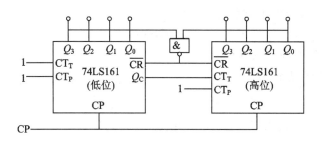

图 14.16 用两片 74LS161 构成的二十四进制计数器

14.2.2 异步计数器

1. 异步二进制计数器

异步三位二进制加法计数器电路如图 14.17 和图 14.18 所示。

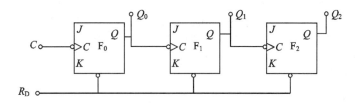

图 14.17 异步三位二进制加法计数器(1)

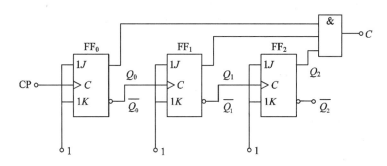

图 14.18 异步三位二进制加法计数器(2)

图 14.17 的分析过程和图 14.18 的分析过程几乎一样,只有时钟方程不同。

(1) 写出相关方程式。

图 14.17 的时钟方程为

$$C_0 = C, \quad C_1 = Q_0, \quad C_2 = Q_1$$

图 14.18 的时钟方程为

$$CP_0 = CP, \quad CP_1 = \overline{Q_0}, \quad CP_2 = \overline{Q_1}$$

驱动方程为

$$J_0 = 1, \quad K_0 = 1$$
$$J_1 = 1, \quad K_1 = 1$$
$$J_2 = 1, \quad K_2 = 1$$

输出方程（图 14.17 没有输出方程）为

$$C = Q_0^n Q_1^n Q_2^n$$

（2）求出各触发器的状态方程。

JK 触发器的特征方程为

$$Q^{n+1} = J \overline{Q^n} + \overline{K} Q^n$$

将对应的驱动方程分别代入特征方程，并化简，可得到各触发器的状态方程为

$$Q_0^{n+1} = 1 \cdot \overline{Q_0^n} + \overline{1} \cdot Q_0^n = \overline{Q_0^n}$$

$$Q_1^{n+1} = 1 \cdot \overline{Q_1^n} + \overline{1} \cdot Q_1^n = \overline{Q_1^n}$$

$$Q_2^{n+1} = 1 \cdot \overline{Q_2^n} + \overline{1} \cdot Q_2^n = \overline{Q_2^n}$$

（3）求出对应状态值。

异步三位二进制加法计数器的状态表如表 14-8 所示，状态图如图 14.19(a)所示，时序图如图 14.19(b)所示。

表 14-8 异步三位二进制加法计数器状态表

CP	Q_2^n	Q_1^n	Q_0^n	Q_2^{n+1}	Q_1^{n+1}	Q_0^{n+1}	C
↑	0	0	0	0	0	1	0
↑	0	0	1	0	1	0	0
↑	0	1	0	0	1	1	0
↑	0	1	1	1	0	0	0
↑	1	0	0	1	0	1	0
↑	1	0	1	1	1	0	0
↑	1	1	0	1	1	1	0
↑	1	1	1	0	0	0	1

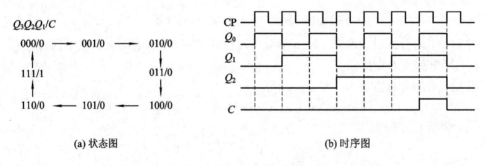

(a) 状态图   (b) 时序图

图 14.19 异步三位二进制加法计数器状态图和时序图

（4）归纳分析结果，确定该时序电路的逻辑功能。从时钟方程可知该时序电路为异步时序电路。从状态图可知随着 CP 脉冲的递增，触发器输出 $Q_2 Q_1 Q_0$ 的值是递增的，每经过

8 个 CP 脉冲完成一次循环过程。所以此电路是一个异步三位二进制加法计数器。

2．异步二进制计数器级间连接规律

用 JK 触发器构成异步 n 位二进制计数器的连接规律如表 14-9 所示。

表 14-9　异步二进制计数器的连接规律

规律　　功能	$CP_0 = CP \downarrow$		$CP_0 = CP \uparrow$	
	$J_i = K_i = 1$	$(0 \leqslant i \leqslant n-1)$		
加法计数	$CP_i = Q_{i-1}$	$(n-1 \geqslant i \geqslant 1)$	$CP_i = \overline{Q_{i-1}}$	$(n-1 \geqslant i \geqslant 1)$
减法计数	$CP_i = \overline{Q_{i-1}}$	$(n-1 \geqslant i \geqslant 1)$	$CP_i = Q_{i-1}$	$(n-1 \geqslant i \geqslant 1)$

与同步二进制计数器比较，异步二进制计数器电路结构相对简单，但其输出状态的变化需要经过多个触发器的延迟才能稳定下来，触发器的数目越多，延迟时间越长；而同步二进制计数器中的所有触发器只要经过 1 个触发器的延迟时间就能稳定下来。所以同步计数器的速度比异步计数器快得多。异步计数器在计数过程中还存在过渡状态，容易出现因触发器先后翻转而产生的干扰毛刺，造成计数错误。

3．集成异步计数器 74LS290

74LS290 是一种异步式二-五-十进制集成计数器，它由 4 个 JK 触发器和 2 个与非门组成。它的内部逻辑图和引脚排列如图 14.20 所示。

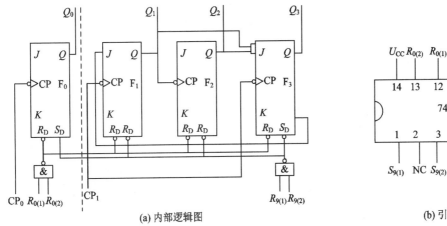
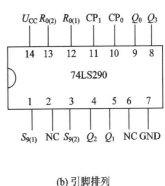

(a) 内部逻辑图　　　　　　　　　(b) 引脚排列

图 14.20　集成异步计数器 74LS290 的内部逻辑图和引脚的排列

从逻辑图可看出，它是由两个独立的计数器组成的，触发器 F_0 构成模 2 计数器，触发器 F_1、F_2、F_3 构成模 5 计数器，将这两个独立的计数器组合起来可组成一个十进制计数器。若将 Q_0 的输出接至 CP_1 端，计数脉冲由 CP_0 输入，则构成 8421BCD 码十进制计数器。若将 CP_0 接至 Q_3 的输出端，计数脉冲由 CP_1 输入，则构成 5421BCD 码十进制计数器。由 74LS290 构成的二进制、五进制和十进制计数器如图 14.21 所示。

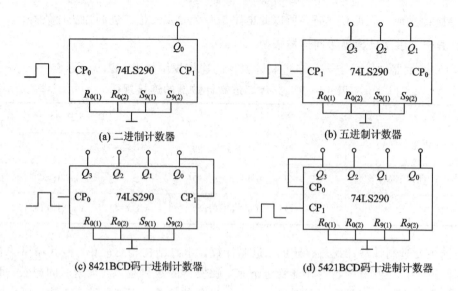

图 14.21 74LS290 构成的二、五、十进制计数器

74LS290 的功能如表 14-10 所示。

表 14-10 74LS290 的功能

输　　入						输　　出			
$S_{9(1)}$	$S_{9(2)}$	$R_{0(1)}$	$R_{0(2)}$	CP_0	CP_1	Q_3	Q_2	Q_1	Q_0
1	1	×	×	×	×	1	0	0	1
0	×	1	1	×	×	0	0	0	0
×	0	1	1	×	×	0	0	0	0
$S_{9(1)} \cdot S_{9(2)} = 0$ $R_{0(1)} \cdot R_{0(2)} = 0$				CP	0	二进制			
				0	CP	五进制			
				CP	Q_0	8421BCD 码十进制			
				Q_3	CP	5421BCD 码十进制			

其具体功能如下：

（1）直接清零功能。当 $R_{0(1)}$、$R_{0(2)}$ 全为高电平，$S_{9(1)}$、$S_{9(2)}$ 中有一个为低电平时，不论其他输入端状态如何，计数器输出 $Q_3Q_2Q_1Q_0 = 0000$，由于清零与 CP 脉冲无关，因此称为异步清零功能。

（2）置"9"功能。当 $S_{9(1)}$、$S_{9(2)}$ 全为高电平时，不论其他输入端状态如何，计数器输出 $Q_3Q_2Q_1Q_0 = 1001$，由于置"9"与 CP 脉冲无关，因此称为异步置数功能。

（3）计数功能。当 $S_{9(1)}$、$S_{9(2)}$ 及 $R_{0(1)}$、$R_{0(2)}$ 输入中有低电平，输入计数脉冲 CP 时，计数器开始计数。

（4）功能扩展。利用 74LS290 诸多的功能输入端，通过外部不同的连接方式，可以组成任意 N 进制的计数器。

① 利用 1 片 74LS290 计数器芯片，可以构成除标准的二、五、十进制以外的任意 1 位 N 进制计数器。其实现的方法是利用芯片的异步清零功能和与门，将第 N 个计数值对应的二进制代码中等于"1"的所有输出经与门反馈到清零端 $R_{0(1)}$、$R_{0(2)}$，从而实现 N 进制计数器。利用此方法构成的七进制计数器如图 14.22 所示。

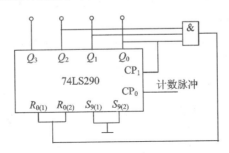

图 14.22　用 74LS290 构成的七进制计数器

② 利用多片 74LS290 构成多位进制计数器。用 74LS290 构成 n 进制计数器，需要 n 片 74LS290，先将每片 74LS290 连成 8421BCD 码十进制计数器，然后根据每片的高低位次序，将低位片的输出端 Q_3 和相邻高位片的 CP_0 相连，利用清零功能，直接实现 n 进制计数器。由 74LS290 构成的 8421BCD 码二十四进制计数器如图 14.23 所示。

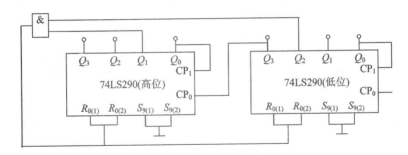

图 14.23　用 74LS290 构成的 8421BCD 码二十四进制计数器

【任务 3】　用 D 触发器实现双向移位寄存器

学习目标

◆ 掌握数据寄存器和移位寄存器的分析方法。

技能目标

◆ 能够对寄存器电路进行分析。

相关知识

寄存器的主要任务是暂时存储二进制数据或者代码。寄存器按功能可分为数据寄存器和移位寄存器。

14.3.1　数据寄存器

1. 数据寄存器工作原理

数据寄存器最基本的功能是将出现在传输线上的数据存储起来。所有的触发器都能锁存数据，事实上，它们都能构成数据寄存器。每个触发器只能存放一位二进制数码，存放 N 位数码就应具备 N 个触发器。数据或代码只能并行送入数据寄存器中，需要时也只能并行输出。由 D 触发器组成的 4 位数据寄存器如图 14.24 所示。

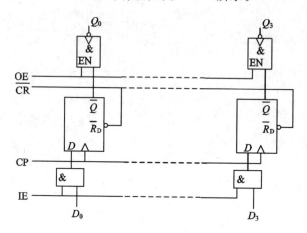

图 14.24　4 位数据寄存器

图 14.24 中，4 个 D 触发器用于锁存数据，门电路完成数据的输入、输出。下面分析电路的功能和工作原理。

（1）清零。每个 D 触发器都有一个异步清零端 $\overline{R}_D$，4 个 D 触发器的 $\overline{R}_D$ 端同时与清零输入端 $\overline{CR}$ 相连。当 $\overline{CR}$ 为低电平时，4 个 D 触发器的输出端 $Q_3Q_2Q_1Q_0$ 全为零。

（2）数据选通。在每条数据线与 D 触发器的输入端之间接入一个与门，与门的一个输入端接数据线，另一个输入端接控制线 IE，该控制线的电平决定与门是否导通，由此可以控制是否将数据线上的数据寄存。

（3）数据寄存。D 触发器为上升沿触发，特征方程 $Q^{n+1}=D$，当数据选通信号有效时，在 CP 脉冲的上升沿，实现 $Q_3Q_2Q_1Q_0=D_3D_2D_1D_0$。

（4）三态输出。一般寄存器都有三态输出，当寄存器没有数据输出时，寄存器呈现高阻状态，不影响与寄存器输出端相连的数据线的状态。要实现三态输出，需采用三态门。从图 14.24 中可以看出，在每个 D 触发器的输出端接一个三态输出的非门，非门的输入端接 D 触发器的 $\overline{Q}$，三态输出控制端接控制线 OE，当 OE 为低电平时，为高阻输出；当 OE 为高电平时，三态门的输出等于 D 触发器的输出。三态门控制端只控制输出端是否为高阻，不影响数据是否写入触发器。

2. 数据寄存器使用方法

下面以 74LS173 数据寄存器为例，介绍基本数据寄存器的功能和使用方法。

（1）74LS173 的基本功能。74LS173 的内部结构与图 14.24 相似，内部含有 4 个 D 触发器，组成 4 位数据寄存器，它的外部引脚如图 14.25 所示，引脚功能如表 14-11 所示。

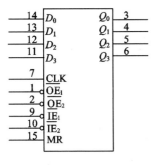

图 14.25 74LS173 的外部引脚

表 14-11 74LS173 的引脚功能

引脚符号	引脚功能
CLK	时钟输入端，上升沿有效
MR	数据清零输入端，高电平有效
$D_0 \sim D_3$	寄存数据输入端
$Q_0 \sim Q_3$	寄存数据输出端
$\overline{IE_1}$、$\overline{IE_2}$	数据选通输入端，同时为低电平有效
$\overline{OE_1}$、$\overline{OE_2}$	输出端三态门控制输入端，同时为低电平有效

（2）74LS173 的使用。74LS173 的实际应用电路如图 14.26 所示，实现的功能是通过输入数据线 $D_3 \sim D_0$ 输入两个 4 位数据 $a_3 a_2 a_1 a_0$ 和 $b_3 b_2 b_1 b_0$，要求将 $a_3 a_2 a_1 a_0$ 存入寄存器 U_1，$b_3 b_2 b_1 b_0$ 存入寄存器 U_2，并能在输出数据线上将两个数据分别取出。

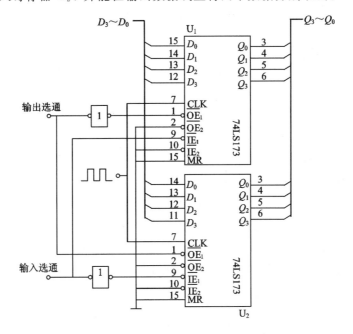

图 14.26 74LS173 的实际应用电路

在电路中，两个 74LS173 的数据清零端直接接地，在任何时候对两个寄存器都不能清零。由于 $\overline{IE_1}$ 与 $\overline{IE_2}$、$\overline{OE_1}$ 与 $\overline{OE_2}$ 都是低电平时才有效，为了控制方便，将两个 74LS173 的 $\overline{IE_2}$、$\overline{OE_2}$ 先接地，只留下 $\overline{IE_1}$ 用于输入数据选通控制，$\overline{OE_1}$ 用于输出数据选通控制。当输入数据线上出现数据 $a_3 a_2 a_1 a_0$ 时，输入选通线 $\overline{IE_1}$ 置低电平，在时钟脉冲作用下，数据 $a_3 a_2 a_1 a_0$ 存入寄存器 U_1；当输入数据线上出现数据 $b_3 b_2 b_1 b_0$ 时，输入选通线 $\overline{IE_1}$ 置高电平，数据 $b_3 b_2 b_1 b_0$ 存入寄存器 U_2。当读取 U_1 中的数据时，输出数据选通线 $\overline{OE_1}$ 置高电平，读取 U_2 中的数据，输出数据选通线 $\overline{OE_1}$ 置低电平。

14.3.2 移位寄存器

移位寄存器除了具有数据寄存器的功能外，还能将寄存的数据按一定的方向进行移动。移位寄存器分为单向移位寄存器和双向移位寄存器。

1．单向移位寄存器

单向移位寄存器中寄存的数据在相邻位之间只能单方向移动。按移动的方向分为左移位寄存器和右移位寄存器。

右移位寄存器电路如图 14.27 所示。

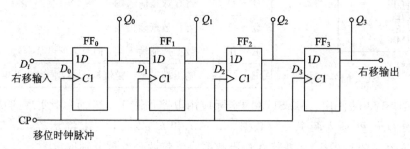

图 14.27　右移位寄存器

功能分析如下：

（1）写出相关方程。

时钟方程为

$$CP_0 = CP_1 = CP_2 = CP_3 = CP$$

驱动方程为

$$D_0 = D_i, \quad D_1 = Q_0^n, \quad D_2 = Q_1^n, \quad D_3 = Q_2^n$$

（2）求各触发器的状态方程。

D 触发器的特征方程为

$$Q^{n+1} = D$$

将驱动方程分别代入各 D 触发器特征方程，可得到各触发器的状态方程为

$$Q_0^{n+1} = D_i, \quad Q_1^{n+1} = Q_0^n, \quad Q_2^{n+1} = Q_1^n, \quad Q_3^{n+1} = Q_2^n$$

（3）列状态表。根据各触发器的状态方程和假设的起始状态可列出状态表，如表 14-12 所示。

表 14-12　4 位右移位寄存器的状态表

D_i	CP	Q_0^n	Q_1^n	Q_2^n	Q_3^n	Q_0^{n+1}	Q_1^{n+1}	Q_2^{n+1}	Q_3^{n+1}	注　释
1	↑	0	0	0	0	1	0	0	0	
1	↑	1	0	0	0	1	1	0	0	连续输入 4 个 1
1	↑	1	1	0	0	1	1	1	0	
1	↑	1	1	1	0	1	1	1	1	
0	↑	1	1	1	1	0	1	1	1	
0	↑	0	1	1	1	0	0	1	1	连续输入 4 个 0
0	↑	0	0	1	1	0	0	0	1	
0	↑	0	0	0	1	0	0	0	0	

从表 14-12 中可看出，各触发器的初始状态为 0000，当连续输入 4 个 1 时，D_i 经 FF_0 在 CP 上升沿操作下，依次被移入寄存器中，经过 4 个 CP 脉冲寄存器就变成全 1 状态，即 4 个 1 右移输入完毕。再连续输入 0，4 个 CP 脉冲之后，寄存器变成全 0 状态。

（4）确定该电路的逻辑功能。由时钟方程可知，该电路是同步电路。随着 CP 脉冲的递增，触发器输入端依次输入数据 D_i，称为串行输入。输入一个 CP 脉冲，数据向右移动一位。输出有两种方式：数据从最右端 Q_3 依次输出，称为串行输出；由 $Q_3 Q_2 Q_1 Q_0$ 端同时输出，称为并行输出。串行输出需要经过 8 个 CP 脉冲才能将输入的 4 个数据全部输出，而并行输出只需 4 个 CP 脉冲。

左移位寄存器电路如图 14.28 所示。

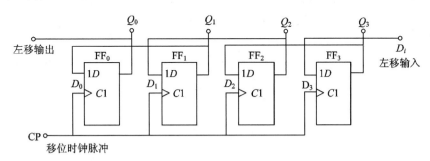

图 14.28　左移位寄存器

从图 14.27 和图 14.28 可看出，单向移位寄存器中的数码，在 CP 脉冲操作下，可以依次右移（右移位寄存器）或左移（左移位寄存器）。N 位单向移位寄存器可以寄存 N 位二进制数码。N 个 CP 脉冲即可完成串行输入工作，此后可从 $Q_3 Q_2 Q_1 Q_0$ 端获得并行的 N 位二进制数码，再用 N 个 CP 脉冲又可实现串行输出操作。

2. 双向移位寄存器

既可将数据左移又可将数据右移的寄存器称为双向移位寄存器。

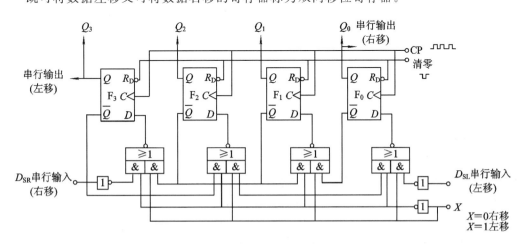

图 14.29　四位双向移位寄存器

把左移和右移位寄存器组合起来，加上移位方向控制信号，便可构成双向移位寄存器。图 14.29 所示为四位双向移位寄存器。其中，X 是移位方向控制端。当 $X=1$ 时，实现数据左移位寄存功能，D_{SL}是左移串行输入端，Q_3是左移串行输出端。当 $X=0$ 时，实现数据右移位寄存功能，D_{SR}是右移位串行输入端，Q_0是右移串行输出端。具体的双向移位功能，请参考前面的单向移位功能进行分析。

3. 集成移位寄存器

集成移位寄存器的种类很多，从电路构成上可分为 TTL 型和 CMOS 型；按移位寄存器的位数可分为四位、八位、十六位等；按数据移动的方向可分为单向和双向两种。

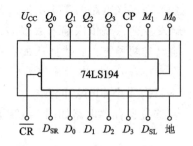

74LS194 是双向四位 TTL 型集成移位寄存器，具有双向移位、串并行输入、保持数据和清除数据等功能。它的引脚排列如图 14.30 所示。其中，$\overline{CR}$ 是清

图 14.30　双向四位集成移位寄存器

零端；M_0、M_1 是工作状态控制端；D_{SL} 是左移串行数据输入端；D_{SR} 是右移串行数据输入端；$D_0 \sim D_3$ 是并行数据输入端；$Q_0 \sim Q_3$ 是并行数据输出端；CP 是时钟脉冲。74LS194 的功能表如表 14-13 所示。

表 14-13　74LS194 的功能表

输　入										输　出				注释
$\overline{CR}$	M_1	M_0	D_{SR}	D_{SL}	CP	D_0	D_1	D_2	D_3	Q_0^{n+1}	Q_1^{n+1}	Q_2^{n+1}	Q_3^{n+1}	
0	×	×	×	×	×	×	×	×	×	0	0	0	0	清　零
1	×	×	×	×	0	×	×	×	×	Q_0^n	Q_1^n	Q_2^n	Q_3^n	保　持
1	1	1	×	×	↑	D_0	D_1	D_2	D_3	D_0	D_1	D_2	D_3	并行输入
1	0	1	1	×	↑	×	×	×	×	1	Q_0^n	Q_1^n	Q_2^n	右移输入1
1	0	1	0	×	↑	×	×	×	×	0	Q_0^n	Q_1^n	Q_2^n	右移输入0
1	1	0	×	1	↑	×	×	×	×	Q_1^n	Q_2^n	Q_3^n	1	左移输入1
1	1	0	×	0	↑	×	×	×	×	Q_1^n	Q_2^n	Q_3^n	0	左移输入0
1	0	0	×	×	×	×	×	×	×	Q_0^n	Q_1^n	Q_2^n	Q_3^n	保　持

4. 移位寄存器的应用

（1）实现数据的串—并行转换。在数字系统中，数据传送的方式有串行和并行两种，由于移位寄存器的特点，可用移位寄存器作为数字接口，将并行数据串行发送出去，也可将串行数据逐位接收下来，形成并行数据。

（2）构成移位型计数器。

① 环形计数器。环形计数器是将单向移位寄存器的串行输入端和串行输出端相连，构成一个闭合的环。环形计数器计数时，必须利用置"1"和清"0"端设置计数器初态，且每个触发器的初态不能完全相同。环形计数器的进制数 N 和移位寄存器内触发器个数 n 相等。由四位移位寄存器构成的环形计数器如图 14.31 所示。

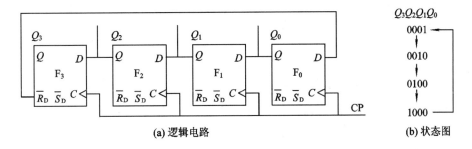

图 14.31 环形计数器的逻辑电路和状态图

② 扭环形计数器。扭环形计数器是将单向移位寄存器的串行输入端和串行反相输出端相连,构成一个闭合的环。扭环形计数器的进制数 N 是移位寄存器内触发器个数 n 的两倍。扭环形计数器不必设置计数初态,由四位移位寄存器构成的扭环形计数器如图 14.32 所示。

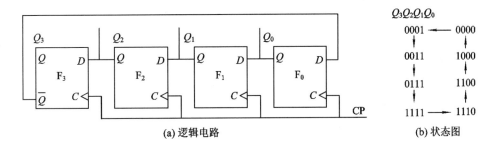

图 14.32 扭环形计数器的逻辑电路和状态图

小 结

时序逻辑电路的状态不仅与对应时刻的输入状态有关,还与电路前一时刻的状态有关,它的核心器件是触发器,最主要的特点是具有记忆功能。常见的时序逻辑电路有计数器、寄存器等。

时序逻辑电路的一般分析步骤包括:写出时钟方程、驱动方程、输出方程,求状态方程,列状态表,画状态图、时序图,分析功能等。

能对触发器输入时钟脉冲周期个数进行统计的时序逻辑电路,称为计数器。计数器的种类很多,常用的有同步或异步二进制、十进制计数器等。集成计数器是目前的主流产品,其品种多,功能全且价格低廉,得到了广泛应用。集成计数器还可以组成任意进制的计数器。

寄存器一般用于暂时存放用二进制数表示的数码、指令等。它具有清除、接收、存放及传送二进制数码的功能。寄存器有数码寄存器和移位寄存器等,通常使用的是集成寄存器。寄存器除有存储功能外,还可以组成环形计数器和扭环形计数器等。

习 题 十 四

14.1 分析时序逻辑电路的步骤是什么?试分析图 14.33 所示时序电路的逻辑功能,

假设电路初态为 000，如果在 CP 的前 6 个脉冲内，D 端依次输入数据 1，1，0，1，0，1，则电路输出在此 6 个脉冲内是如何变化的？

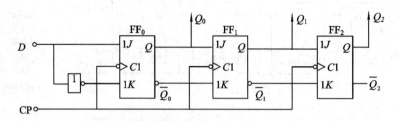

图 14.33　时序电路

14.2　同步时序电路与异步时序电路有什么区别？试用 JK 触发器分别画出一个上升沿触发的四位二进制的同步加法计数器和异步减法计数器。

14.3　采用异步直接清零法，用同步集成计数器 74LS161 构成十三进制计数器，画出逻辑电路图。

14.4　采用同步并行置数法，用同步集成计数器 74LS161 构成八进制计数器，设第一个计数值的状态为 0101，画出逻辑电路图。

14.5　采用级联法，用同步集成计数器 74LS161 构成一百进制计数器，并画出逻辑电路图。

14.6　采用直接清零法，用异步集成计数器 74LS290 构成九进制计数器，并画出逻辑电路图。

14.7　采用级联法，用异步集成计数器 74LS290 构成六十六进制计数器，并画出逻辑电路图。

14.8　什么是数据寄存器？什么是移位寄存器？

14.9　阐述集成移位寄存器 74LS194 是如何实现左、右移位，并行加载数据，清零等控制的。

14.10　环形计数器电路如图 14.31 所示，设电路初态为 $Q_3 Q_2 Q_1 Q_0$，预置为 1001，随着 CP 脉冲的输入，试分析其输出状态的变化，并画出对应的状态图。

14.11　利用双向四位集成移位寄存器 74LS194，构成环形计数器和扭环形计数器，并画出逻辑电路图。

项目十五　数模(D/A)与模数(A/D)转换器

学习目标

■ 熟悉数模(D/A)转换器、模数(A/D)转换器电路的组成及结构。
■ 理解数模(D/A)转换器、模数(A/D)转换器的工作原理。
■ 掌握数模(D/A)转换器、模数(A/D)转换器的性能指标及在实际中的应用。

技能目标

■ 能够运用数模(D/A)转换器、模数(A/D)转换器正确地转换数模、模数信号。
■ 会对数模(D/A)、模数(A/D)转换电路进行正确分析，并能很好应用。

【任务1】　掌握 D/A 转换电路形式与工作原理

学习目标

◆ 了解数模(D/A)转换器电路的结构。
◆ 理解数模(D/A)转换的工作原理。

技能目标

◆ 能够运用数模(D/A)转换器正确地转换数模信号。
◆ 会对数模(D/A)转换电路进行正确分析，并能很好应用。

相关知识

在自动控制和测量系统中，被控制和被测量的对象往往是一些连续变化的物理量，如温度、压力、流量、速度、电流、电压等。这些随时间连续变化的物理量，通常称为模拟量，而时间和幅值都离散的信号，称为数字量，由高、低电平来描述。

当计算机参与测量和控制时，模拟量不能直接送入计算机，必须先将它们转换为数字量，这种能将模拟量转换成数字量的器件称为模拟/数字转换器，简称 ADC 或 A/D。同样，计算机输出的是数字量，不能直接用于控制执行部件，必须将这些数字量转换成模拟量，这种能够将数字量转换成模拟量的器件称为数字/模拟转换器，简称 DAC 或 D/A。

数/模、模/数转换是计算机在自动控制领域的应用，一个典型的计算机自动控制系统如图 15.1 所示。

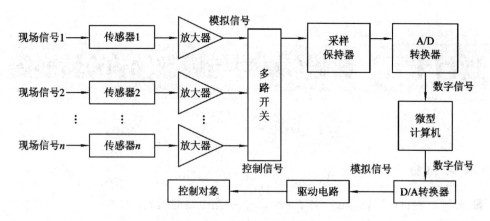

图 15.1　计算机自动控制系数

在该系统中，计算机要想取得现场的各种参数，就必须先用传感器将各种物理量测量出来，并转换成电信号，经过 A/D 转换后，才能被计算机接收；计算机对各种参数进行计算、加工处理后输出，经过 D/A 转换成模拟量后，再去控制各种执行器件。

传感器的作用是将各种现场的物理量测量出来并转换成电信号。常用的传感器有温度传感器、压力传感器、流量传感器、振动传感器和重量传感器。

放大器的作用是把传感器输出的信号放大到 ADC 所需的量程范围。传感器输出的信号一般很微弱，且混有干扰信号，所以必须去除干扰，并将微弱信号放大到与 ADC 相匹配的程度。

多路开关的作用是，当多个模拟量共用一个 A/D 转换器时，采用多路开关，通过计算机控制，将多个模拟信号分别接到 A/D 转换器上，达到共用 A/D 转换器以节省硬件的目的。

采样保持器实现对高速变化信号的瞬时采样，并在其 A/D 转换期间保持不变，以保证转换精度。

经过计算机处理后的数字量经 D/A 转换成模拟控制信号输出。但为了能驱动受控设备，常需采用功率放大器作为模拟量的驱动电路。

15.1.1　DAC 的基本工作原理

DAC 用于将输入的二进制数字量转换为与该数字量成比例的电压或电流。其组成框图如图 15.2 所示。图中，数据锁存器用来暂时存放输入的数字量，这些数字量控制模拟电子开关，将参考电压源按位切换到电阻译码网络中变成加权电流，然后经运放求和，输出相应的模拟电压，完成 D/A 转换过程。

15.1.2　DAC 的电路形式与工作原理

DAC 的种类很多，按电阻译码网络的结构不同，可分为权电阻型 DAC、T 形电阻网络型 DAC 和倒 T 形电阻网络型 DAC 等，下面介绍 T 形电阻网络型 DAC。

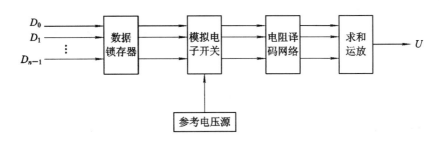

图 15.2　DAC 组成框图

对于 T 形电阻网络型 D/A 转换器,在这种电阻网络中,只需要 R 和 $2R$ 两种电阻,如图 15.3 所示,整个电路由若干个相同的电路环节组成,每个环节有两个电阻和一个开关,由于电阻接成 T 形,故称 T 形电阻网络。

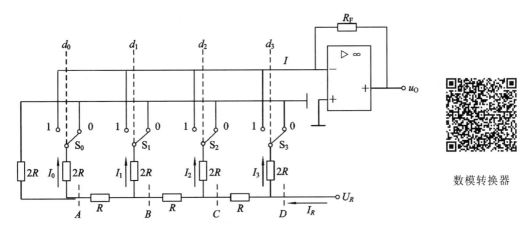

数模转换器

图 15.3　T 形电阻网络型 D/A 转换器

电子开关 S_3、S_2、S_1、S_0 合向哪一端,取决于输入的二进制数字量的各位 d_3、d_2、d_1、d_0。若 $d_i=1$,S_i 合向 I,该支路上的电流流进运算放大器反向输入端;若 $d_i=0$,S_i 则合向参考点,该支路上的电流不进入运算放大器。由于 I 虚地,无论开关合向哪一端,从各电路环节的节点 3、2、1、0 向下看和向右看,两条支路的等效电阻都是 $2R$,节点到地的等效电阻为 $2R/\!/2R=R$,流入两条支路的电流 I_i 和 I_i' 相等,且等于流入节点电流的一半。

依次分析这些相同的电路环节,从最右节点 3 至最左节点 0,可得出各支路电流为

$$I_R = \frac{U_R}{R}$$

$$I_3 = \frac{1}{2} \times I_R = \frac{U_R}{2R} = 2^{n-1} \times \frac{U_R}{2^n \times R}$$

$$I_2 = \frac{1}{2} \times I_3 = 2^{n-2} \times \frac{U_R}{2^n \times R}$$

$$I_1 = \frac{1}{2} \times I_2 = 2^1 \times \frac{U_R}{2^n \times R}$$

$$I_0 = \frac{1}{2} \times I_1 = 2^0 \times \frac{U_R}{2^n \times R}$$

$$I_i = \frac{1}{2} \times I_{i+1} = 2^i \times \frac{U_R}{2^n \times R}$$

根据线性电路的叠加原理

$$I = d_3 \times I_3 + d_2 \times I_2 + d_1 \times I_1 + d_0 \times I_0$$

$$= (d_3 \times 2^3 + d_2 \times 2^2 + d_1 \times 2^1 + d_0 \times 2^0) \times \frac{U_R}{2^n \times R}$$

$$= B_n \times \frac{U_R}{2^n \times R}$$

同样，根据运算放大器的特性

$$I = -\frac{u_{OUT}}{R_F}$$

所以

$$u_{OUT} = -B_n \times \frac{R_F}{2^n \times R} \times U_R$$

因为 R_F、R 和 U_R 是常数，运算放大器输出的模拟电压 u_{OUT} 与输入的数字量 B_n 成正比，所以通过该电阻网络也能进行 D/A 转换，式中的负号表示 u_{OUT} 与 U_R 极性相反。

T 形电阻网络型 D/A 转换器的优点是：不论位数多少，电阻种类只有 R 和 $2R$，不仅集成电路易于制造，而且精度也容易保证，所以大多数 D/A 转换器芯片内部都采用 T 形电阻网络。

【例 15.1】 一个六位 T 形电阻网络型 DAC，若 $U_R = -10$ V，$R_F = R$，求 D = 110101 时，u_{OUT} 为多少？

解 因为 $R_F = R$，所以 $u_{OUT} = -\frac{U_R}{2^n}B_n = \frac{10}{2^6}(2^5 + 2^4 + 2^2 + 2^0) = 8.28$ V

【任务 2】 DAC 电路的实际应用

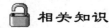 学习目标

◆ 掌握数模(D/A)转换器的性能指标。

◆ 能够对数模(D/A)转换器电路进行相应的分析和应用。

▶ 技能目标

◆ 会对数模(D/A)转换电路进行正确分析，并能很好地应用于实际。

🔒 相关知识

15.2.1 DAC 的主要性能指标

描述 D/A 转换器性能的参数很多，下面介绍几个常用的参数。正确理解这些参数，对于在接口设计时正确地选择器件是非常有帮助的。

1. 分辨率

分辨率表明 DAC 对模拟值的分辨能力。DAC 所能产生的最小模拟量增量通常用输入数字量的最低有效位(LSB)对应的输出模拟电压值表示，也称最小输出电压 u。与最大输出

电压 $u_o(2^n-1)$ 之比 $\dfrac{1}{2^n-1}$。

DAC 位数越多，输出模拟电压的阶跃变化越小，分辨率越高。通俗地说，DAC 的分辨率只与其位数有关，对于 n 位 DAC，分辨率为 $\dfrac{1}{2^n-1}$。

【例 15.2】 已知一个 8 位 DAC，其分辨率是多少？

解　因为 $n=8$，由公式可知，分辨率为

$$\frac{1}{2^n-1} = 0.0039$$

2. 精度

精度用于衡量 DAC 在将数字量转换成模拟量时，所得模拟量的精确程度。它表明了模拟输出实际值与理想值之间的偏差。精度可分为绝对精度和相对精度，绝对精度指对应一个数字量输入，所得的实际输出值与理论输出值之间的偏差；相对精度指当满量程值校准后，任何数字输入的模拟输出值与理论值的误差，实际上是 DAC 转换的线性度。

精度一般以满量程的百分数或最低有效位的分数形式给出。

某 DAC 精度为 $\pm0.1\%$，满量程 $U_{FS}=10\text{ V}$，则该 DAC 的最大线性误差电压为

$$U_E = \pm0.1\% \times 10\text{ V} = \pm10\text{ mV}$$

对于 n 位 DAC，精度为 $\pm\dfrac{1}{2}$LSB，其最大可能的线性误差电压为

$$U_E = \pm\frac{1}{2} \times \frac{1}{2^n}U_{FS} = \pm\frac{1}{2^{n+1}}U_{FS}$$

值得注意的是，分辨率与精度是完全不同的两个概念，分辨率的高低取决于位数，精度的高低则取决于 DAC 内部各器件的精度和稳定性，分辨率很高的 DAC 不一定有很高的精度。

3. 线性误差

由于种种原因，DAC 的实际转换特性与理想转换特性之间是有偏差的，这个偏差就是线性误差，见图 15.4。理想转换特性曲线是线性的，而实际转换特性曲线大多是非线性的。它们之间误差的最大值称为线性误差。

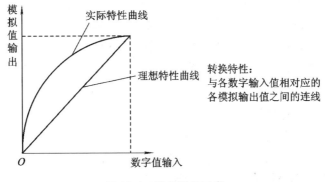

图 15.4　线性误差示意

线性误差一般也用 LSB 的分数形式给出，好的 DAC 线性误差应小于 $\pm\dfrac{1}{2}$LSB。

4. 微分线性误差

微分线性误差表明任意两个相邻的数字编码输入 DAC 时，输出模拟量之间的关系。理论上，这两个模拟输出值之间正好相差 1 个 LSB。在实际中，这个差值常常大于或小于 1 个 LSB，而它与 1 个 LSB 之差就是微分线性误差，通常也以 LSB 的分数形式给出。

这项指标衡量了 DAC 的单调性，是一个非常重要的特性参数。当这个误差超过 1LSB 时，必将导致特性曲线的非单调性，即数字输入量增大，模拟输出量反而减小。DAC 的非单调性是由于电阻网络中电阻值的不精确或由于某种原因出现变值所引起的，而且都是出现在进位的转折点上。

5. 温度灵敏度

温度灵敏度表明 DAC 受温度变化影响的特性。它是指数字输入不变的情况下，模拟输出信号随温度的变化，一般 DAC 的温度灵敏度为 ± 50 ppm/℃，ppm 为百万分之一。

6. 建立时间

建立时间指数字量从零变到最大时，其模拟输出达到满刻度值的 $\pm\dfrac{1}{2}$LSB 对应值时所需要的时间。电流型的 DAC 转换较快，即电压输出转换较快，主要是指运算放大器的响应时间。在实际应用中，要正确选用 DAC，使它的转换时间小于数字输入信号发生变化的周期。

7. 电源灵敏度

这项指标反映 DAC 对电源电压变化的灵敏程度。它又称为电源抑制比，为满量程电压变化百分数与电源变化的百分数值比。

8. 输出电平

不同型号 DAC 的输出电平相差较大，一般 DAC 为 5～10 V，而高压输出型 DAC 可达 24～30 V；电流型 DAC 的输出电流相差也较大，低至几毫安，高至几个安培。

15.2.2　DAC 电路的应用

DAC0832 是美国资料公司研制的 8 位双缓冲器 D/A 转换器，芯片内带有数据锁存器，可与数据总线直接相连；电路有极好的温度跟随性，使用了 COMS 电流开关和控制逻辑，从而获得了低功耗、低输出的泄漏电流误差；芯片采用 R - $2R$ T 形电阻网络，对参考电流进行分流完成 D/A 转换；转换结果以一组差动电流 I_{OUT1} 和 I_{OUT2} 输出。其结构框图和引脚排列如图 15.5 所示。

1. DAC0832 的内部结构

DAC0832 中有两级锁存器，第一级锁存器称为输入寄存器，它的锁存信号为 ILE；第二级锁存器称为 DAC 寄存器，它的锁存信号为传输控制信号。因为有两级锁存器，DAC0832 可以工作在双缓冲器方式，即在输出模拟信号的同时采集下一个数字量，这样能有效地提高转换速度。此外，两级锁存器还可以在多个 D/A 转换器同时工作时，利用第二级锁存信号来实现多个转换器同步输出。

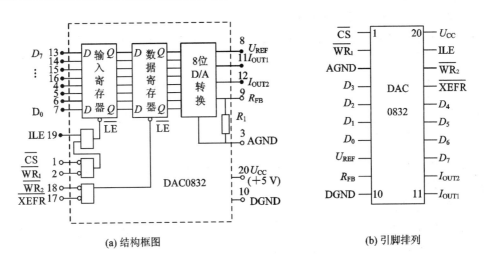

(a) 结构框图　　　　　　　　　　　　(b) 引脚排列

图 15.5　DAC0832 结构框图和引脚排列

2. DAC0832 的引脚特性

DAC0832 是 20 引脚的双列直插式芯片,各引脚的特性如下:

$\overline{CS}$——片选信号,和允许锁存信号 ILE 组合来决定是否起作用,低有效。

ILE——允许锁存信号,高有效。

$\overline{WR_1}$——写信号 1,作为第一级锁存信号,将输入资料锁存到输入寄存器(此时,必须和 ILE 同时有效),低有效。

$\overline{WR_2}$——写信号 2,将锁存在输入寄存器中的资料送到 DAC 寄存器中进行锁存(此时,传输控制信号必须有效),低有效。

$\overline{XFER}$——传输控制信号,低有效。

$D_7 \sim D_0$——8 位数据输入端。

I_{OUT1}——模拟电流输出端 1。当 DAC 寄存器中全为 1 时,输出电流最大;当 DAC 寄存器中全为 0 时,输出电流为 0。

I_{OUT2}——模拟电流输出端 2。$I_{OUT1} + I_{OUT2} =$ 常数。

R_{FB}——反馈电阻引出端。DAC0832 内部已经有反馈电阻,所以,R_{FB} 端可以直接接到外部运算放大器的输出端,相当于将反馈电阻接在运算放大器的输入端和输出端之间。

U_{REF}——参考电压输入端,可接电压范围为 ±10 V。外部标准电压通过 U_{REF} 与 T 形电阻网络相连。

U_{CC}——芯片供电电压端,范围为 +5~+15 V,最佳工作状态是 +15 V。

AGND——模拟地,即模拟电路接地端。

DGND——数字地,即数字电路接地端。

3. DAC0832 的工作方式

DAC0832 进行 D/A 转换,可以采用两种方法对数据进行锁存。

第一种方法是使输入寄存器工作在锁存状态,而 DAC 寄存器工作在直通状态。具体地说,就是使 $\overline{XFER}$ 和 $\overline{WR_2}$ 都为低电平,DAC 寄存器的锁存选通端得不到有效电平而直通;此外,使输入寄存器的控制信号 ILE 处于高电平、$\overline{CS}$ 处于低电平,这样,当 $\overline{WR_1}$ 端来一个负脉冲时，就可以完成一次转换。

第二种方法是使输入寄存器工作在直通状态，而 DAC 寄存器工作在锁存状态。具体地说，就是使$\overline{CS}$和$\overline{WR_1}$为低电平，ILE 为高电平，这样，输入寄存器的锁存选通信号处于无效状态而直通；当$\overline{WR_2}$和$\overline{XFER}$端输入 1 个负脉冲时，DAC 寄存器工作在锁存状态，提供锁存数据进行转换。

根据上述对 DAC0832 的输入寄存器和 DAC 寄存器不同的控制方法，DAC0832 有如下 3 种工作方式：

（1）单缓冲方式。单缓冲方式是控制输入寄存器和 DAC 寄存器同时接收资料，或者只用输入寄存器而把 DAC 寄存器接成直通方式。此方式适用只有一路模拟量输出或几路模拟量异步输出的情形。

（2）双缓冲方式。双缓冲方式是先使输入寄存器接收资料，再控制输入寄存器的输出资料到 DAC 寄存器，即分两次锁存输入资料。此方式适用于多个 D/A 转换同步输出的情形。

（3）直通方式。直通方式是资料不经两级锁存器锁存，即$\overline{CS}$、$\overline{XFER}$、$\overline{WR_1}$、$\overline{WR_2}$均接地，ILE 接高电平。此方式适用于连续反馈控制线路和不带微机的控制系统，不过在使用时，必须通过另加 I/O 接口与 CPU 连接，以匹配 CPU 与 D/A 转换。

【任务 3】 掌握 A/D 转换电路形式与工作原理

学习目标

◆ 了解模数（A/D）转换器电路的结构。

◆ 理解模数（A/D）转换器的工作原理。

技能目标

◆ 能够运用模数（A/D）转换器正确地转换信号。

◆ 会对模数（A/D）转换电路进行正确分析，并能很好地应用。

相关知识

15.3.1 ADC 的基本工作原理

如前所述，在自动控制和测量系统中，被控制和测量的对象一般都是物理量，首先要用传感器测量这些物理量，并且转换成模拟电信号，再经过模/数转换后，变成微机能处理的数字量。这整个过程分四步，即采样、保持、量化、编码。

1. 采样

由于要转换的模拟信号在时间上是连续的，它有无限多个值，A/D 转换不可能将每个瞬时值都转换成数字信号，只能转换其中有限个值。按一定的周期采样随时间连续变化的模拟信号，达到有限个模拟值，这个过程称为采样。

采样过程是通过模拟开关来实现的，模拟开关每隔一定的时间间隔 T（采样周期）闭合一次，一个连续信号通过这个开关，就形成一系列的脉冲信号，称为采样信号。采样过程如图 15.6 所示。

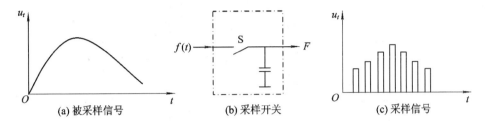

图 15.6　线性误差示意图

采样周期的长短决定了转换结果的精确度。显然，采样周期太长将导致采样点太少，采样虽然能很快完成，但会失真；采样周期越短，采样脉冲频率越高，采样点越多，A/D 转换结果越精确，但 A/D 转换需要的时间也越长，所以采样周期也不能无限制地短。在实际应用中，人们以一个怎样的尺度来选择采样脉冲的频率呢？

香农定理：采样频率 f 至少应大于被测信号 $f(t)$ 频谱中最高频率 f_{max} 两倍。

上面这个采样定理规定了不失真采样的下限，在实际应用中常取 $f=(5\sim10)f_{max}$。

2. 保持

在实际中，A/D 速度往往跟不上采样的速度，即第一个模拟值 A/D 转换还未完成，第二个、第三个采样又在进行了，为使采样信号不致丢失，在采样信号送 A/D 转换之前必须经保持电路保持。

通常将采样电路和保持电路统称为采样保持器，一个实用的采样保持电路的原理示意图如图 15.7 所示。它由保持电容、输入输出缓冲放大器、模拟开关和控制电路组成。它有两个工作状态：采样状态和保持状态。当开关 S 闭合时，输出信号 u_o 随输入信号 u_i 变化，为采样状态；当开关断开时，利用电容 C_H 保持输出信号不变，为保持状态。

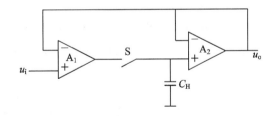

图 15.7　采样保持器对应的原理示意图

LF398 是由美国国家半导体公司 NSC 生产的采样保持器，图 15.8 为 LF398 的原理图。其中，u_+ 和 u_- 是正、负电源，变化范围为 $\pm5\sim\pm18$ V；Offset 为偏移调整端，可用外接电阻调整采样保持器的零位偏差；Logic 和 Logic Reference 为两个控制端，用于适应各种电压信号。

如果 Logic Reference 接地，则 Logic 大于 1.4 V，开关导通；当 Logic 为低电平时，电路处于保持状态。C_H 用于外接保持电容，该电容由用户根据实际需要选择，它的大小与采样频率和采样精度有关。

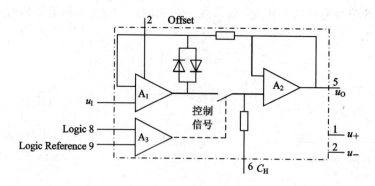

图 15.8　LF398 原理图

3. 量化

采样后的信号虽然时间上不连续，但幅度仍然连续，仍为模拟信号，必须经过量化，转化为数字信号，才能送入计算机。

量化过程是 A/D 转换的核心过程。所谓量化，就是将时间上离散、幅值上连续的模拟信号用等效的离散数字量来表示。量化规定的最小数量的单位称为量化单位，显然，数字信号的最低有效位 1 所代表的模拟量的大小就等于量化单位。在量化过程中，模拟量小于一个量化单位的部分采取"四舍五入"的方法进行整量化，由此导致的误差称为量化误差。

4. 编码

将量化结果用二进制代码表示，称为编码；该二进制代码就是 A/D 转换的结果。所以，量化与编码通常被称为 A/D 转换。

15.3.2　ADC 的主要电路形式

逐次逼近式 A/D 转换器的转换原理与天平称物体质量过程相似。

如被称物体质量为 149g，而把标准砝码设置为与 8 位二进制相对应的全码值，即 $128(2^7)$g、$64(2^6)$g、$32(2^5)$g、$16(2^4)$g、$8(2^3)$g、$4(2^2)$g、$2(2^1)$g、$1(2^0)$g，先在砝码盘上加 128g 砝码，经天平比较 149g>128g，则保留此砝码（$D_7=1$）；再加 64g 砝码，经天平比较 149g<（128+64）g，则舍下 64g 砝码（$D_6=0$）；依此类推，直至 128+16+4+1=149，比较完毕。最后转换结果为 $D_7 \sim D_0 = 10010101$。

逐次逼近式 A/D 转换器结构如图 15.9 所示。它由逐次逼近寄存器、比较器、内部 DAC 和控制电路组成，其转换原理如下：

（1）逐次逼近寄存器清零，$i=n-1$（n 为 ADC 位数），将要转换的模拟电压 u_i 加至比较器的一端。

（2）逐次逼近寄存器中 D_i 位置 1。

（3）逐次逼近寄存器中的数字量至 DAC，经 D/A 转换后，输出相应的模拟电压 u_o 加至比较器的一端。

（4）u_i 与 u_o 在比较器中进行比较：

① 若 $u_i \geqslant u_o$，比较器的输出端 $u_C = 1$，使 D_i 保留 1。

② 若 $u_i < u_o$，比较器的输出端 $u_C = 0$，使 D_i 清 0。

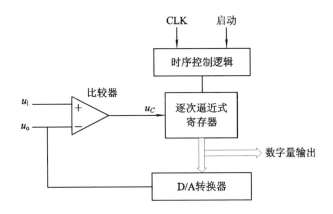

图 15.9 逐次逼近式 A/D 转换器

(5) $i=0$ 吗？

① $i=0$，转第(6)步。

② $i>0$，$i=n-1$，转第(2)步。

(6) 逐次逼近寄存器中的数字量输出，即为转换结果。

逐次逼近式 A/D 转换器转换速度快，n 位逐次逼近式 ADC 平均转换时间为 n 个 CLK。由于其保持了转换原理直观、电路简单、成本低廉的优点，多数 ADC 芯片都是逐次逼近式的。

【任务 4】 ADC 电路的实际应用

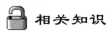 学习目标

◆ 掌握模数(A/D)转换器的性能指标。

◆ 能够对模数(A/D)转换器电路进行相应的分析和应用。

技能目标

◆ 会对模数(A/D)转换电路进行正确分析，并能很好地应用于实际。

相关知识

15.4.1 ADC 的主要性能指标

1. 分辨率

分辨率表明 ADC 对模拟值的分辨能力，即 ADC 可转换成数字量的最小模拟电压值。一个 n 位的 ADC 分辨率等于最大容许模拟输入值(即满量程)除以 2^n。例如：满量程值为 5 V，对 8 位 ADC 的分辨率为 $\dfrac{5}{2^8}$V$=0.0195$ V，模拟值低于此值，转换器无法转换。

若满量程值不变，DAC 位数越多，可转换成数字量的最小模拟电压值越小，分辨率越高，所以通常也以位数表示分辨率。

【例 15.3】 ADC 的输出为 12 位二进制数，最大输入模拟信号为 10 V，其分辨率为多少？

解 分辨率 $=\dfrac{1}{2^{12}}\times 10=\dfrac{10}{4096}=2.44$ mV

2. 转换时间

转换时间指 ADC 接到启动命令到获得稳定的数字信号输出所需的时间，它反映 ADC 的转换速度。不同 ADC 转换时间差别很大。

3. 量程

量程是指所能转换的输入电压范围。

4. 绝对精度

绝对精度指的是在输出端产生给定的数字代码，实际需要的模拟输入值与理论上要求的模拟输入值之差。

5. 相对精度

相对精度指的是满刻度值校准之后，任意数字输出所对应的实际模拟输入值（中间值）与理论值（中间值）之差。对于线性 ADC，相对精度就是它的非线性度。

15.4.2 ADC 电路的应用

1. ADC0809 的内部结构

ADC0809 是常规的集成 ADC。它是采用 CMOS 工艺制成的 8 位 8 通道单片 A/D 转换器，采用逐次逼近式 ADC。ADC0809 的结构框图如图 15.10 所示。它由 8 路模拟开关、地址锁存与译码器、ADC、三态输出锁存缓冲器组成。ADC0809 +5 V 供电，可对 8 路 0～5 V 的输入模拟电压分时进行转换，通常完成一次转换约需 100 μs，适用于分辨率较高而转换速度适中的场合。

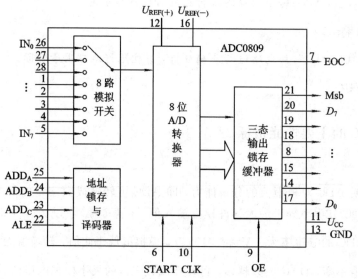

图 15.10 ADC0809 的内部结构框图

2. 信号引脚

ADC0809 主要信号引脚的功能说明如下：

$IN_7 \sim IN_0$——模拟量输入通道。

ALE——地址锁存允许信号。对应 ALE 上跳沿，A、B、C 地址状态送入地址锁存器中。

START——转换启动信号。START 上升沿时，复位 ADC0809；START 下降沿时，启动芯片，开始进行 A/D 转换；在 A/D 转换期间，START 应保持低电平。本信号有时简写为 ST。

A、B、C——地址线。通道端口选择线，A 为低地址，C 为高地址，图中为 ADD_A，ADD_B 和 ADD_C。其地址状态与通道对应关系见表 9-1。

CLK——时钟信号。ADC0809 的内部没有时钟电路，所需时钟信号由外界提供，因此有时钟信号引脚。通常使用频率为 500 kHz 的时钟信号。

EOC——转换结束信号。EOC=0，正在进行转换；EOC=1，转换结束。使用中，该状态信号既可作为查询的状态标志，又可作为中断请求信号使用。

$D_7 \sim D_0$——数据输出线，为三态缓冲输出形式，可以和单片机的数据线直接相连。D_0 为最低位，D_7 为最高位。

OE——输出允许信号，用于控制三态输出锁存器向单片机输出转换得到的数据。OE=0，输出数据线呈高阻；OE=1，输出转换得到的数据。

U_{CC}—— +5 V 电源。

U_{REF}——电源参考电压，用来与输入的模拟信号进行比较，作为逐次逼近的基准。其典型值为 +5 V($U_{REF}(+)$ = +5 V，$U_{REF}(-)$ = -5 V)。

小　　结

DAC 和 ADC 是模拟信号与数字设备、数字系统之间不可缺少的接口部件。DAC 的原理是利用线性电阻网络来分配数字量各位的权，使输出电流与数字量成正比，然后利用运算放大器转换成模拟的电压输出。

A/D 转换的过程是采样、保持、量化、编码的过程。构成 ADC 的基本思想是将输入的模拟电压与基准电压相比较(直接或间接比较)，转换成数字量输出。

使用 DAC 和 ADC 时最关心的是转换精度和转换时间。转换精度受芯片外部影响的因素主要有电源电压和参考电压的稳定度、运算放大器的稳定性、环境温度等，受芯片本身影响的因素有分辨率、量化误差、相对误差、线性误差等。

为了能对单片集成芯片 ADC 和 DAC 有感性认识，本章分别介绍了 DAC0832 型和 ADC0809 型集成芯片。

习　题　十　五

15.1　选择题：

(1) 4 位 T 形电阻网络型 DAC 的电阻网络的电阻取值有(　　)种。

A. 1　　　　　　　B. 2　　　　　　　C. 4　　　　　　　D. 8

(2) 某 8 位 D/A 转换器,当输入全为 1 时,输出电压为 5.10 V;当输入 $D=(00000010)_2$ 时,输出电压为(　　)。

A. 0.02 V　　　　　B. 0.04 V　　　　　C. 0.08 V　　　　　D. 都不是

(3) 为使采样输出信号不失真地代表输入模拟信号,采样频率 f_s 和输入模拟信号的最高频率 f_{imax} 的关系是(　　)。

A. $f_s \leqslant f_{imax}$　　　　　　　　　　B. $f_s \geqslant f_{imax}$

C. $f_s \geqslant 2f_{imax}$　　　　　　　　　　D. $f_s \leqslant 2f_{imax}$

(4) 将幅值上、时间上离散的阶梯电平统一归并到最邻近的指定电平的过程称为(　　)。

A. 采样　　　　　　B. 量化　　　　　　C. 保持　　　　　　D. 编码

(5) ADC0809 是一种(　　)的 A/D 集成电路。

A. 并行比较型　　　　　　　　　　　B. 逐次逼近式

C. 双积分型　　　　　　　　　　　　D. T 形电阻网络型

(6) 对 n 位 DAC,分辨率表达式是(　　)。

A. $\dfrac{1}{2^{n-1}}$　　　　　B. $\dfrac{1}{2^n}$　　　　　C. $\dfrac{1}{2n-1}$　　　　　D. $\dfrac{1}{2^n-1}$

15.2　填空题:

(1) ADC 是将_____量转换成_____量的器件;DAC 是将_____量转换成_____量的器件。

(2) DAC 主要包括_____、_____、_____、_____四部分电路。

(3) A/D 转换通常经过_____、_____、_____、_____四个步骤。

(4) 7 位 D/A 转换器的分辨率百分数是_____。

(5) 逐次逼近式 ADC 是由_____、_____、_____、_____四部分组成的。

(6) 集成电路 DAC0832 属_____转换器,其外部引脚 AGND_____端,DGND_____端,$D_0 \sim D_7$_____端。

5.3　判断题:

(1) ADC 的功能是将输入的数字信号转换为模拟信号。　　　　　　　　(　　)

(2) DAC 的分辨率是与输入的数字位数成正比的。　　　　　　　　　　(　　)

(3) DAC 的转换时间是指输入数字量到输出模拟量的时间。　　　　　　(　　)

(4) 逐次逼近式 ADC 是从数字的最低位开始逐步比较的。　　　　　　　(　　)

(5) ADC0809 集成电路属 D/A 转换器。　　　　　　　　　　　　　　　(　　)

附录 1　MF47 型万用表原理与安装

　　万用表是一种多功能、多量程的便携式电工仪表。一般的万用表可以测量直流电流、交直流电压和电阻，有些万用表还可测量电容、功率、晶体管共射极直流放大系数 h_{FE} 等。MF47 型万用表属于指针式万用表，具有 26 个基本量程和电平、电容、电感、晶体管直流参数等 7 个附加参考量程，是一种量限多、分挡细、灵敏度高、体形轻巧、性能稳定、过载保护可靠、读数清晰、使用方便的新型万用表。

　　万用表是电工必备的仪表之一，每个电气工作者都应该熟悉其工作原理和掌握使用方法。通过本次实习，要求学生了解万用表的工作原理，掌握锡焊技术的工艺要领及万用表的使用与调试方法。

一、万用表原理与安装实习的目的与意义

　　现代生活离不开电，因此电类和非电类专业的许多学生都有必要掌握一定的用电知识及电工操作技能。通过实习，学生应学会使用一些常用的电工工具及仪表，比如尖嘴钳、剥线钳、万用表，并且应掌握一些常用开关电器的使用方法。万用表是最常用的电工仪表之一，应该在了解其基本工作原理的基础上学会安装、调试、使用，并学会排除一些万用表的常见故障。锡焊技术是电工的基本操作技能之一，在初步掌握这一技术的同时，应注意培养自己在工作中耐心细致、一丝不苟的工作作风。

二、指针式万用表的结构、组成与特征

1. 万用表的结构特征

　　MF47 型万用表采用高灵敏度的磁电系整流式表头，造型大方，设计紧凑，结构牢固，携带方便，零部件均选用优良材料及工艺处理，具有良好的电气性能和机械强度。其特点为：

　　(1) 测量机构采用高灵敏度表头，性能稳定。

　　(2) 线路部分保证可靠、耐磨、维修方便。

　　(3) 测量机构采用硅二极管保护，保证过载时不损坏表头，并且线路设有 0.5 A 保险丝，以防止误用时烧坏电路。

　　(4) 设计上考虑了湿度和频率补偿。

　　(5) 低电阻挡选用 2# 干电池，容量大、寿命长。

　　(6) 配合高压，可测量电视机内 25 kV 以下高压。

　　(7) 配有晶体管静态直流放大系数检测装置。

　　(8) 表盘标度尺刻度线与挡位开关旋钮指示盘均为红、绿、黑三色，分别按交流红色、晶体管绿色、其余黑色对应制成，共有七条专用刻度线，刻度分开，便于读数；配有反光铝

膜,消除视差,提高了读数精度。

(9)除交直流 2500 V 和直流 5 A 分别有单独的插座外,其余只需转动一个选择开关,使用方便。

(10)装有提把,不仅便于携带,而且可在必要时作倾斜支撑,便于读数。

2. 指针式万用表的组成

指针式万用表的型式很多,但基本结构类似。指针式万用表主要由表头、挡位开关旋钮、测量线路板、面板等组成,如图 1 所示。

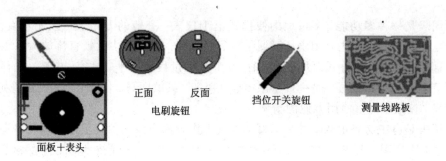

图 1 指针式万用表组成

表头是万用表的测量显示装置,指针式万用表采用控制显示面板＋表头一体化结构;挡位开关用来选择被测电量的种类和量程;测量线路板将不同性质和大小的被测电量转换为表头所能接受的直流电流。万用表可以测量直流电流、直流电压、交流电压和电阻等多种电量。当转换开关拨到直流电流挡时,可分别与 5 个接触点接通,用于测量 500 mA、50 mA、5 mA 和 500 μA、50 μA 量程的直流电流。同样,当转换开关拨到欧姆挡,可分别测量×1 Ω、×10 Ω、×100 Ω、×1 kΩ、×10 kΩ 量程的电阻;当转换开关拨到直流电压挡,可分别测量 0.25 V、1 V、2.5 V、10 V、50 V、250 V、500 V、1000 V 量程的直流电压;当转换开关拨到交流电压挡,可分别测量 10 V、50 V、250 V、500 V、1000 V 量程的交流电压。

3. 万用表的结构

万用表由机械部分、显示部分、电器部分三大部分组成。机械部分包括外壳、挡位开关及电刷等,显示部分是表头,电气部分由测量线路板、电位器、电阻、二极管、电容等组成,如图 2 所示。

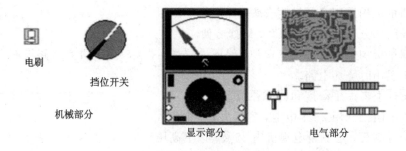

图 2 万用表的结构

三、指针式万用表的工作原理

1. 指针式万用表最基本的工作原理

指针式万用表最基本的工作原理如图 3 所示。它由表头、电阻测量挡、电流测量挡、直流电压测量挡和交流电压测量挡几个部分组成。图中"－"为黑表棒插孔，"＋"为红表棒插孔。

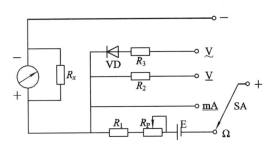

图 3　指针式万用表最基本的工作原理

测电压和电流时，外部有电流通入表头，因此不需内接电池。当我们把挡位开关旋钮 SA 打到交流电压挡时，通过二极管 VD 整流，电阻 R_3 限流，由表头显示出来；当打到直流电压挡时，不需二极管整流，仅需电阻 R_2 限流，表头即可显示；打到直流电挡时，既不需二极管整流，也不需电阻 R_2 限流，表头即可显示。

测电阻时，将转换开关 SA 拨到"Ω"挡，这时外部没有电流通入，因此必须使用内部电池作为电源。设外接的被测电阻为 R_x，表内的总电阻为 R，形成的电流为 I，由 R_x、电池 E、可调电位器 R_P、固定电阻 R_1 和表头部分组成闭合电路，形成的电流 I 使表头的指针偏转。红表棒与电池的负极相连，通过电池的正极与电位器 R_P 及固定电阻 R_1 相连，经过表头接到黑表棒，与被测电阻 R_x 形成回路，产生电流使表头显示。回路中的电流为

$$I = \frac{E}{R_x + R}$$

从上式可知：I 和被测电阻 R_x 不成线性关系，所以表盘上电阻标度尺的刻度是不均匀的。当电阻越小时，回路中的电流越大，指针的摆动越大，因此电阻挡的标度尺刻度是反向分度。

当万用表红、黑两表棒直接连接时，相当于外接电阻最小，$R_x = 0$，那么

$$I = \frac{E}{R_x + R} = \frac{E}{R}$$

此时通过表头的电流最大，表头摆动最大，因此指针指向满刻度处，向右偏转最大，显示阻值为 0 Ω。请观察电阻挡的零位是在左边还是在右边。其余挡的零位与它一致吗？反之，当万用表红、黑两表棒开路时，$R_x \to \infty$，R 可以忽略不计，那么

$$I = \frac{E}{R_x + R} \approx \frac{E}{R_x} \to 0$$

此时通过表头的电流最小，因此指针指向 0 刻度处，显示阻值为∞。

2. MF47 型万用表的测量线路板印制电路

MF47 型万用表的原理图如图 4 所示。

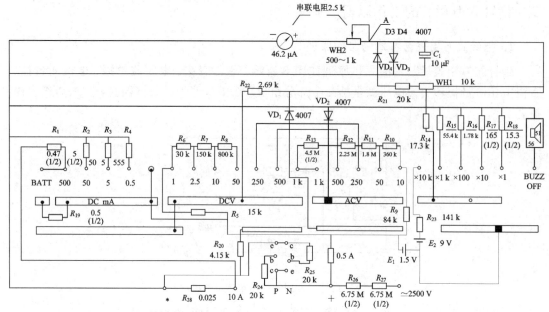

图 4　MF47 型万用表的原理图

MF47 型万用表的测量线路板印制电路如图 5 所示。

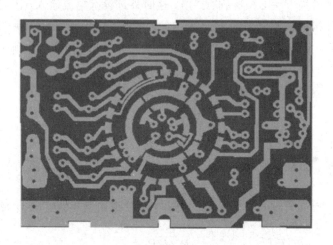

图 5　MF47 型万用表的测量线路板印制电路

　　该万用表的显示表头是一个直流 μA 表，WH2 用于调节表头回路中的电流大小，VD$_3$、VD$_4$ 两个二极管反向并联，并与电容并联，用于限制表头两端的电压，以保护表头，使表头不至因电压、电流过大而烧坏。电阻挡分为 ×1 Ω、×10 Ω、×100 Ω、×1 kΩ、×10 kΩ 几个量程，当转换开关打到某一个量程时，与某一个电阻形成回路，使表头偏转，测出阻值的大小。它由 5 个部分组成：公共显示部分，直流电流部分，直流电压部分，交流电压部分和电阻部分。线路板上每个挡位的分布如图 6 所示，上面为交流电压挡，左边为直流电压挡，下面为直流 mA 挡，右边是电阻挡。

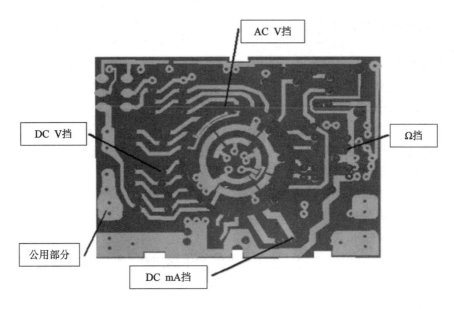

图 6　万用表的 5 个组成部分

3. MF47 万用表电阻挡工作原理

MF47 万用表电阻挡工作原理图如图 7 所示，电阻挡分为×1 Ω、×10 Ω、×100 Ω、×1 kΩ、×10 kΩ 5 个量程。例如将挡位开关旋钮打到×1 Ω 时，外接被测电阻通过"－COM"端与公共显示部分相连；通过"＋"经过 0.5 A 熔断器接到电池，再经过电刷旋钮与 R_{18} 相连，WH1 为电阻挡公用调零电位器，最后与公共显示部分形成回路，使表头偏转，测出阻值的大小。

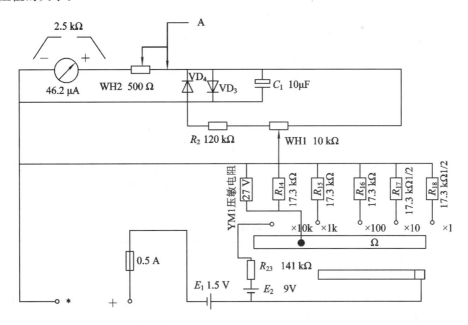

图 7　MF47 万用表电阻挡工作原理图

四、MF47 型万用表安装步骤

1. 清点材料

参考材料配套清单,并注意:

(1) 按材料清单一一对应,记清每个元件的名称与外形。

(2) 打开时请小心,不要将塑料袋撕破,以免材料丢失。

(3) 清点材料时请将表箱后盖当容器,将所有的东西都放在里面。

(4) 清点完后请将材料放回塑料袋备用。

(5) 暂时不用的请放在塑料袋里。

(6) 弹簧和钢珠一定不要丢失。

2. 二极管、电容、电阻的认识

在安装前要求会辨别二极管、电容及电阻的不同形状,并学会分辨元件的大小与极性。

(1) 电阻如图 8 所示。

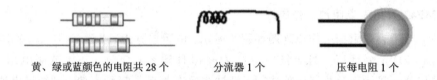

黄、绿或蓝颜色的电阻共 28 个　　　分流器 1 个　　　压每电阻 1 个

图 8　电阻

色环的认识:

从材料袋中取出一黄电阻,黄电阻有 4 条色环,如图 9 所示,其中有一条色环与别的色环间相距较大,且色环较粗,读数时应将其放在右边或最后。

图 9　黄电阻

每条色环表示的意义如表 1 所示,色环表格左边第一条色环表示第一位数字,第 2 个色环表示第 2 个数字,第 3 个色环表示乘数,第 4 个色环也就是离开较远并且较粗的色环,表示误差。由此可知,图 10 中的色环为红、紫、绿、棕,阻值为 $27 \times 10^5 \Omega = 2.7 M\Omega$,其误差为 $\pm 0.5\%$。

表 1　色环表示的意义

颜色	第 1 数字	第 2 数字	第 3 数字(5 色环电阻)	Multiple 乘数	Error 误差
黑	0	0	0	$10^0 = 1$	
棕	1	1	1	$10^1 = 10$	$\pm 1\%$
红	2	2	2	$10^2 = 100$	$\pm 2\%$

续表

颜色	第 1 数字	第 2 数字	第 3 数字(5 色环电阻)	Multiple 乘数	Error 误差
橙	3	3	3	$10^3 = 1000$	
黄	4	4	4	$10^4 = 10000$	
绿	5	5	5	$10^5 = 100000$	$\pm 0.5\%$
蓝	6	6	6		$\pm 0.25\%$
紫	7	7	7		$\pm 0.1\%$
灰	8	8	8		
白	9	9	9		
金	注：第 3 数字是五色环电阻才有！			$10^{-1} = 0.1$	$\pm 5\%$
银				$10^{-2} = 0.01$	$\pm 10\%$

　　将所取电阻对照表格进行读数，比如，第一个色环为绿色，表示 5；第 2 个色环为蓝色，表示 6；第 3 个色环为黑色，表示乘 10^0；第 4 个色环为红色，那么表示它的阻值是 $56 \times 10^0 = 56 \ \Omega$，误差为 $\pm 2\%$。

　　蓝色或绿色的电阻如图 10 所示，与黄电阻相似，首先找出表示误差的、比较粗的而且间距较大的。

图 10　蓝色或绿色电阻

　　远的色环将它放在右边。从左向右，前三条色环分别表示三个数字，第 4 条色环表示乘数，第 5 条表示误差。比如，蓝紫绿黄棕表示 $675 \times 10^4 = 6.75 \ M\Omega$，误差为 $\pm 1\%$。

　　从上可知，金色和银色只能是乘数和允许误差，一定放在右边；表示允许误差的色环比别的色环稍宽，离别的色环稍远；本次实习使用的电阻大多数允许误差是 $\pm 1\%$ 的，用棕色色环表示，因此棕色一般都在最右边。

　　(2) 可调电阻如图 11 所示。

图 11　可调电阻

　　轻轻拧动电位器的黑色旋钮，可以调节电位器的阻值；用十字螺丝刀轻轻拧动可调电阻的橙色旋钮，也可调节可调电阻的阻值。

（3）二极管、保险丝夹如图 12 所示。

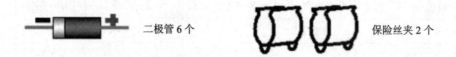

二极管 6 个　　　　　　　　　　　保险丝夹 2 个

图 12　二极管、保险丝夹

二极管极性的判断：

判断二极管极性时可用实习室提供的万用表，将红表棒插在"＋"，黑表棒插在"－"，将二极管搭接在表棒两端，如图 13 所示，观察万用表指针的偏转情况，如果指针偏向右边，显示阻值很小，表示二极管与黑表棒连接的为正极，与红表棒连接的为负极，与实物相对照，黑色的一头为正极，白色的一头为负极，也就是说阻值很小时，与黑表棒搭接的是二极管的黑头；反之，如果显示阻值很大，那么与红表棒搭接的是二极管的正极。

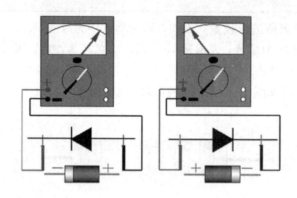

图 13　万用表判断二极管极性

（4）电容如图 14 所示。

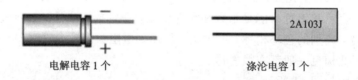

2A103J

电解电容 1 个　　　　　　　　　　涤沦电容 1 个

图 14　电容

电解电容极性的判断：

注意观察在电解电容侧面有"－"，是负极，如果电解电容上没有标明正、负极，也可以根据其引脚的长短来判断，长脚为正极，短脚为负极，如图 15 所示。

图 15　电解电容极性判别

如果已经把引脚剪短，并且电容上没有标明正极，那么可以用万用表来判断，判断的方法是正接时漏电流小（阻值大），反接时漏电流大。

（5）保险丝、连接线、短接线如图 16 所示。

保险丝管 1 个　　　　　　　连接线 4 根+短接线 1 根

图 16　保险丝、连接线、短接线

（6）线路板如图 17 所示。

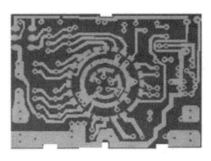

MF47 线路板
1 块

图 17　线路板

（7）面板＋表头、挡位开关旋钮、电刷旋钮如图 18 所示及电池盖板。

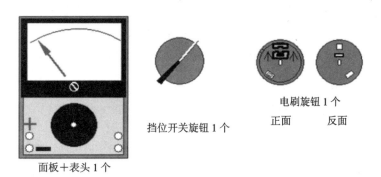

面板＋表头 1 个　　　挡位开关旋钮 1 个　　　电刷旋钮 1 个
　　　　　　　　　　　　　　　　　　　　正面　　　反面

图 18　面板＋表头、挡位开关旋钮、电刷旋钮

（8）提把、提把铆钉如图 19 所示。

提把 1 个　　　　　　　　　　　提把铆钉 2 个

图 19　提把、提把铆钉

（9）电位器旋钮、晶体管插座、后盖如图 20 所示。

（10）螺钉、弹珠、钢珠、提把橡胶垫圈如图 21 所示。

螺钉 M3×6 表示螺钉的螺纹部分直径为 3 mm,长度为 6 mm。

图 20 电位器旋钮、晶体管插座、后盖

图 21 螺钉、弹簧、钢珠、提把橡胶垫圈

(11) 电池夹、铭牌、标志如图 22 所示。

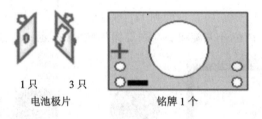

图 22 电池夹、铭牌、标志

(12) V 形电刷、晶体管插片、输入插管如图 23 所示。

图 23 V 形电刷、晶体管插片、输入插管

3. 焊接前的准备工作

1) 清除元件表面的氧化层

元件经过长期存放，会在表面形成氧化层，不但使元件难以焊接，而且影响焊接质量，因此当元件表面存在氧化层时，应首先清除元件表面的氧化层。注意，用力不能过猛，以免元件引脚受损或折断。

清除元件表面氧化层的方法：左手捏住电阻或其他元件的本体，右手用锯条轻刮元件引脚的表面；左手慢慢地转动，直到表面氧化层全部去除。为了使电池夹易于焊接，要用尖嘴钳前端的齿口部分将电池夹的焊接点锉毛，去除氧化层。

2）元件引脚的弯制成形

左手用镊子紧靠电阻的本体，夹紧元件的引脚，使引脚的弯折处距离元件的本体有两毫米以上的间隙。左手夹紧镊子，右手食指将引脚弯成直角。注意，不能用左手捏住元件本体，右手紧贴元件本体进行弯制，因为这样引脚的根部在弯制过程中容易受力而损坏。元件弯制后的形状如图 24 所示，引脚之间的距离可根据线路板孔距而定。引脚修剪后的长度大约为 8 mm，如果孔距较小，元件较大，应将引脚往回弯折成形，如图 24 中(c)、(d)所示。电容的引脚可以弯成直角，将电容水平安装，如图 24 中(e)所示，或弯成梯形，将电容垂直安装，如图 24 中(h)所示。二极管可以水平安装，当孔距很小时应垂直安装，如图 24 中(i)所示。

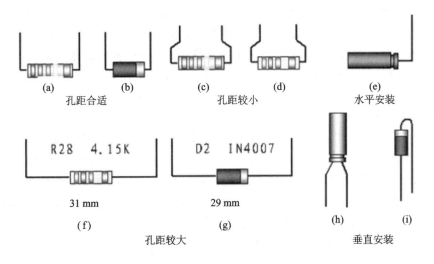

图 24　元件弯制后的形状

元器件做好后应按规格型号的标注方法进行读数。将胶带轻轻贴在纸上，把元器件插入，贴牢，写上元器件规格型号值，然后将胶带贴紧，备用。

电阻的阻值有色标法和直标法两种，色标法就是用色环表示阻值，它在元件弯制时不必考虑阻值所标的位置。当元件体积很小时，一般采用色标法，如果采用直标法，会使读数发生困难。直标法一般用于体积较大的电阻。

用直标法标注的电阻、二极管等弯制时应注意将标注的文字放在能看到的地方，便于今后维修更换。

4.　元器件的焊接与练习

1）焊接练习

焊接前一定要注意，烙铁的插头必须插在靠右手的插座上，不能插在靠左手的插座上；如果是左撇子，就插在左手处。烙铁通电前应将烙铁的电线拉直并检查电线的绝缘层是否有损坏，不能使电线缠在手上。通电后应将电烙铁插在烙铁架中，并检查烙铁头是否会碰到电线、书包或其他易燃物品。

（1）烙铁头的保护。为了便于使用，烙铁在每次使用后都要进行维修，将烙铁头上的黑色氧化层锉去，露出铜的本色。在烙铁加热的过程中要注意观察烙铁头表面的颜色变化，随着颜色的变深，烙铁的温度渐渐升高，这时要及时把焊锡丝点到烙铁头上，焊锡丝在一定温度时熔化，将烙铁头镀锡，保护烙铁头，镀锡后的烙铁头为白色。

（2）烙铁头上多余锡的处理。如果烙铁头上挂有很多的锡，不易焊接，可在烙铁架中带水的海绵上或者在烙铁架的钢丝上抹去多余的锡。注意不可在工作台或者其他地方抹去。

（3）在练习板上焊接。焊接练习板是一块焊盘排列整齐的线路板，将一根七股多芯电线的线芯剥出，把一股从焊接练习板的小孔中插入；将练习板放在焊接木架上，从右上角开始，排列整齐，进行焊接。

练习时注意不断总结，把握加热的时间、送锡的多少，不可在一个点加热时间过长，否则会使线路板的焊盘烫坏。注意应尽量排列整齐，以便前后对比，改进不足。焊接时先将电烙铁在线路板上加热，大约两秒钟后，送焊锡丝，观察焊锡量的多少，不能太多，会造成堆焊；也不能太少，会造成虚焊。当焊锡熔化、发出光泽时，焊接温度最佳，应立即将焊锡丝移开，再将电烙铁移开。为了在加热中使加热面积最大，要将烙铁头的斜面靠在元件引脚上，烙铁头的顶尖抵在线路板的焊盘上。焊点高度一般在 2 mm 左右，直径应与焊盘相一致，引脚应高出焊点大约 0.5 mm。

2）焊点的正确形状

焊点的正确形状如图 25 所示，焊点 a 一般焊接比较牢固；焊点 b 为理想状态，一般不易焊出这样的形状；焊点 c 焊锡较多，当焊盘较小时，可能会出现这种情况，但是往往有虚焊的可能；焊点 d 焊锡太少；焊点 e 太高，底盘面积太小；焊点 f 提烙铁时方向不合适，造成焊点形状不规则；焊点 g 烙铁温度不够，焊点呈碎渣状，这种情况多数为虚焊；焊点 h 焊盘与焊点之间有缝隙，为虚焊或接触不良；焊点 i 引脚放置歪斜。一般形状不正确的焊点，元件多数没有焊接牢固，一般为虚焊点，应重焊。

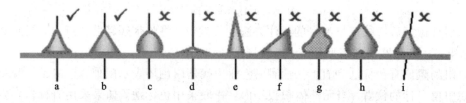

图 25　焊点的正确形状

3）元器件的插放

将弯制成形的元器件对照图纸插放到线路板上。

注意：一定不能插错位置；二极管、电解电容要注意极性；电阻插放时要求读数方向排列整齐，横排的必须从左向右读，竖排的从下向上读，保证读数一致。

4）元器件参数的检测

每个元器件在焊接前都要用万用表检测其参数是否在规定的范围内。二极管、电解电容要检查它们的极性，电阻要测量阻值。

5）元器件的焊接

在焊接练习板上，对照图纸插放元器件，用万用表校验，检查每个元器件插放是否正确、整齐，二极管、电解电容极性是否正确，电阻读数的方向是否一致，全部合格后方可进行元器件的焊接。

焊接完后的元器件，要求排列整齐，高度一致。为了保证焊接的整齐美观，焊接时应将线路板板架在焊接木架上焊接，两边架空的高度要一致；元件插好后，要调整位置，使它与桌面相接触，保证每个元件焊接高度一致；焊接时，电阻不能离开线路板太远，也不能紧贴线路板焊接，以免影响电阻的散热。

6）错焊元件的拔除

当元件焊错时，要将错焊元件拔除。先检查焊错的元件应该焊在什么位置，正确位置的引脚长度是多少。在烙铁架上清除烙铁头上的焊锡，将线路板绿色的焊接面朝下，用烙铁将元件脚上的锡尽量刮除，然后将线路板竖直放置，用镊子在黄色的面上将元件引脚轻轻夹住，在绿色面上用烙铁轻轻烫，同时用镊子将元件向相反方向拔除。拔除后，焊盘孔容易堵塞，有两种方法可以解决这一问题。一种是用烙铁稍烫焊盘，用镊子夹住一根废元件脚，将堵塞的孔通开；另一种是将元件做成正确的形状，并将引脚剪到合适的长度，用镊子夹住元件，放在被堵塞孔的背面，用烙铁在焊盘上加热，将元件推入焊盘孔中。注意用力要轻，不能将焊盘推离线路板，使焊盘与线路板间形成间隙或者使焊盘与线路板脱开。

7）电位器的安装

安装电位器时，应先测量电位器引脚间的阻值。电位器共有5个引脚，其中三个并排的引脚中，1、3两点为固定触点，2为可动触点，当旋钮转动时，1、2或者2、3间的阻值发生变化。电位器实质上是一个滑线电阻，电位器的两个粗的引脚主要用于固定电位器。安装时应捏住电位器的外壳，平稳地插入，不应使某一个引脚受力过大。注意不能捏住电位器的引脚安装，以免损坏电位器。安装前应用万用表测量电位器的阻值，1、3之间的阻值应为10 kΩ，拧动电位器的黑色小旋钮，测量1与2或者2与3之间的阻值，应在0～10 kΩ间变化。如果没有阻值，或者阻值不改变，说明电位器已经损坏，不能安装，否则5个引脚焊接后，要更换电位器就非常困难。注意电位器要装在线路板的焊接绿面，不能装在黄色面。

8）分流器的安装

安装分流器时要注意方向，不能让分流器影响线路板及其余电阻的安装。

9）输入插管的安装

输入插管装在绿面，是用来插表棒的，因此一定要焊接牢固。将其插入线路板中，用尖嘴钳在黄面轻轻捏紧，将其固定；一定要注意垂直，然后将两个固定点焊接牢固。

10）晶体管插座的安装

晶体管插座装在线路板绿面，用于判断晶体管的极性。在绿面的左上角有6个椭圆的焊盘，中间有两个小孔，用于晶体管插座的定位；将其放入小孔中检查是否合适，如果小孔直径小于定位突起物，应用锥子稍微将孔扩大，使定位突起物能够插入。

将图23中晶体管插片装好后，将晶体管插座装在线路板上，定位，检查是否垂直，并将6个椭圆的焊盘焊接牢固。

11）焊接时的注意事项

焊接时一定要注意电刷轨道上一定不能粘上锡，否则会严重影响电刷的运转。为了防止电刷轨道粘锡，切忌用烙铁运载焊锡。由于焊接过程中有时会产生气泡，使焊锡飞溅到电刷轨道上，因此应用一张圆形厚纸垫在线路板上。

如果电刷轨道上粘了锡，应将其绿面朝下，用没有焊锡的烙铁将锡尽量刮除。但由于线路板上的金属与焊锡的亲和性强，一般不能刮尽，可以选用吸枪将焊锡吸干净或用小刀微修，以达到平整。

12）电池极板的焊接

焊接前先要检查电池极板的松紧，如果太紧，应调整，方法是用尖嘴钳将电池极板侧面的突起物稍微夹平，使它能顺利地插入电池极板插座，且不松动。

电池极板安装时平极板与突极板不能对调，否则电路无法接通。

5. 机械部件的安装调整

1）提把的安装

后盖侧面有两个"O"形小孔，是提把铆钉安装孔。观察其形状，思考如何将其卡入，但注意现在还不能卡进去。

提把放在后盖上，将两个黑色的提把橡胶垫圈垫在提把与后盖中间，然后从外向里将提把铆钉按其方向卡入，听到"咔嗒"声后说明已经安装到位。如果无法听到"咔嗒"声，可能是橡胶垫圈太厚，应更换后重新安装。

大拇指放在后盖内部，四指放在后盖外部，用四指包住提把铆钉，大拇指向外轻推，检查铆钉是否已安装牢固。注意一定要用四指包住提把铆钉，否则会使其丢失。将提把转向朝下，检查其是否能起支撑作用；如果不能支撑，说明橡胶垫圈太薄，应更换后重新安装。

2）电刷旋钮的安装

取出弹簧和钢珠，并将其放入凡士林油中，使其粘满凡士林。加油有两个作用：使电刷旋钮润滑，旋转灵活；起黏附作用，将弹簧和钢珠黏附在电刷旋钮上，防止其丢失。将加上润滑油的弹簧放入电刷旋钮的小孔中，如图 26 所示，钢珠黏附在弹簧的上方，注意切勿丢失。

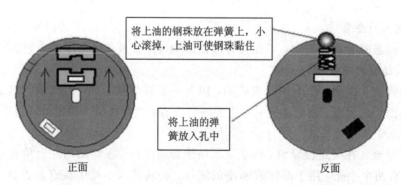

将上油的钢珠放在弹簧上，小心滚掉，上油可使钢珠黏住

将上油的弹簧放入孔中

正面　　　　　　　　　反面

图 26　弹簧、钢珠的安装

观察面板背面的电刷旋钮安装部位，如图 27 所示，它有 3 个电刷旋钮固定卡、2 个电刷旋钮定位弧、1 个钢珠安装槽和 1 个花瓣形钢珠滚动槽。

将电刷旋钮平放在面板上，注意电刷放置的方向。用螺丝刀轻轻顶，使钢珠卡入花瓣槽内，小心不要滚掉，然后手指均匀用力将电刷旋钮卡入固定卡。

将面板翻到正面，将挡位开关旋钮轻轻套在从圆孔中伸出的小手柄上，慢慢转动旋

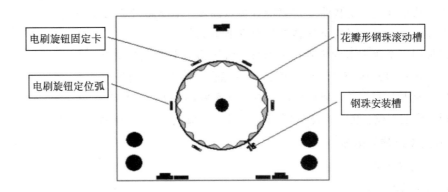

图 27　面板背面的电刷旋钮安装部位

钮，检查电刷旋钮是否安装正确，应能听到"咔嗒"、"咔嗒"的定位声；如果听不到，则可能钢珠丢失或掉进了电刷旋钮与面板间的缝隙，这时挡位开关无法定位，应拆除重装。

3）挡位开关旋钮的安装

电刷旋钮安装正确后，将它转到电刷安装卡向上位置，将挡位开关旋钮白线向上套在正面电刷旋钮的小手柄上，向下压紧即可。

如果白线与电刷安装卡方向相反，必须拆下重装。拆除时用平口螺丝刀对称地轻轻撬动，依次按左、右、上、下的顺序，将其撬下。注意用力要轻且对称，否则容易撬坏。

4）电刷的安装

将电刷旋钮的电刷安装卡转向朝上，V 形电刷有一个缺口，应该放在左下角，因为线路板的 3 条电刷轨道中内侧间隙较小，外侧间隙较大，与电刷相对应，当缺口在左下角时电刷接触点上面 2 个相距较远，下面 2 个相距较近，一定不能放错，如图 28 所示。电刷四周都要卡入电刷安装槽内，再用手轻轻按，看是否有弹性并能自动复位。

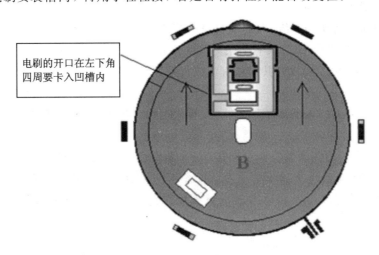

图 28　电刷安装

5）线路板的安装

电刷安装正确后方可安装线路板。

安装线路板前应先检查线路板焊点的质量及高度，特别是在外侧两圈轨道中的焊点；由于电刷要从中通过，安装前一定要检查焊点高度，不能超过 2 mm，直径也不能太大；如果焊点太高，会影响电刷的正常转动甚至刮断电刷。

线路板用三个固定卡固定在面板背面，将线路板水平放在固定卡上，应依次卡入即可。如果要拆下重装，应依次轻轻扳动固定卡。注意在安装线路板前先应将表头连接线焊上。

最后是装电池和后盖。装后盖时，左手拿面板，稍高；右手拿后盖，稍低。将后盖向上推入面板，拧上螺丝。注意拧螺丝时用力不可太大或太猛，以免将螺孔拧坏。

6. 万用表故障的排除

1）表头没有任何反应

其原因可能如下：

（1）表头、表棒损坏。

（2）接线错误。

（3）保险丝没装或损坏。

（4）电池极板装错。如果将两种电池极板位置装反，则电池两极无法与电池极板接触，电阻挡就无法工作。

（5）电刷装错。

2）电压指针反偏

这种情况一般是表头引线极性接反。如果 DCA、DCV 正常，ACV 指针反偏，则为二极管 VD_1 接反。

3）测电压示值不准

这种情况一般是焊接有问题，应对被怀疑的焊点重新处理。

7. 万用表的使用

1）认识 MF47 型万用表

表头的准确度等级为 1 级（即表头自身的灵敏度误差为 ±1%）。表头中间下方的小旋钮为机械零位调节旋钮。表头共有七条刻度线，从上向下分别为电阻（黑色）、直流毫安（黑色）、交流电压（红色）、晶体管共射极直流放大系数 h_{EF}（绿色）、电容（红色）、电感（红色）、分贝（红色）。

挡位开关共有五挡，分别为交流电压、直流电压、直流电流、电阻及晶体管，共 24 个量程。

插孔：MF47 型万用表共有 4 个插孔，左下角红色"＋"为红表棒，正极插孔，黑色"－"为公共黑表棒插孔；右下角"2500 V"为交直流 2500V 插孔，"5A"为直流 5A 插孔。

机械调零：旋动万用表面板上的机械零位调整螺钉，使指针对准刻度盘左端的"0"位置。

2）读数

读数时目光应与表面垂直，使表指针与反光铝膜中的指针重合，确保读数的精度。检测时先选用较高的量程，再根据实际情况，调整量程，最后使读数在满刻度的 2/3 附近。

例如测量直流电压，把万用表两表棒插好，红表棒接"＋"，黑表棒接"－"，把挡位开关旋钮打到直流电压挡，并选择合适的量程。当被测电压数值范围不确定时，应先选用较高的量程，把万用表两表棒并接到被测电路上，红表棒接直流电压正极，黑表棒接直流电压负极，不能接反。根据测出的电压值，再逐步选用低量程，最后使读数在满刻度的 2/3 附近。

3）测量交流电压

测量交流电压时，将挡位开关旋钮打到交流电压挡，表棒不分正负极，与测量直流电压时的读数方法相似，其读数为交流电压的有效值。

4）测量直流电流

把万用表两表棒插好，红表棒接"＋"，黑表棒接"－"，把挡位开关旋钮打到直流电流挡，并选择合适的量程。当被测电流数值范围不确定时，应先选用较高的量程。把被测电路断开，将万用表两表棒串接到被测电路上；注意直流电流从红表棒流入、黑表棒流出，不能接反。根据测出的电流值，再逐步选用低量程，保证读数的精度。

5）测量电阻

插好表棒，打到电阻挡，并选择量程。短接两表棒，旋动电阻调零电位器旋钮，进行电阻挡调零，使指针指到电阻刻度右边的"0"Ω处；将被测电阻脱离电源，用两表棒接触电阻两端，用表头指针显示的读数乘所选量程的分辨率数，即为该电阻的阻值。如选用 $R \times 10$ 挡测量，指针指示 50，则被测电阻的阻值为 50 Ω×10＝500 Ω。如果示值过大或过小，要重新调整挡位，保证读数的精度。

6）万用表使用注意事项

（1）测量时不能用手触摸表棒的金属部分，以保证安全和测量准确性。测电阻时，如果用手捏住表棒的金属部分，会将人体电阻并接于被测电阻而引起测量误差。

（2）测量直流量时注意被测量的极性，避免反偏打坏表头。

（3）不能带电调整挡位或量程，避免电刷的触点在切换过程中产生电弧而烧坏线路板或电刷。

（4）测量完毕后应将挡位开关旋钮打到交流电压最高挡或空挡。

（5）不允许测量带电的电阻，否则会烧坏万用表。

（6）表内电池的正极与面板上的"－"插孔相连，负极与面板"＋"插孔相连，如果不用时误将两表棒短接，会使电池很快放电并流出电解液，腐蚀万用表，因此不用时应将电池取出。

（7）在测量电解电容和晶体管等器件的阻值时要注意极性。

（8）电阻挡每次换挡都要进行调零。

（9）不允许用万用表电阻挡直接测量高灵敏度的表头内阻，以免烧坏表头。

（10）一定不能用电阻挡测电压，否则会烧坏熔断器或损坏万用表。

附录 2　常用符号说明

一、基本符号

1. 电流、电压

I, i	电流通用符号
U, u	电压通用符号
E_C, E_B, E_E	电源符号
I_i, U_i	大写字母，小写下标，表示交流有效值
I_Q, U_Q	大写字母，大写下标，表示直流量（或电流、电压静态值）
I_i, u_i	小写字母，小写下标，表示交流瞬时值
i_B, u_{BE}	小写字母，大写下标，表示包含直流量的瞬时总量，它应该是直流量和交流量的叠加

2. 电阻

R	电路中的电阻或等效电阻
r	器件内部的等效电阻

3. 放大倍数、增益

A	放大倍数或增益的通用符号
A_u, A_{us}	电压增益和源电压增益
A_{uc}	共模电压放大倍数
A_{ud}	差模电压放大倍数
A_I	中频增益
A_F	反馈放大器的闭环增益
F	反馈系数

4. 功率和效率

P_L	输出信号功率
P_E	直流电源提供的功率
P_C	晶体管耗散功率
η	能量转换效率

5. 频率

f	频率通用符号

ω	角频率通用符号
f_o	回路固有的谐振频率
F_L	放大器的下限频率
F_H	放大器的上限频率
f_{LF}	反馈放大器的下限频率
f_{HF}	反馈放大器的上限频率
f_T	晶体管的特征频率
f_a	晶体管共基极截止频率
f_β	晶体管共射极截止频率

二、器件参数

1. 二极管

VD	二极管
VD_Z	稳压二极管
I_S	二极管的反向饱和电流
U_D	二极管的导通电压
U_{BR}	二极管击穿电压
U_Z	稳压二极管的稳定电压

2. 晶体三极管

VT	晶体管
U_{BE}	B－E 结的导通电压
U_{CES}	晶体管饱和压降
$U_{BR(CEO)}$	基极开路时 C－E 结的反向击穿电压
I_{CBO}，I_{CEO}	发射极开路时 C－B 间的反向电流，基极开路时 C－E 间的穿透电流
I_{CM}	集电极最大允许电流
P_{CM}	集电极最大允许耗散功率
g_m	跨导
r_{be}	晶体管输入电阻

3. 场效应管

I_{DSS}	饱和电流，即 $U_{GS}＝0$ 时的漏极电流
U_P	耗尽型场效应管的夹断电压
U_T	增强型场效应管的开启电压

参 考 文 献

[1]　郑晓峰. 电子技术基础. 北京：中国电力出版社，2008.

[2]　马安良. 电子技术. 2 版. 北京：中国水利水电出版社，2006.

[3]　刘恩华. 模拟电子技术与应用. 北京：北京交通大学出版社，2010.

[4]　李春林. 电子技术. 北京：大连理工大学出版社，2003.

[5]　李妍，姜俐侠. 数字电子技术. 3 版. 北京：大连理工大学出版社，2009.

[6]　汪红. 电子技术. 北京：中国电力出版社，2005.